中国城市科学研究系列报告
中国城市科学研究会　主编

中国工程院咨询项目

中国建筑节能年度发展研究报告 2016

2016 Annual Report on China Building Energy Efficiency

 清华大学建筑节能研究中心　著

中国建筑工业出版社

图书在版编目（CIP）数据

中国建筑节能年度发展研究报告. 2016 / 清华大学建筑节能研究中心著. —北京：中国建筑工业出版社，2016.3（2022.7重印）
ISBN 978-7-112-19254-0

Ⅰ.①中… Ⅱ.①清… Ⅲ.①建筑-节能-研究报告-中国-2016 Ⅳ.①TU111.4

中国版本图书馆 CIP 数据核字（2016）第 053398 号

责任编辑：齐庆梅 张文胜
责任校对：陈晶晶 张 颖

中国城市科学研究系列报告
中国城市科学研究会 主编

中国建筑节能年度发展研究报告 2016
2016 Annual Report on China Building Energy Efficiency
清华大学建筑节能研究中心 著

*

中国建筑工业出版社出版、发行（北京西郊百万庄）
各地新华书店、建筑书店经销
北京红光制版公司制版
北京凌奇印刷有限责任公司印刷

*

开本：787×1092 毫米 1/16 印张：16¼ 字数：271 千字
2016 年 3 月第一版 2022 年 7 月第三次印刷
定价：**45.00** 元
ISBN 978-7-112-19254-0
（28496）

版权所有 翻印必究
如有印装质量问题，可寄本社退换
（邮政编码 100037）

《中国建筑节能年度发展研究报告 2016》顾问委员会

主任：仇保兴

委员：（以拼音排序）

陈宜明　韩爱兴　何建坤　胡静林

赖　明　倪维斗　王庆一　吴德绳

武　涌　徐锭明　寻寰中　赵家荣

周大地

本 书 作 者

清华大学建筑节能研究中心

江亿（第1章，第4章）

杨旭东（第2章，第4章）

单明（第2章，第3章，第4章，5.2.2，5.3.1，5.3.2，6.4）

胡姗（第1章）

倪坤（3.2）

李佳蓉（5.1.1，6.2）

王鹏苏（5.2.3）

熊帝战（5.3.4）

马荣江（6.2）

续宇鹏（5.3.6）

特邀作者

北京市可持续发展促进会	叶建东，章永洁，蒋建云（第3章）
大连理工大学	陈滨，张雪研（5.1.2）
甘肃自然能源研究所	刘叶瑞（5.1.2）
中国建筑西南设计研究院有限公司	冯雅，钟辉智，南艳丽（5.1.3，6.5）
北京化工大学	李秀金（5.3.3）
大连理工大学	端木琳，王宗山，袁鹏丽，苏永海（5.2.1）
珠海格力电器股份有限公司	王磊，张鹏娥，许晨（5.3.5）
西安建筑科技大学	刘加平，杨柳，何泉，宋冰（6.1）
赤峰元易生物质科技有限责任公司	陈立东，郝霄楠，霍明志（6.3）
华东建筑集团股份有限公司	杨联萍，瞿燕，田炜（6.6）

统稿

张双奇

总　　序

建设资源节约型社会，是中央根据我国的社会、经济发展状况，在对国内外政治经济和社会发展历史进行深入研究之后做出的战略决策，是为中国今后的社会发展模式提出的科学规划。节约能源是资源节约型社会的重要组成部分，建筑的运行能耗大约为全社会商品用能的三分之一，并且是节能潜力最大的用能领域，因此应将其作为节能工作的重点。

不同于"嫦娥探月"或三峡工程这样的单项重大工程，建筑节能是一项涉及全社会方方面面，与工程技术、文化理念、生活方式、社会公平等多方面问题密切相关的全社会行动。其对全社会介入的程度很类似于一场新的人民战争。而这场战争的胜利，首先要"知己知彼"，对我国和国外的建筑能源消耗状况有清晰的了解和认识；要"运筹帷幄"，对建筑节能的各个渠道、各项任务做出科学的规划。在此基础上才能得到合理的政策策略去推动各项具体任务的实现，也才能充分利用全社会当前对建筑节能事业的高度热情，使其转换成为建筑节能工作的真正成果。

从上述认识出发，我们发现目前我国建筑节能工作尚处在多少有些"情况不明，任务不清"的状态。这将影响我国建筑节能工作的顺利进行。出于这一认识，我们开展了一些相关研究，并陆续发表了一些研究成果，受到有关部门的重视。随着研究的不断深入，我们逐渐意识到这种建筑节能状况的国情研究不是一个课题通过一项研究工作就可以完成的，而应该是一项长期的不间断的工作，需要时刻研究最新的状况，不断对变化了的情况做出新的分析和判断，进而修订和确定新的战略目标。这真像一场持久的人民战争。基于这一认识，在国家能源办、建设部、发改委的有关领导和学术界许多专家的倡议和支持下，我们准备与社会各界合作，持久进行这样的国情研究。作为中国工程院"建筑节能战略研究"咨询项目的部分内容，从2007年起，把每年在建筑节能领域国情研究的最新成果编撰成书，作为《中国建筑节能年度发展研究报告》，以这种形式向社会及时汇报。

清华大学建筑节能研究中心

前 言

眼前这本书是第十本《中国建筑节能年度发展研究报告》。十年走来，我国建筑节能事业出现了巨大的发展、变化，我们这本年度报告也随着这一事业的发展和进步，一步步成长起来。去年12月（2015年）我接到了国家能源局发来的获奖通知，这套建筑节能研究报告荣获2014年"软科学研究二等奖"。这是这个研究报告得到的第一次官方认可。感谢有关部门的支持和鼓励，更感谢广大读者从各方面对本书的支持，我们已经走上这条路了，一定坚持把这本书写下去，让她伴随着中国建筑节能事业的发展而发展，成为一部中国全面实现建筑节能目标、为人类做出典范的这一伟大过程的真实记录。

按照既定的计划，今年的主题是农村建筑节能。这是第二本全面讨论农村建筑节能问题的报告（上一本是2012年报告）。当前举国上下的热点问题之一是东部地区的大面积雾霾。进入2015年供暖季以来，华北、华中地区出现严重雾霾的天数比以往有所增加，$PM_{2.5}$浓度出现超过$1000\mu g/m^3$的"爆表"现象，严重雾霾有时导致能见度不及100m。雾霾到底源自何处？一个重要的污染源是华北、东北、华中农村产粮区的大量秸秆燃烧排放。几年来相继报道各地出现的田间烧秸秆现象，各地政府下大力气禁烧，动用了卫星、飞机和地面的各种可能动用的力量，但屡禁不止。农民为什么要烧秸秆？禁止在田间烧秸秆真的可以减缓雾霾吗？本书第3章专门研究分析了各种秸秆处理方式可能造成的污染排放。秋季大田生产产生的秸秆总要设法消纳。作为生活用能通过柴灶直接燃烧，也同样产生大量灰分，同样有$PM_{2.5}$的排放，只是把消纳周期拉长，瞬态排放强度降低而已。秸秆作为肥料还田而不经过燃烧，有其成立条件。对于北方地区由于冬季严寒，翻到地下的麦根、玉米根在一个冬季不可能腐烂成肥，只会影响来年的耕种，而在地面大量的堆积除造成安全隐患和影响周边环境外，也会形成持续的大气污染。怎样消纳北方农村秋季的大量秸秆，且不使其成为大气污染源，是一个必须正视的问题和深入研究解决的课题。这不是严厉地禁烧就可以解决的。放弃传统的秸秆燃料，北方农村烧什么？自然就转到燃煤。据统计北京市郊区农村由于减少了秸秆用量，目前每年消耗散煤相当于396.3万tce，虽然其总量仅为2014年以前北京四大热电厂年耗煤量550万

tce 的 73%，但其排放的 $PM_{2.5}$ 却是四大热电厂排放量的 6 倍，排放的硫化物是四大热电厂的 2.5 倍。农业生产的秸秆产量不减，所造成的灰分排放总量不会减少，大量燃烧散煤，又形成新的污染源。因此，解决雾霾必须关注农村问题，必须同时关注和解决农村的秸秆处置问题和能源问题。

全面解决秸秆的清洁利用，不仅可以有效解决农村能源问题，还可以减少秸秆造成的污染物排放，消除散煤造成的污染物排放，减缓农民用能的经济负担，显著改善农村环境和农民的生活条件，一点突破、功在四方！所以秸秆薪柴的清洁高效利用，既关乎亿万户农民生活，又对治理雾霾有重大作用，还可以大幅度减少温室气体排放，对缓解气候变化做出实质性贡献。针对这一聚集了农村能源与环境诸多问题的关键，本书着重介绍了两项成熟技术和实践：村级秸秆固体燃料压缩及清洁燃烧的成套技术；大规模秸秆制备高纯度燃气的成套技术。前者通过秸秆压缩成颗粒，并配置新型的燃烧器技术，实现了生物质长期储存、高效燃烧和清洁排放。同样重量的秸秆燃烧所排放的 $PM_{2.5}$ 仅为柴灶直接燃烧的 1/10，而热效率又比直接燃烧提高了 4 倍。这样，产生同样的热量，使用压缩颗粒和新型燃烧器所排放到大气的 $PM_{2.5}$ 仅为直接燃烧秸秆时的 1/40！这是多么显著的技术进步，是还农村以青山秀水的重要措施。另一项是在生物质富集的农区大规模用秸秆制备高纯度燃气，不仅使周边农村实现燃气化，还输出大量商品燃气支持了附近城镇。所产生的沼渣沼液全部加工成上等的绿色有机肥，这就使秸秆全部清洁地变废为宝，彻底消除了秸秆燃烧和散煤燃烧的排放。两个案例的实施，都涉及一系列的政策机制问题，需根据实际状况设计出全套解决方案。利用市场机制，使农民自愿、积极地支持这项工作，使农民从中获得实利，增加收入，改善生活条件，这是这两项技术能够成功示范的基本保障。在我国，每年有折合 2 亿 tce 的秸秆和 1 亿 tce 的薪柴。充分利用好这些秸秆薪柴，不使其成为产生 $PM_{2.5}$ 的污染物，而让其转换为造福农民的宝贵资源，从而实现无煤村，也为清除城里的雾霾出力。这就是解决农村能源问题的关键所在，也是农村能源问题的重要性所在。

本书的写作主要是由杨旭东教授所领导的研究组完成，由单明博士完成了大部分写作。四年来他们跑遍祖国大地，深入调查，悉心研发，与农民促心交流，在各地热心者的支持下积极实践。与 2012 年的研究报告相比，可以看出他们的长足进步。对他们的成绩表示由衷的祝贺，也盼望着他们在这一关系到 6 亿多农民生活和三分之一祖国大地雾霾的重要领域做出贡献，让无煤村遍布中国大地。也感谢杨旭东教授团队的其他成员张双奇、李佳蓉、马荣江、续宇鹏、付宇等在这一领域的工作，感谢他们为本书所作的努力和取得的硕果。还要感谢参加相关工作的各地合作者，在这样一个领域，不谋名、不图利、写不出太多的 SCI，但为了农民、为了全社会、为了探讨人类可持续发展的途径，谋一件大事。现在有越来越多的志愿者进入这一领域，真心希望大家为了这一共同的目标，把这件大事做成！这里还要感谢的是赤峰富龙集团的诸位同事，他们在祖国北疆的阿旗实现了第一个大型秸秆制取高纯度燃气的示范，从为农民代管农田，实现了种田机械化，到收取全部秸秆加工，实现了农村燃气化。几年的艰辛付出终于得到了欣慰的回报。他们探索出一条建无煤村实现新农村建设的新路。中国需要更多的这种来自第一线的实践。新农村的建成依靠这种基于坚定不移的信念的基层实践。

今年本书的第 1 章仍然由胡姗博士生主持完成。她倾注了大量心血，仔细核实了每一个数字，使我们能够了解这一领域最新的发展和变化，感谢她为此付出的辛勤工作。十八届五中全会提出"能源节约要实行总量和强度双控"，建筑节能领域正在从措施约束逐渐转向总量与强度双控。在这样的新形势下，实际的建筑总量数据，能源消耗数据将变得格外重要。当全行业都关注实际数据时，我们会有更多的数据来源，大数据技术就有可能得到更真实可靠的实际建筑用能情况。盼望这一天的尽快到来。

本书由齐庆梅、张文胜负责编辑出版。感谢她们一如既往的支持，正是她和她的同事们春节期间的持续工作才使得这本书得以按时出版。

这是第十本建筑节能年度报告，真心感谢广大读者的支持和鼓励。我们将把明年的第 11 本报告当做第一本，从头做起，把它写得更好，更切中建筑节能工作的问题。从今年起我们还计划开始出版英译本，把中国在建筑节能领域的实践和理念传播到世界去，为全球的可持续发展做贡献。希望广大读者一如既往地支持我们，咱们一起继续干下去吧！

江亿

2016 年 1 月 30 日于清华节能楼

目　　录

第 1 篇　中国建筑能耗现状分析

第 1 章　中国建筑能耗基本现状 ·· 2

1.1　中国建筑领域基本现状 ·· 2
1.2　中国建筑运行能耗现状 ·· 7
1.3　总量和强度双控的中国建筑节能路径 ·································· 15

第 2 篇　农村建筑节能专题

第 2 章　农村建筑用能状况分析 ·· 28

2.1　农村相关概念界定 ·· 28
2.2　农村住宅建筑能源消耗总量及结构 ····································· 28
2.3　农村住宅分项用能情况分析 ··· 36
2.4　总结 ·· 43

第 3 章　农村建筑用能对环境的影响分析 ······································ 45

3.1　农村常用固体燃料和炉灶的性能 ·· 45
3.2　农村生活用能对室内空气质量的影响 ································· 51
3.3　农村固体燃料燃烧产生的空气污染物排放量估算 ················ 55
3.4　农村生活用能对区域室外空气质量的影响 ·························· 58

3.5 总结 ·· 63

第4章 农村建筑用能可持续发展理念探究 ································· 64

4.1 农村建筑用能的现状和问题 ·· 64
4.2 发展目标和对策 ·· 67
4.3 生物质的合理利用模式和技术路线 ·· 76
4.4 太阳能的合理利用 ·· 87
4.5 农村小水电、风能、空气能（空气源热泵）的合理利用 ············· 91
4.6 政策支持和保障措施 ·· 94

第5章 农村建筑节能适宜性技术 ·· 100

5.1 建筑本体节能技术 ·· 100
5.2 传统用能设备改进技术 ·· 124
5.3 新能源利用技术 ··· 144

第6章 农村建筑节能最佳实践案例 ·· 181

6.1 宁夏银川碱富桥村低能耗草砖住宅示范项目 ···························· 181
6.2 河北丰宁满族自治县云雾山村生物质压块供暖示范村 ·············· 190
6.3 内蒙古阿鲁科尔沁旗特大型生物天然气与有机肥循环化综合
    利用项目 ··· 198
6.4 四川省北川羌族自治县石椅村基于生物质清洁燃烧技术的生态
    示范村 ··· 205
6.5 四川省凉山彝族自治州摩梭家园洼夸村传统民居试点工程 ······ 214
6.6 广西南宁市大林新村示范项目 ··· 221

附录 《民用建筑能耗标准》（报批稿）摘录 ·································· 233

第1篇 中国建筑能耗现状分析

第1章 中国建筑能耗基本现状

1.1 中国建筑领域基本现状

近年来,我国城镇化高速发展,大量的人口从农村进入城市。2014年,我国城镇人口达到7.5亿,城镇居民户数从1.55亿户增长到2.64亿户;农村人口6.2亿,农村居民户数从1.93亿户降低到1.60亿户,城镇化率从2001年的37.7%增长到2014年的55%,如图1-1所示。

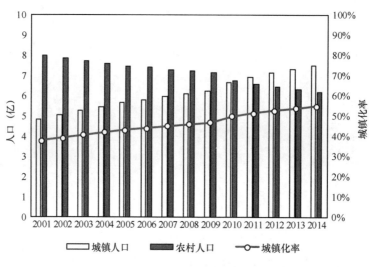

图1-1 中国逐年人口发展(2001~2014年)❶

快速城镇化带动建筑业持续发展,我国建筑业规模不断扩大。从2001年到2014年,我国建筑营造速度逐年增长,城乡建筑面积大幅增加,每年的竣工面积均超过15亿 m²,2014年新建建筑竣工面积达到28.9亿 m²,如图1-2所示。新建建筑中,

---

❶ 数据来源:中国统计年鉴2015。

住宅建筑的比例约为 75%，公共建筑占 25%。在新建公共建筑中，办公建筑所占比例最大，约为 34%，教育类建筑占 19%，其余类型公共建筑约为 47%。

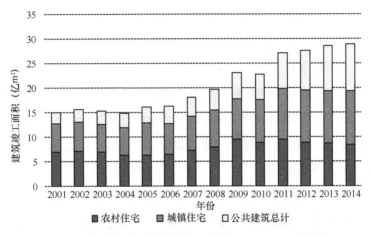

图 1-2　中国各类民用建筑竣工面积（2001~2014 年）❶

逐年增长的竣工面积使得我国建筑面积的存量不断高速增长，2014 年我国建筑面积总量约 561 亿 m²，如图 1-3 所示。其中：城镇住宅建筑面积达到 213 亿 m²，

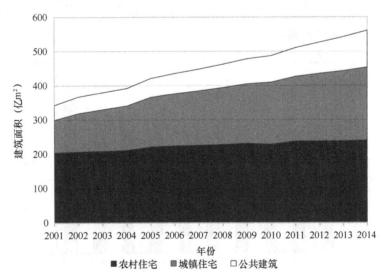

图 1-3　中国建筑面积（2001~2014 年）❷

---

❶　数据来源：中国统计年鉴 2015。
❷　数据来源：清华大学建筑节能研究中心估算结果，推算方法详见本章参考文献 [1]。

农村住宅建筑面积241亿m^2，公共建筑面积107亿m^2，北方集中供热城镇建筑面积126亿m^2。与此同时，2015年已开工未竣工的建筑面积约为120亿m^2，照此估计在2020年之前形成的建筑规模将达到700亿m^2左右。

建筑规模的持续增长主要从两方面驱动了能源消耗和碳排放增长：一方面建设规模的持续增长都需要以大量建材和能源的生产和消耗作为代价，我国大量的新建建筑和基础设施所产生的建造能耗也是我国能源消耗和碳排放持续增长的一个重要原因；另一方面，不断增长的建筑面积带来大量的建筑运行能耗，即在民用建筑中为使用者提供供暖、通风、空调、照明、炊事、生活热水，以及其他为了实现建筑的各项服务功能所使用的能源。

新建建筑和基础设施的建造带来的建筑业建造能耗又分为两大部分：一部分是建材生产的能耗；另一部分是施工阶段的能耗。建筑业建造能耗不仅包括民用建筑的建造能耗，还包括各类型的建筑项目和交通运输、环保水利、能源动力等基础设施项目，房屋、公路、铁路、大坝的建设均涵盖在建筑业的范围内。清华大学建筑节能研究中心对建筑业建造能耗进行了估算❶，根据初步估算，2004～2013年的10年间，建筑业建造能耗从4亿tce翻了一番多，2013年已超过10亿tce，占全社会一次能源消耗的比例高达24.5%，如图1-4所示。建筑业建造能耗中93%

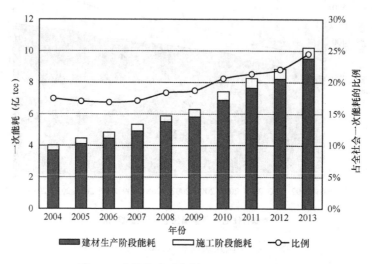

图1-4 建筑业建造能耗（2004～2013年）

---

❶ 估算方法详见本章参考文献［2］。

均为钢材、水泥和铝材等建材的生产能耗，大量建材的生产不仅消耗了大量的能源，同时也会消耗巨大的水资源。

建筑业建造能耗中建筑的建造能耗是主要的部分，约占总量的63%，而基础设施的建造能耗为37%，说明目前我国的城镇化进行中建筑建造过程的能耗超过了基础设施的建造能耗（图1-5）。2013年，新建建筑的建造能耗约占全社会总一次能源消耗的16%。

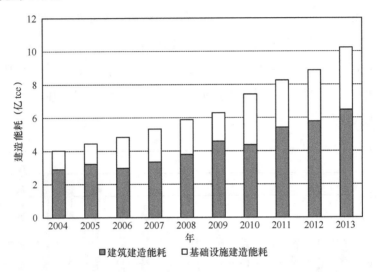

图1-5　建筑建造能耗和基础设施建造能耗（2004~2013年）

大规模的新建建筑一方面驱动建筑材料的生产，消耗了大量能源、水资源，对环境造成影响，同时也会占用大量的土地资源，建设用地和耕地高邻接度的空间格局以及城市在空间上的摊饼式发展，对耕地保护形成了巨大冲击，导致耕地日益萎缩[3,4]。2012年，国家批准建设用地61.52万hm^2，其中转为建设用地的农用地42.91万hm^2，耕地25.94万hm^2[5]。

当前新建建筑面积逐年攀升，与依靠房地产拉动GDP的经济增长模式密切相关。地方政府为刺激经济发展，为房屋建设创造了有利条件；而开发商为获取商业利益，更期望扩大房地产市场；投资者将房产作为投资和资产保值手段，更促进了房屋的建设，刺激房价升高。2013年，全国商品房平均售价6237元/m^2，对GDP贡献达12.6万亿元，接近我国GDP总量15%；如果按照平均造价和装修价约3000元/m^2估算，共计形成建造业和建材业产值约6.1万亿元，地产增值约为6.5

万亿元。

这样的发展模式会导致房价持续上涨,1999～2013年的15年间全国平均楼价增长了约2倍,如图1-6所示。但将住房作为投资渠道,导致城市中大量房屋资源空置,根据西南财经大学于2012年的调研[6],全国城镇地区约有5000万套住宅空置,可供1.5亿人居住,这无疑是对社会资源的巨大浪费。除了居住建筑外,一些企业、地产商所建的超面积的办公用房、大量"广场""中心",实质并非从实际使用的角度来进行规模合理地设计和建造,而是能多建则多建,但实际上建筑并未完全使用,大量面积空置,商业运营的"广场""中心"在目前的出租率下并不能收益,主要是因为这些业主将建筑作为保值和升值的手段。在这样的发展模式下,全国甚至出现了大量的"鬼城",整片区域的住宅和商业建筑全部空置,无人居住。

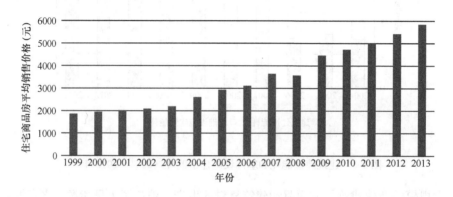

图1-6　全国房价增长情况❶

从宏观经济社会发展的角度,将投资房产作为收益最大的投资渠道,会扰乱金融秩序,影响经济的健康发展。投资住房2008～2013年的平均收益率高达15%,而2015年投资国债五年年化收益仅为5.32%,投资股市的平均收益仅为7%[7]。高额的房产投资收益率使得资金大量流入房地产建造业,从而导致创新企业和中小企业融资困难。另一方面,随着经济的发展,居民收入持续增长,但除房屋之外的支出并没有增长,也就是说增长的收入都被用来凑首付、还房贷,而除房屋外的消费需求受到抑制,严重影响了教育、文化和其他服务业的发展。

❶　数据来源:《中国统计年鉴》。

1.2　中国建筑运行能耗现状

建筑运行能耗指的是民用建筑的运行能耗，即在住宅、办公建筑、学校、商场、宾馆、交通枢纽、文体娱乐设施等非工业建筑内，为居住者或使用者提供供暖、通风、空调、照明、炊事、生活热水以及其他为了实现建筑的各项服务功能所使用的能源。考虑到我国南北地区冬季供暖方式的差别、城乡建筑形式和生活方式的差别以及居住建筑和公共建筑人员活动及用能设备的差别，将我国的建筑用能分为北方城镇供暖用能、城镇住宅用能（不包括北方地区的供暖）、公共建筑用能（不包括北方地区的供暖）以及农村住宅用能四类。

(1) 北方城镇供暖用能

指的是采取集中供暖方式的省、自治区和直辖市的冬季供暖能耗，包括各种形式的集中供暖和分散供暖。地域涵盖北京、天津、河北、山西、内蒙古、辽宁、吉林、黑龙江、山东、河南、陕西、甘肃、青海、宁夏、新疆的全部城镇地区，以及四川的一部分。西藏、川西、贵州部分地区等，冬季寒冷，也需要供暖，但由于当地的能源状况与北方地区完全不同，其问题和特点也很不相同，需要单独论述。将北方城镇供暖部分用能单独考虑的原因是，北方城镇地区的供暖多为集中供暖，包括大量的城市级别热网与小区级别热网。与其他建筑用能以楼栋或者以户为单位不同，这部分供暖用能在很大程度上与供暖系统的结构形式和运行方式有关，并且其实际用能数值也是按照供暖系统来统一统计核算，所以把这部分建筑用能作为单独一类，与其他建筑用能区别对待。目前的供暖系统按热源系统形式及规模可分为大中规模的热电联产、小规模热电联产、区域燃煤锅炉、区域燃气锅炉、小区燃煤锅炉、小区燃气锅炉、热泵集中供暖等集中供暖方式，以及户式燃气炉、户式燃煤炉、空调分散供暖和直接电加热等分散供暖方式。使用的能源种类主要包括燃煤、燃气和电力。本章考察各类供暖系统的一次能耗，包括了热源和热力站损失、管网的热损失和输配能耗，以及最终建筑的得热量。

(2) 城镇住宅用能（不包括北方地区的供暖）

指的是除了北方地区的供暖能耗外，城镇住宅所消耗的能源。在终端用能途径上，包括家用电器、空调、照明、炊事、生活热水以及夏热冬冷地区的省、自治区和直辖市的冬季供暖能耗。城镇住宅使用的主要商品能源种类是电力、燃煤、天然气、液化石油气和城市煤气等。夏热冬冷地区的冬季供暖绝大部分为分散形式，热源方式包括空气源热泵、直接电加热等针对建筑空间的供暖方式，以及炭火盆、电热毯、电手炉等各种形式的局部加热方式，这些能耗都归入此类。

（3）商业及公共建筑用能（不包括北方地区的供暖）

这里的商业及公共建筑指人们进行各种公共活动的建筑，包含办公建筑、商业建筑、旅游建筑、科教文卫建筑、通信建筑以及交通运输类建筑，既包括城镇地区的公共建筑也包含农村地区的公共建筑[1]。除了北方地区的供暖能耗外，建筑内由于各种活动而产生的能耗，包括空调、照明、插座、电梯、炊事、各种服务设施，以及夏热冬冷地区城镇公共建筑的冬季供暖能耗。公共建筑使用的商品能源种类是电力、燃气、燃油和燃煤等。

（4）农村住宅用能

指农村家庭生活所消耗的能源，包括炊事、供暖、降温、照明、热水、家电等。农村住宅使用的主要能源种类是电力、燃煤和生物质能（秸秆、薪柴）。其中的生物质能部分能耗不纳入国家能源宏观统计，本书将其单独列出。2014 年之前《中国建筑节能年度发展研究报告》在公共建筑分项中仅考虑了城镇地区公共建筑，而未考虑农村地区的公共建筑，但农村公共建筑从用能特点、节能理念和技术途径各方面与城镇公共建筑并无太大差异，因此从 2015 年起将农村公共建筑也统计入公共建筑用能一项，统称为公共建筑用能。

本章的建筑能耗数据来源于清华大学建筑节能研究中心建立的中国建筑能耗模型（China Building Energy Model，CBEM）的研究结果，分析我国建筑能耗现状和从 2001 年到 2014 年的变化情况。从图 1-7 可以看出，建筑能耗总量及其中电力消耗量均大幅增长。

---

[1] 2015 年以前出版的《中国建筑节能年度发展研究报告》中的公共建筑未考虑农村公共建筑，从本书起对此概念进行修正。

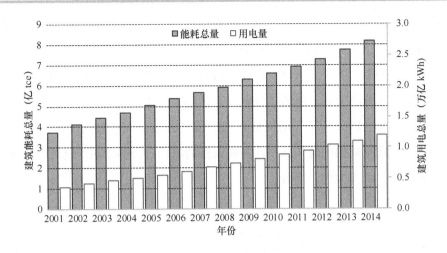

图 1-7 建筑商品能耗总量及用电量（2000～2014 年）

如表 1-1 所示，2014 年建筑总商品能耗为 8.19 亿 tce❶，约占全国能源消费总量的 20%，建筑商品能耗和生物质能共计 9.21 亿 tce（其中生物质能耗 1.02 亿 tce）。如果加上当年由于新建建筑带来的建造能耗 16%，那么整个建筑领域的建造和运行能耗占全社会一次能耗总量比例高达 36%。

中国建筑能耗（2014 年）　　　　　　　　　　　表 1-1

用能分类	宏观参数 （面积/户数）	电 （亿 kWh）	总商品能耗 （亿 tce）	能耗强度
北方城镇供暖	126 亿 m²	97	1.84	14.6kgce/m²
城镇住宅 （不含北方地区供暖）	2.63 亿户	4080	1.92	729kgce/户
公共建筑 （不含北方地区供暖）	107 亿 m²	5889	2.35	22.0kgce/m²
农村住宅	1.60 亿户	1927	2.08	1303kgce/户
合计	13.7 亿人 约 560 亿 m²	11993	8.19	598kgce/人

将四部分建筑能耗的规模、强度和总量表示在图 1-8 中的四个方块中，横向表

---

❶ 本书尽可能单独统计核算电力消耗和其他类型的终端能源消耗，当必须把二者合并时，2015 年以前出版的《中国建筑节能年度发展研究报告》中采用发电煤耗法对终端电耗进行换算，本书采用供电煤耗法对终端电耗进行换算，即按照每年的全国平均火力供电煤耗把电力换算为标准煤。因本书定稿时国家统计局尚未公布 2014 年的全国火电石供电煤耗值，故选用 2013 年的数值，为 327gce/kWh。

示建筑面积，纵向表示单位面积建筑能耗强度，四个方块的面积即是建筑能耗的总量。从建筑面积上来看，城镇住宅和农村住宅的面积最大，北方城镇供暖面积约占建筑面积总量的 1/4 弱，公共建筑面积仅占建筑面积总量的 1/5 弱，但从能耗强度来看，公共建筑和北方城镇供暖能耗强度又是四个分项中较高的。因此，从用能总量来看，基本呈"四分天下"的局势，四类用能各占建筑能耗的 1/4 左右。近年来，随着公共建筑规模的增长及平均能耗强度的增长，公共建筑的能耗已经成为中国建筑能耗中比例最大的一部分。

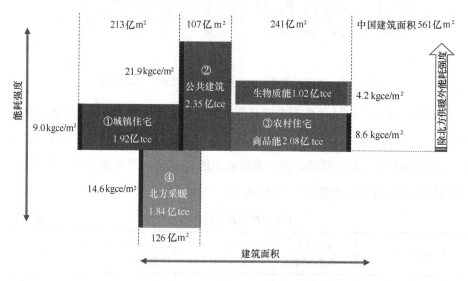

图 1-8　2014 年中国四个用能分类的能耗情况

结合四个用能分类从 2001 年到 2014 年的变化，从各类能耗总量上看，除农村用生物质能持续降低外，各类建筑用能总量都有明显增长，如图 1-9 所示；而分析各类建筑能耗强度，进一步发现以下特点：

1）北方城镇供暖能耗强度较大，近年来持续下降，显示了节能工作的成效。

2）公共建筑单位面积能耗强度持续增长，如图 1-10 所示。各类公共建筑终端用能需求（如空调、设备、照明等）的增长，是建筑能耗强度增长的主要原因，尤其是近年来许多城市新建的一些大体量并应用大规模集中系统的建筑，能耗强度大大高出同类建筑。

3）城镇住宅户均能耗强度增长，这是由于生活热水、空调、家电等用能需求增加，夏热冬冷地区冬季供暖问题也引起了广泛的讨论；由于节能灯具的推广，住

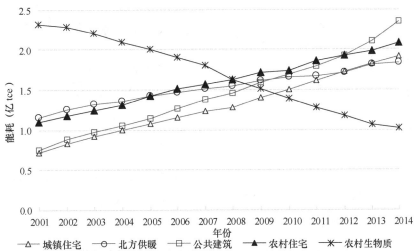

图 1-9 2001~2014 年各用能分类的能耗总量逐年变化

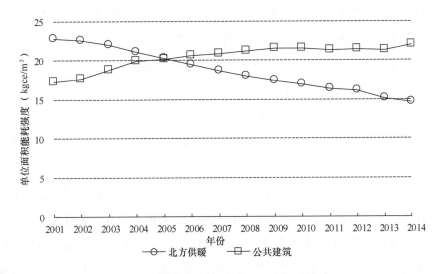

图 1-10 2001~2014 年北方供暖和公共建筑单位面积能耗强度逐年变化

宅中照明能耗没有明显增长;炊事能耗强度也基本维持不变。

4) 农村住宅商品能耗增加的同时,生物质能使用量持续快速减少,在农村人口减少的情况下,农村住宅商品能耗总量大幅增加,全国平均的农村户均商品能耗已经与城镇住宅户均商品能水平一致,甚至有超过城镇的趋势,见图 1-11。

下面对每一个用能分类的变化进行详细的分析。

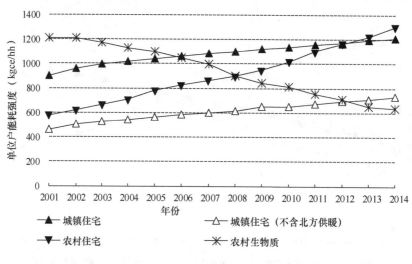

图 1-11 2001～2014 年住宅单位户能耗强度逐年变化

(1) 北方城镇供暖

2014 年北方城镇供暖能耗为 1.84 亿 tce，占建筑能耗的 21%。2001～2014 年，北方城镇建筑供暖面积从 50 亿 m^2 增长到 126 亿 m^2，增加了 1.5 倍强，而能耗总量增加不到 1 倍，能耗总量的增长明显低于建筑面积的增长，体现了节能工作取得的显著成绩——平均的单位面积供暖能耗从 2001 年的 22.8kgce/m^2，降低到 2014 年的 14.6kgce/m^2，降低了 34%。

具体说来，能耗强度降低的主要原因包括建筑保温水平提高、高效热源方式占比提高和供热系统效率提高。

1) 建筑围护结构保温水平的提高。近年来，住房和城乡建设部通过多种途径提高建筑保温水平，包括：建立覆盖不同气候区、不同建筑类型的建筑节能设计标准体系、从 2004 年底开始的节能专项审查工作，以及"十二五"期间开展的既有居住建筑改造。这三方面工作使得我国建筑的保温水平整体大大提高，起到了降低建筑实际需热量的作用。

2) 高效热源方式占比迅速提高。各种供暖方式的效率不同❶，目前缺乏对各

---

❶ 关于各种供暖方式热源效率，简单说来，各种主要的供暖方式中，燃气供暖方式的热源效率与锅炉大小没有直接关系，实际使用的效率为 85%～90%。燃煤供暖方式中，热源效率最高的是热电联产集中供暖，其次是各种形式的区域燃煤锅炉，效率在 35%～85%，一般说来，燃气锅炉的效率高于燃煤锅炉；燃煤的供暖方式中大锅炉效率高于中小型锅炉，而分户燃煤炉供暖效率最低，根据炉具和供暖器具的不同，效率可低至 15%。

种热源方式对应面积的权威统计数据,但总体看来,高效的热电联产集中供暖、区域锅炉方式取代小型燃煤锅炉和户式分散小煤炉,使后者的比例迅速减少;各类热泵飞速发展,以燃气为能源的供暖方式比例增加。

3)供暖系统效率提高。近年来,特别是"十二五"期间开展的供暖系统节能增效改造,使得各种形式的集中供暖系统效率得以整体提高。

关于北方供暖能耗的具体现状、特点及节能理念方法详见《中国建筑节能年度发展研究报告 2015》中的相关章节。

(2) 城镇住宅(不含北方供暖)

2014 年城镇住宅能耗(不含北方供暖)为 1.92 亿 tce,占建筑总商品能耗的 22%,其中电力消耗 4080 亿 kWh。2001~2014 年我国城镇住宅各终端用能途径的能耗如图 1-12 所示❶,13 年间该类建筑能耗总量增长近 1.4 倍。

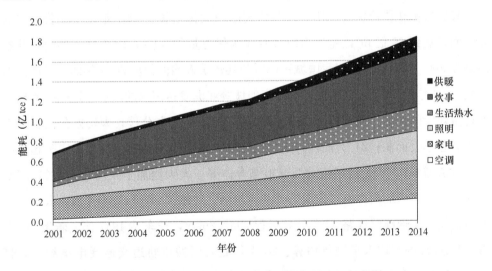

图 1-12 城镇住宅用能分类的商品能耗强度逐年变化

注:这里的供暖能耗指的是北方集中供暖地区以南的无集中供暖地区的供暖能耗。

2001~2014 年城镇人口增加了近 2.7 亿,14 年间城镇住宅面积增长了 2 倍。用能方面,空调、家电、生活热水等各终端用能项需求增长,户均能耗强度增长近 50%。一方面是家庭用能设备种类和数量明显增加,造成能耗需求提高;另一方面,炊具、家电、照明等设备效率提高,减缓了能耗的增长速度。例如,虽然家庭

---

❶ 电力按 2013 年全国平均火力供电煤耗水平换算为标准煤,换算系数为 1kWh=0.327kgce。

照明需求不断提高，灯具数量和种类都有所增加，但节能灯大量取代白炽灯，将照明光效提高了4~5倍，使得照明能耗强度并没有增长。再一个显著特点就是，由于各类供暖设施的普及，一些区域开始集中供暖，长江流域及其以南地区住宅供暖的能耗迅速增长。

(3) 公共建筑（不含北方供暖）

2014年全国公共建筑面积约为107亿m^2，其中农村公共建筑约有13亿m^2。公共建筑总能耗（不含北方供暖）为2.35亿tce，占建筑总能耗的27%，其中电力消耗为5889亿kWh。公共建筑总面积的增加、大体量公共建筑占比的增长，以及用能需求的增长等因素导致了公共建筑能耗总量的大幅增长，从2001年到2014年共增长1.5倍以上，公共建筑单位面积能耗从16.8kgce/m^2增长到21.9kgce/m^2，能耗强度增长了约30%。

我国城镇化快速发展促使了公共建筑面积大幅增长。2001年以来，公共建筑竣工面积达到60亿m^2，超过当前公共建筑保有量的60%，即超过一半的公共建筑是在2001年后新建的。我国城镇地区公共建筑人均面积从2001年的9m^2迅速增加到2014年的14m^2，已接近日本、新加坡等亚洲发达国家的水平。这也暴露出一些过量建设的问题，如：1) 地方政府大量新建豪华的办公楼，人均办公面积大大高于商业办公面积；2) 大规模兴建铁路客站、机场等交通枢纽，有些实际超出了地方客流需求；3) 大量兴建大型城市综合体等，大大增加了人均公共建筑面积，忽视了市场需求而最终有可能成为公共建筑的"空城"。截至2014年底，我国共开通运营轨道交通线路线路95条，总里程2933.26km，设车站1947座。若按照350万kWh/km的平均水平进行估算，2014年底我国城市轨道交通耗电量约103亿度❶，占全国总耗电量的1.7‰左右。为扩大内需，国务院决定今后5年内投资2万亿元在多个城市兴建地铁，全国地铁规划总里程将达到13385km，仍按照350万kWh/km的平均水平进行估算，未来全国轨道交通年耗电量将达到468亿kWh。实测和调研数据表明，我国轨道交通耗电量的1/3~1/2消耗在建筑用能上（包括环境控制、照明等）[8]，注重城市轨道交通的建筑节能工作对于我国公共建筑节能具有重大意义。公共建筑面积在规模增长的同时，还出现了大体量公共建筑占比增

---

❶ 清华大学建筑节能研究中心根据相关文献估算得到。

长的趋势，由于建筑体量和形式约束导致的空调、通风、照明和电梯等用能强度超过普通公共建筑。关于我国公共建筑发展、能耗特点及节能理念和技术途径的讨论及详细数据参见《中国建筑节能年度发展研究报告2014》。

(4) 农村住宅

2014年农村住宅的商品能耗为2.08亿tce，占建筑总能耗的25%，其中电力消耗为1927亿kWh。此外，农村生物质能（秸秆、薪柴）的消耗约折合1.02亿tce。随着城镇化的发展，2001~2014年农村人口从8.0亿减少到6.2亿，而农村住房面积从人均25.7m²/人增加到38.9m²/人❶，住宅总量有所增长。

随着农村电力普及率的提高、农村收入水平的提高以及农村家电数量和使用频率的增加，农村户均电耗呈快速增长趋势。同时，越来越多的生物质能被商品能替代，这就导致农村生活用能中生物质能源的比例迅速下降。以户为单位来看农村住宅能耗的变化，户均总能耗没有明显的变化，但生物质能占总能耗的比例从2001年的69%下降到2014年的34%，户均商品能耗从2001年至2014年增长了一倍多，如图1-11所示。如何充分利用农村地区各种可再生资源丰富的优势，通过整体的能源解决方案，在实现农村生活水平提高的同时不使商品能源消耗同步增长，加大农村非商品能利用率，既是我国农村住宅节能的关键，也是我国能源系统可持续发展的重要问题。关于此问题的讨论详见本书后续章节。

1.3 总量和强度双控的中国建筑节能路径

2012年，党的十八大报告提出"生态文明建设"，将"生态文明建设"与"经济建设、政治建设、文化建设、社会建设"结合成五位一体的总体布局。在2007年的十七大上，"生态文明"首次出现在报告中，要求"基本形成节约能源资源和保护生态环境的产业结构、增长方式、消费模式"，十八大对于生态文明的认识和要求提到了新的高度，明确要求"把生态文明建设放在突出地位，融入经济建设、政治建设、文化建设、社会建设各方面和全过程"，"推动能源生产和消费革命，控制能源消费总量，加强节能降耗，支持节能低碳产业和新能源、可再生能源发展，

---

❶ 数据来源：中国统计年鉴2014。

确保国家能源安全"。十八届三中全会提出"建设生态文明，必须建立系统完整的生态文明制度体系，实行最严格的源头保护制度、损害赔偿制度、责任追究制度，完善环境治理和生态修复制度，用制度保护生态环境"。2015年，十八届五中全会通过的"十三五"规划建议提出，"全面节约和高效利用资源。坚持节约优先，树立节约集约循环利用的资源观"；并专门指出，"强化约束性指标管理，实行能源和水资源消耗、建设用地等总量和强度双控行动"。

生态文明是人类社会文明发展的必然选择，而人与自然平等相处、和谐发展是生态文明区别于其他文明的关键点。能源消费总量控制是生态文明发展的必要措施。从我国能源消费现状和趋势来看，能源消费总量控制和能源消费模式创新是破解资源环境瓶颈的重要途径，是实现我国生态文明建设的关键举措。建筑能耗是终端能源消费中重要的组成部分，要实现全社会能耗总量控制目标，也应该对建筑领域的能耗进行总量控制。

1.3.1 建筑能耗总量目标

建筑能耗的总量控制目标主要由全社会能耗总量控制目标和碳排放目标来决定。从碳排放目标的角度来看：中国在2015年巴黎气候大会上提出了这样的行动目标：2030年单位GDP的二氧化碳排放量比2005年下降60%~65%；2030年非化石能源比重提升到20%左右；2030年左右化石能源消费的CO_2排放达到峰值；2030年森林蓄积量比2005年增加45亿m^3。中国是以煤炭为主要一次能源的国家，煤的碳排放系数是化石燃料中最高的，更应该严格控制能源使用总量。根据中国碳排放控制目标，如果未来中国人口达到14.7亿[9]，想要将人均化石能源消耗控制在2.7tce，那么化石能源消耗总量应控制在40亿tce；除化石能源外，非化石能源还包括核能、太阳能、风能、水能以及生物质等可再生能源资源，如果考虑非化石能源的比例提升到20%左右，那么未来我国一次能源消耗总量上限应该是50亿tce。从全社会可获得的能耗总量来看：根据中国工程院研究，到2020年，我国有较大可靠性的能源供应能力为39.3亿~40.9亿tce，如果考虑对我国温室气体排放和环境制约的因素，我国能源供应能力还将受到很大的影响，多数非化石能源、水电和核电供应能力已经难以再扩大。化石能源、水电、核能及进口能源总量应该在38亿tce以内，如果可再生能源得到充分发展，达到能源总量的20%，则我国在2020年能源总的供给能力应在47.5亿tce。在国务院印发的《能源发展战略行动（2014—2020年）》中，也明确了2020年我国能源发展的总体目标，提出到2020年，合理控制能源消费总量，将一次能源消费总量控制在48亿tce左右。综上，受碳排放和可获得的能源量的共同约束，未来我国全社会能源消耗总量应该在48亿tce以下。这不是一个暂时的约束，而将是长远发展要求的目标：从全球碳减排目标来看，未来碳排放量要逐年减少，化石能源用量也应逐年减少；我国能源赋存有限，技术短期内难以取得重大突破，经济条件也难以支撑大规模发展可再生能源，因而不能支持不断增长的能源需求。为履行大国义务，保障我国能源安全和可持续发展，控制能源消耗总量势在必行。

在国家能源消耗总量的约束下，建筑能源使用也应该实行总量控制。从我国社会经济结构来看，工业（特别是制造业）是中国发展的动力（2000年以来，第二产业占GDP的比例在45%～48%[10]），生产和制造加工对能源的需求量大，工业用能量约占国家总能耗的65%以上。2013年我国工农业产用能超过25亿tce，在未来很长一段时间内，制造业还将是支撑我国发展的重要经济部门，工农业用能还将占我国能源消耗量的主要部分，逐年增长的态势短期内不会改变（近年来工业用能增长率持续在5%[11]）。2013年，我国人均工农业能耗为2.14tce，美国人均工业能耗强度为3.58tce[12]，而德国人均工业能耗强度为1.06tce，英国、法国和意大利等国家人均工业能耗均低于1tce[13]，按照人均工农业用能，通过工业结构调整和淘汰落后产能，工业能效进一步提高，我国未来可能维持在人均2tce，这样，未来14.7亿人口工农业用能应在29.4亿t左右。我国目前交通用能仅占全社会总能耗的10%左右，人均交通用能不到0.3tce。无论从用能比例还是人均交通用能，都远低于经济合作发展组织（OECD）国家水平。随着现代化发展，交通用能比例一定会有所提高。如果未来人均交通用能达到0.5tce，则交通用能为7.4亿tce，这样如果总能源消费量为48亿tce，建筑运行能耗总量就应该控制在11亿tce，约占我国能源消费总量的23%。考虑工业生产、交通和人民生活发展需要，建筑能耗总量应该在11亿tce以内，这一用能总量不包括安装在建筑物本身的可再生能源（如太阳能光热、太阳能光电、风能等）。针对中国建筑能耗总量的目标，在《中国建筑节能年度发展研究报告2013》中已经对中国建筑能耗用能总量的控制目标和分析过程进行了详细的论述，详情可参见此书。

在明确建筑用能总量上限后,接着要回答的问题是,能否实现以及怎样实现这个总量控制目标?根据前文中对中国建筑能耗基础现状分析的结果可以看出,建筑建造领域的能耗约占全社会能耗的16%,建筑运行领域能耗约占全社会能耗的20%,合起来约占全社会能耗的1/3强,因此对建筑领域的能耗总量控制也应该从这两个方面入手。结合"十三五"提出的节能新思路,即"强化约束性指标管理,实行能源和水资源消耗、建设用地等总量和强度双控行动",建筑领域的总量和强度双控行为应主要体现有两个目标:一个是建筑规模总量的宏观规划与控制;另一个即是建筑运行能耗的强度控制。

1.3.2 建筑规模的总量控制

通过本章第一节的分析可以看出,近十年来随着我国城镇化的进程,大量新建建筑一方面满足了人民生活水平提高的需求,但另一方面也存在房屋空置、资源能源浪费、房地产发展过热等方面的问题,那么中国未来到底应该是怎样的一种城镇化发展模式,我国应达到多大的房屋规模和建造速度呢?下文通过对比各国住宅和公共建筑面积,从建筑营造历史发展机遇,各国居住建筑营造模式,并结合我国居民对建筑规模的期望调研,分析未来我国合理的建筑规模。

人均住宅面积,一方面能反映一个国家的经济水平,另一方面也是该国居住模式的体现。从各国人均住宅面积比较来看(图1-13),美国人均住宅面积超过70m^2,大大高出世界其他国家水平,丹麦、挪威和加拿大属于人均住宅面积第二大的国家群体,人均住宅面积约为55m^2,法国、德国、英国和日本等经济强国,人均住宅面积约为40m^2,中国人均住宅面积约为30m^2,在金砖各国中面积是最大的。结合我国的居住模式和房屋面积现状,目前城镇居住建筑总量已经能满足居民居住需求,目前的缺房无房户不是因为无房,而是房价太高无法承受。再修建多少,不抑制房价,也无法解决无房户问题。随着城市化率增长,每年2000万农民进城,那么未来只需要每年增加住房6亿m^2即可满足城镇化的需求,这样来看,我国未来城镇居住建筑总量不应超过350亿m^2,人均35m^2。2014年我国农村住宅人均面积为39m^2,考虑到目前农村的居住模式与城镇的差异,多为独户式住宅形式,且居住模式逐渐向城镇居住模式转变,因此人均住宅面积不会增加,近年来农村人均住宅面积也基本稳定,因此考虑未来农村住宅人均面积不变,维持在39m^2。

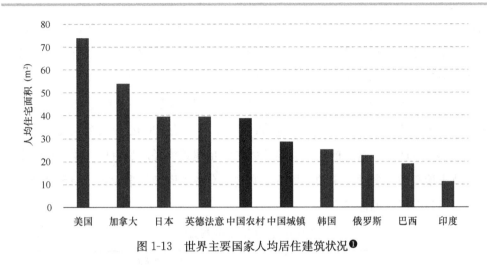

图 1-13　世界主要国家人均居住建筑状况❶

公共建筑主要服务于人们的公共活动，公共建筑面积的大小可以反映该国经济发展水平、公共服务水平或者社会公共活动特点。比较世界主要国家的人均公共建筑面积（图 1-14），中国公共建筑面积低于大多数发达国家，这与当前我国城乡二

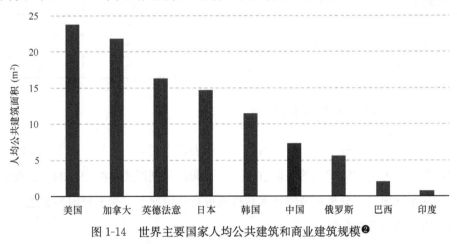

图 1-14　世界主要国家人均公共建筑和商业建筑规模❷

元结构相关。公共建筑主要集中在城镇，如果按照城镇居民人口计算，我国人均公共建筑面积达到 15m²，与法国、日本等发达国家相当。但目前我国有约一半左右的居民居住在农村，由于农业经济特点和经济发展水平限制，农村公共建筑设施配套较慢，人均公共建筑面积远小于城镇。从现存公共建筑的类型来看，办公建筑比

---

❶ 数据来源：国际能源署（Internet Energy Agency）《Energy Technology and Perspective 2015》。
❷ 数据来源：国际能源署（Internet Energy Agency）《Energy Technology and Perspective 2015》。

例最大，约为37亿 m²，综合商厦面积也已经达到23亿 m²，而文化、医疗、教育和社区服务建筑还有待增加。未来各类公共、商业建筑的人均面积应在10～15m²之间，公共建筑面积总量应控制在180亿 m²。

综合上述各部分分析结果，我国未来合理的建筑规模应控制在720亿 m²，其中住宅建筑529亿 m²，城镇住宅350亿 m²，农村住宅190亿 m²，公共建筑180亿 m²，如表1-2所示。这样的建筑规模可以在满足建筑能耗总量目标、碳排放约束目标以及土地资源等各项约束的前提下，实现社会各项资源的最大化，满足城镇化进程中人民日益增长的需求。

中国建筑规模总量控制目标 表1-2

分项	单位	建筑面积		
		现状（2014年）	规划目标	增长量
住宅建筑总面积	亿 m²	454	540	86
城镇住宅	亿 m²	213	350	137
农村住宅	亿 m²	241	190	−51
公共建筑总面积	亿 m²	107	180	73
北方供暖总面积	亿 m²	126	200	74
总面积	亿 m²	561	720	159

1.3.3 建筑运行能耗的强度控制

建筑运行能耗的强度因用能类型的不同而表现出明显的差异，对于不同的用能类型，节能技术和用能规划的预期也不同。下面将分别阐述各类用能的现状和节能技术，从实际出发，分析在节能技术和措施可行的情况下，未来我国各类建筑用能总量可以达到的节能目标。

通过分析北方城镇供暖用能、城镇住宅（不含北方供暖）用能、非住宅类城镇建筑（不含北方供暖）用能和农村住宅用能等各类建筑用能的现状和节能技术措施，结合未来人口和建筑面积总量分析，得到在可实现的技术和措施下，未来我国建筑用能总量可以控制在11亿 tce，符合未来我国全社会能耗总量的控制目标和建筑能量总量的控制目标。详细的分析参见《中国建筑节能年度发展研究报告2013》，对比当前建筑用能强度和建筑面积，总结各项用能和建筑面积控制目标如表1-3所示。

我国未来建筑能耗总量目标及强度规划　　　　表1-3

分项	建筑面积/户数		用能强度		总能耗（亿tce）	
	现状	720规划	现状	720规划	现状	720规划
城镇住宅	2.63亿户	3.5亿户	729kgce/户	1098kgce/户	1.91	3.84
农村住宅	1.60亿户	1.34亿户	1544kgce/户	988kgce/户	2.47	1.32
公共建筑	107亿m²	180亿m²	21.9kgce/m²	24.6kgce/m²	2.35	4.44
北方供暖	126亿m²	200亿m²	14.6kgce/m²	7.02kgce/m²	1.84	1.40
总量	561亿m² 13.7亿人	720亿m² 14.7亿人			8.57	11.0

为了实现建筑能耗的强度控制目标，就要建立以建筑能耗数据为核心的建筑节能政策体系和建筑节能技术支撑体系，实现建筑节能工作由"怎么做"向"耗能多少"转变。即将出台的《民用建筑能耗标准》就是我国第一次尝试从总量控制出发给出的建筑用能上限参考值。这一标准的出台将是我国在建筑节能领域从"怎么做"转为"耗能多少"的重要一步。

《民用建筑能耗标准》（以下简称《标准》）从建筑能耗总量控制的思路出发，以实际能耗作为约束条件。参照建筑用能规划，从北方供暖、公共建筑用能（不包括北方供暖用能）和城镇住宅（不包括北方供暖用能）三个方面给出了相应的能耗指标（见本书附录）。各类项指标值根据实际能耗数据提出，结合各类建筑面积规划，验证是否符合各类建筑能耗规划的目标，并作相应调整。

考虑到节能工作的阶段性和实际工程的水平差异，《标准》中能耗指标包括约束性指标和引导性指标两类。约束性指标是基准性指标，能耗低于这项指标才算达到节能标准；而引导性指标是先进性指标，能耗低于这项指标，表明节能达到先进水平。随着节能工作的逐步推进，鼓励从约束性指标值向引导性指标值发展。各类能耗指标包括的项目以及考虑的因素如图1-15所示。这里需要说明的是，《标准》中未提出农村住宅用能的相关指标，原因有以下几点：1）农村建筑当前主要的矛盾是改善农民的生活环境，提高农民居住水平；2）农村家庭与城镇家庭用能结构不同，城镇家庭用能以电为主，燃气或液化石油气为辅，而农村家庭用能包括煤、电、生物质等，能耗指标难以约束除电外其他各类用能量；3）根据相关资料公布的数据[14]，2012年，城镇居民人均用电量500kWh，而农村居民人均用电量约为415kWh，这其中还包括一部分服务于农业生产（灌溉、养殖、食品加工等）的用电，农村居民用电强度大大低于城镇居民用电强度。

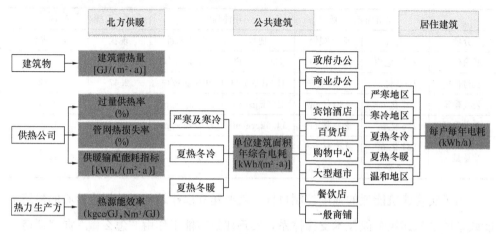

图1-15　《民用建筑能耗标准》中各项能耗指标示意图

在建筑节能工作体系中，《标准》是一个工具。节能工作体系中的政府主管部门、科研院所、节能服务企业和建筑业主等，都可以运用这个工具开展节能工作。例如，政府相关部门可以根据《标准》中各项能耗指标，在国家能源总量控制的目标下，确定不同阶段的建筑用能整体规划。《标准》中各项能耗指标针对不同的建筑，建筑节能工作涵盖从技术和措施研究到节能设计、施工和运行管理等多环节。分析《标准》中各项指标在不同阶段的作用，作以下阐述。

（1）能源规划与城市建设

《标准》提供了全国或地区总量测算的方法，国家或地方相关部门可以根据人口、建筑规模与各项建筑能耗指标，对建筑用能进行总量规划，明确能耗总量控制中建筑用能的具体目标，制定能源发展战略。北方各地可以参考《标准》中北方供暖各项指标，结合当地的能源资源条件，对供暖系统的热源类型和规模进行规划。

城市建设过程中，监管部门依据各项能耗指标，对各个方案的建筑需热量、公共建筑单位面积能耗强度和居住建筑户均能耗强度进行考核，达到指标要求的方案才能获得通过。对于要求以高能耗指标进行考核的公共建筑，需提出详细充分的论证说明。

（2）建筑设计阶段

在建筑设计阶段，《标准》将作为设计者做方案设计时参考的依据：1）北方地区建筑设计方案需符合建筑需热量指标要求；2）对于"可自然通风，分散控制"

模式的公共建筑设计方案，通过能耗模拟分析，检验是否能够达到能耗指标要求，否则应进行方案修改；3）对于"需机械通风，集中控制"模式的公共建筑设计方案，需准备详细充分的方案论证说明，并达到高能耗指标的要求；4）对于居住建筑设计方案，如果采用了集中控制的系统（空调、生活热水和公共区域照明等），需提供集中系统折算到户的能耗强度，以供开发商和购房者参考。

（3）施工阶段

在施工阶段，施工方如果要修改设计方案，需论证改动后建筑能耗强度仍然能够满足能耗指标要求，才可进行修改。

（4）验收阶段

在此阶段，节能监管部门和业主可对建筑试运行能耗进行评估，如果高于能耗指标，可向设计方和施工方问责，追究能耗高的原因，并要求整改；如果试运行能耗高于设计能耗，业主可要求设计方和施工提供说明，以维护业主的权利。

（5）运行管理

在建筑正式投入使用后，节能监管部门可根据能耗指标考核建筑运行能耗水平，高于约束值的，可责令其进行整改或进行相应的惩罚；接近或低于引导值的建筑，可以予以表彰，作为节能工作先进典范。

对于北方地区既有建筑，节能监管部门可依据建筑需热量指标责令未达到要求的建筑进行节能改造。

公共建筑业主可以将能耗指标作为参照，了解当前建筑运行管理水平，并根据自身需求，确定是否进行节能改造；节能服务企业在提供能源管理服务时，可依据能耗指标与建筑业主进行协商。

对于居住建筑，《标准》与阶梯电价结合，激励居民和物业管理方进行行为节能。由于该项指标同时包含家庭用能和公共区域用能，将激励业主参与到公共区域节能中。

此外，《标准》对节能技术和措施的研究和应用起到间接作用。对于某些在运行阶段的能耗水平难以符合指标要求的技术，由于不能在新建建筑的方案中采用而逐步淘汰；激励节能技术和措施研究者从建筑实际运行情况进行技术研发，探索出与发达国家的节能技术体系不同的模式，形成我国节能技术的国际竞争力。

《标准》提出的各项指标主要针对建筑运行效果，属于目标层次的标准，并不涉及如何实现节能效果。

建筑能耗受气候条件、建筑及系统的性能、建筑使用强度（建筑物运行时间，人员密度等）、设备和系统运行方式等因素影响。既有的节能标准主要包括建筑设计与建筑建造（施工）、运行及评价环节的标准，这些标准指导建筑及系统的设计，从技术层面保证《标准》提出的能耗指标可行性。举例来说，新建建筑严格执行《严寒和寒冷地区居住建筑节能设计标准》JGJ 26—2010，建筑需热量可以达到《标准》的引导性指标。此外，还有一些关于空调、供暖等设备的能效标准，也是从建筑及系统性能角度，推动节能的标准。总结来看，《标准》提出了具体的能耗指标，而以既有的各类节能标准为技术设计参考，可从技术层面保障实现《标准》规定的能耗指标，二者相互支持，不存在矛盾。

值得指出的是，既有节能设计标准中所列出的标准工况与建筑实际使用工况差异巨大。标准工况是按照设计要求列出的全部空间和时间保障的使用方式，而实际使用过程中，很少出现标准工况列出的情况，且实际使用方式千差万别，由于运行方式不同所产生的能耗差异巨大。因此，通过既有的节能设计标准计算的建筑能耗与《标准》提出的能耗指标不具可比性。

总体来看，建筑节能是一个复杂的系统工程，涉及面广，必须在设计、施工和运行等过程中采取有效措施，才能达到《标准》提出的能耗指标的要求。《标准》和既有的节能设计、运行及评价环节的标准的作用点不同，共同推动节能工作的开展，从这个角度来看，《标准》相当于完善了现有的标准体系，使得建筑节能标准从技术指导到能耗检验，形成一个完整的考核体系。

本章参考文献

[1] 清华大学建筑节能研究中心著. 中国建筑节能发展研究报告 2015[M]. 北京：中国建筑工业出版社，2015.

[2] 林立身，江亿，燕达等. 我国建筑业广义建造能耗及 CO_2 排放分析[J]. 中国能源，2015，37(3)：5-10.

[3] 倪绍祥，谭少华. 江苏省耕地安全问题探讨[J]. 自然资源学报，2002，17(3)：307-312.

[4] 谈明洪，李秀彬，吕昌河. 20 世纪 90 年代中国大中城市建设用地扩张及其对耕地的占用[J]. 中国科学：D辑，2005，34(12)：1157-1165.

[5] 中华人民共和国国土资源部.2012中国国土资源公报[EB/OL].（2013-04-20）[2013-10-16］. http：//www.mlr.gov.cn/zwgk/tjxx/201304/t20130420_1205174.htm.。

[6] 西南财经大学中国家庭金融调查与研究中心.城镇住房空置率及住房市场发展趋势2014[R].2014.

[7] Fang H，Gu Q，Xiong W，et al. Demystifying the Chinese Housing Boom[R]. National Bureau of Economic Research，2015.

[8] 李国庆.城市轨道交通通风空调系统的现状及发展趋势[J]，暖通空调，2011，6：1-6.

[9] 国家发展和改革委员会能源研究所课题组.中国2050年低碳发展之路[M].北京：科学出版社，2009.

[10] 中国国家统计局.年度数据[EB/OL].[2015-7-15]http：//data.stats.gov.cn/easyquery.htm? cn=C01.

[11] 中国科学院可持续发展战略研究组.2009中国可持续发展战略报告[M].北京：科学出版社，2009.

[12] U.S. Energy Information Administration. Annual energy outlook 2015.[EB/OL]. http：//www.eia.gov/oiaf/aeo/tablebrowser/♯release＝AEO2015＆subject＝2-AEO2015＆table＝2-AEO2015＆region＝1-0＆cases＝highmacro-d021915a，ref2015-d021915a.

[13] European Commission. Eurostat/data/database.[EB/OL]. http：//ec.europa.eu/eurostat/data/database.

[14] 中国电力企业联合会.中国电力行业年度发展报告2013[M].北京：中国市场出版社，2013.

第 2 篇 农村建筑节能专题

第 2 章 农村建筑用能状况分析

2.1 农村相关概念界定

农村是相对于城市的称谓，是指经济方式以农业生产为主的区域，其中农业生产方式包括各种农场（如粮食种植、畜牧和水产养殖场）、林场（林业生产区）、园艺和蔬菜生产等，对于一些主要生产方式已经由农业生产转变为第二产业或第三产业的地区不包括在本书所探讨的范围之内。农村人口是指全年大部分时间在农村居住，且以农牧业生产为主要经济来源的人口，对于仍然持有农村户口但是长期居住在城市且从事非农业生产的人口不包括在本书范围内。由于目前农村地区的各类建筑中，住宅的面积和用能都占有绝大多数比例，所以本书所讨论的农村建筑主要为农村住宅（简称农宅），即其使用者的经济方式仍然以农牧业生产为主的农村地区居住建筑。农村住宅能耗是指农村住宅在实际运行过程中所发生的生活能耗，包括炊事、供暖、生活热水、空调、照明、家电共 6 个方面，不包括用于农村住宅建造、农机具工作和小型企业等方面的生产能耗。

2.2 农村住宅建筑能源消耗总量及结构

在国家新农村建设工作初期，为了充分了解我国农村建筑用能的基础现状，在农业部等相关机构的支持下，清华大学建筑节能研究中心分别于 2006 年和 2007 年暑期组织了 700 多名师生，开展国内首次大规模的针对性调研，其覆盖范围包括全国 24 个省份，共计 150 个县级行政区。调研样本的选取过程如下：首先选取北方地区全部和南方长江流域地区的 24 个省份，再从每个省内随机选取 10 个左右的县（市），然后从每个县（市）内随机选取 5~6 个村，每个村内随机选取 5~6 户农户，最终保证每个县所调查的农户量为 30 户左右，每个省共计调研 300 户左右。根据这些调研户的详细统计数据,综合各村、镇、县、省农村能源办公室的综合数据,采用"自下而上"统计、"自上而下"校核的方式,获取了各省农村住宅状况、不同能源使用类别、能耗量等第一手资料。详细调研结果及分析可见文献[1]。

近年来,随着新农村建设的推进和农民生活水平的提高,以及国家全面建设小康社会、美丽乡村建设等战略的实施,有可能对农村住宅及能耗产生新的影响。为了进一步了解近10年来我国不同地区农村住宅能耗变化情况,以及近年来社会普遍关注的农村用能对室外大气环境污染的影响问题,在科技部、北京市科委的支持下,清华大学建筑节能研究中心联合北京市可持续发展促进会于2015年暑期再次组织实施了较大规模的中国农村能源环境综合调研活动。

共有21支调研队伍、近200余名师生在经过统一培训后参与了此次调研活动,调研方法和组织方式与2006年和2007年全国大规模调研相类似,依然采用省、县、村三级采样的方式,覆盖范围包括了北方地区的北京、天津、河北、山东、陕西、黑龙江、辽宁、内蒙古、甘肃、宁夏和青海共计11个省、市(自治区),以及南方地区的浙江、江苏、安徽、江西、湖南、重庆、四川、福建、云南和贵州共10个省、市。调研内容主要包括:农村住宅能源的消耗量和具体比例现状;农村可再生能源利用现状和发展趋势;农村住宅和生活用能(包括房屋供暖、炊事、空调降温等)状况;生态环境和资源综合利用状况;农村经济、技术信息、产业发展等方面的现状和需求等方面。

此次调研的主要目的是为了获得目前农村建筑能耗现状,以及近10年来农村建筑能耗的变化情况,因此所选取的目标县(市)和农户主要是从上次调研对象中抽取,共完成了2120份问卷的调研,其中北方省份991份,南方省份1129份,但由于原有农户迁移或失去联络等特殊原因,最终所完成2120份问卷中仅有不到一半的农户是2006年和2007年的原有调研农户。本节的数据主要是来自本次调研(以下简称调研)及其他相关资料,可以从中了解2014年前后我国农村建筑用能的整体情况。

2.2.1 农村住宅建筑能耗现状

以调研样本所得到的各省平均指标为基准,采用《中国统计年鉴2014》、《中国统计年鉴2015》以及分省年鉴中所提供的各省农村人口数量、户数等参数进行推算，得到目前我国31个省(市、自治区)每年农村生活用能总量约为3.27亿tce，包括了用于供暖、炊事(含生活热水)、空调、生活用电(包括照明和各类家电)的能耗，统计的能源种类包括：煤炭(散装煤、蜂窝煤)、液化石油气、电力等商品能，以及以木柴和秸秆为主的非商品能。其中电力是按照当年火力发电煤耗计算法折合为千克标准煤(kgce)，其他各类能源都根据燃料的平均低位发热量进行折算[1]。如表2-1所示，农村建筑用能中商品能煤炭为1.97亿t(折合1.41亿tce)、液化石油气831万t(折合0.14亿tce)、电2140亿kWh(折合0.7亿tce)，非商品能生物质(包括薪柴和秸秆)总量为1.81亿t(折合1.03亿tce)，商品能和非商品能分别占到68.8%和31.2%。

2014年我国各省市农村生活用能不同种类能源消耗量　　表2-1

省份	常住总户数(万户)	年实物消耗量					折合标煤量(万tce)		
		煤炭(万t)	液化气(万t)	电能(亿kWh)	薪柴(万t)	秸秆(万t)	商品能	非商品能	总量
北京	215.2	571	18.4	56.4	96	63	612	88	700
天津	80.7	196	7.7	12.5	3	54	191	30	221
河北	1133.6	1631	25.6	92.7	34	610	1481	342	1823
山西	515.5	2609	2.6	19.5	72	30	1925	58	1983
内蒙古	335.8	1226	27.9	44.5	18	146	1068	181	1249
辽宁	478.6	797	27.0	66.8	331	1240	833	819	1652
吉林	361.6	388	4.8	14.8	216	555	335	407	742
黑龙江	653.5	1406	13.3	34.4	2059	1278	1139	1875	3014
上海	107.1		12.4	14.9	3	6	73	5	78
江苏	929.3	354	76.6	320.4	293	56	1428	203	1631
浙江	642.3	224	51.4	111.2	189	120	611	173	784
安徽	716.2	219	53.9	89.7	775	85	435	507	942
福建	447.4	38	28.0	125.8	523	1	484	315	799
江西	547.9	343	38.2	80.2	648	105	572	442	1014
山东	1407.1	905	49.2	170.4	1019	427	1286	825	2111
河南	1352.9	1846	20.9	76.3	205	185	1613	216	1829

---

[1] 1kWh电=0.33kgce；1kg煤炭=0.71kgce；1kg液化石油气=1.71kgce；1kg木柴=0.6kgce；1kg秸秆=0.5kgce。

续表

省份	常住总户数（万户）	年实物消耗量					折合标煤量（万tce）		
		煤炭（万t）	液化气（万t）	电能（亿kWh）	薪柴（万t）	秸秆（万t）	商品能	非商品能	总量
湖北	904.6	442	17.4	61.4	427	29	558	271	829
湖南	1081.4	588	99.1	130.8	505	59	1016	333	1348
广东	1175.2	249	79.6	102.5	445	214	672	374	1046
广西	528.2	159	1.4	67.1	287	9	350	177	527
海南	99.6	41	0.8	7.5	25	12	57	21	78
四川	1457.5	410	139.8	214.5	1302	479	1231	1021	2252
贵州	465.2	752	6.8	59.4	344	28	742	221	963
云南	715.3	15	3.4	59.0	710	223	209	538	747
西藏	43.7			4.8	202		17	121	138
陕西	526.5	1936	18.8	61.4	147	345	1615	261	1876
甘肃	343.4	890	3.5	16.3	45	80	695	67	762
青海	61.9	187	1.0	6.6	227	89	157	180	338
宁夏	89.9	145	0.6	9.2	286	171	135	258	392
新疆	274.5	1108	0.8	8.8	16	21	819	20	839
北方总计	7874	15842	222	696	4945	5293	13921	5746	19667
南方总计	9817	3834	609	1445	6476	1427	8438	4600	13038
总计	17692	19676	831	2140	11421	6720	22359	10346	32705

注：表中不包括港澳台地区的数据，表中的四川代表四川和重庆两地合并后的结果，下文同。灰色部分表示2015年调研未覆盖省份，而是沿用2006～2007年的调研结果，下文同。其中商品能包括煤炭、液化石油气和电能；非商品能主要包括薪柴和秸秆，调研没有涉及对牲畜粪便和沼气等其他可再生能源的统计。

图 2-1 是通过对调研数据进行整理后得到的部分省市农村住宅户均全年生活用能情况，从中可以看出，北方地区由于冬季供暖需要，其能耗普遍要高于南方地区（贵州省由于其西部山区属于寒冷地区，冬季也有供暖需求，而且供暖、炊事方式是以薪柴等生物质的直接低效燃烧为主，所以能耗较高）。其中青海、黑龙江、宁夏、内蒙古由于地处严寒地区，供暖负荷较大，户均能源消耗量接近或超过 4tce/a。

从图 2-1 中给出的全国分省农村住宅建筑用能的消费结构可以看出，北方地区商品能占生活用能的比例普遍较高。其中甘肃、内蒙古、山西、新疆、北京、河北、河南、陕西、天津等省、直辖市、自治区的商品能消耗比例超过了 80%，辽宁、吉林、黑龙江、宁夏、青海、西藏由于薪柴和秸秆资源相对丰富，非商品能所

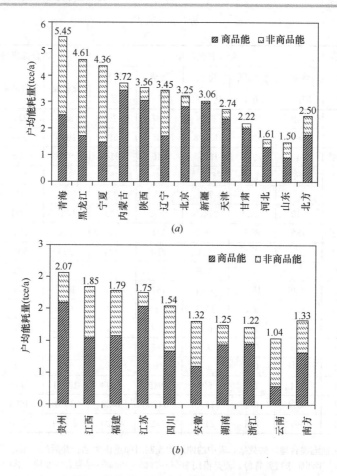

图 2-1 我国农村地区户均生活用能情况

(a)北方地区；(b)南方地区

注：图中四川的数据是由四川和重庆两地合并得到的(下文同)

占比例超过了50%，明显高于其他省份。整个北方地区商品能(包括散煤、蜂窝煤、液化石油气、电能)和生物质能(木柴和秸秆)的比例分别为71.1%和28.9%。

南方地区中，湖南、上海、江苏、浙江、海南、贵州的农村商品能消耗比例较高，超过了70%，其他各省相对较低，其中云南最低，只有不到30%。整个南方地区商品能和生物质能的消耗比例分别为62.1%和37.9%，与北方地区相比，南方地区农村生活用能中，生物质能仍然占有较高的比例。在可再生能源利用方面，通过调研发现目前农户对秸秆的处理方式主要是用做供暖或炊事的生活燃料、深耕还田和就地焚烧，其中用做生活燃料时主要还是直接粗放式燃烧为主，效率低下，只有6.6%的柴灶采用了鼓风措施；其次农户就地焚烧秸秆现象仍然较为普遍，不仅造成资源浪费，还会导致严重的室外空气污染和雾霾天气，关于该部分所存在的问题将在第4章中进行详细论述。

另外，根据调研发现，目前农村地区对太阳能的利用主要还是以太阳能热水器为主，全国的平均普及率为45.6%，但各省份的普及程度很不均衡，其中北京、天津、江苏、浙江、山东、贵州、云南、宁夏等省、直辖市、自治区的普及率较高，超过了60%。目前对于北方地区来说，太阳能热水器所面临的一个最大问题是只能解决春夏秋的生活热水供应问题，由于集热器冬天防冻性能差，农户一般很难直接使用。冬季利用太阳能进行主动式供暖的农户也非常的少。

2.2.2 农村生活用能近10年的整体变化情况

表2-2给出了2006年和2014年我国各省市农村生活用能不同种类能源消耗量的对比情况，从中可以看出，2006～2014年近10年间，受城镇化等因素的影响，全国农村总户数从1.92亿户下降到1.77亿户，减少约7.9%，但由于农村居住建筑更新换代及人均建筑面积的增长，全国农村住宅建筑总面积却从220亿m^2增长到235亿m^2，增加约6.8%。

全国农村生活用能总量从2006年的3.17亿tce微增到2015年的3.27亿tce，增长了3.2%，其中商品能从1.93亿tce增长到2.24亿tce，增长比例为15.7%，明显高于总能耗增长比例，非商品能从1.24亿tce减少到1.03亿tce，减少比例为16.4%。

从农户的户均用能强度来看，北方地区、南方地区和全国的户均生活用能量分别从2006年1.81tce、0.89tce和1.26tce增长到2014年的2.5tce、1.33tce和1.85tce，增长比例分别为38.1%、49.4%和46.8%。由此可见，近10年来单个农户的生活能耗量还是有了明显的增长，但是由于农村常住户数的减少，使农村生活用能总量基本维持不变。

从单项能源消耗量来看，煤炭消耗总量基本维持不变，从2006年的1.92亿t增加到2014年的1.97亿t，仅增长了约2.3%；生物质消耗总量下降了约16.4%；变化比例最大的是液化石油气和电能的消耗量，液化石油气从597万t增长到831万t，电能从1324亿kWh增长到2140亿kWh，两者分别增长了39.2%和61.6%，而且某些省份的用电量已增长了2倍以上，其中关于农村用电增长的原因会在后文中进行详细分析。

表 2-2 2006 年和 2014 年我国各省市农村生活用能不同种类能源消耗总量

省份	总户数 (万户)		总建筑面积 (亿 m²)		年实物消耗量								折合标煤量 (万 tce)					
					煤炭 (万 t)		液化气 (万 t)		电能 (亿 kWh)		薪柴 (万 t)		秸秆 (万 t)		商品能		非商品能		总量	
	2006 年	2014 年	2006 年	2014 年	2006 年	2014 年	2006 年	2014 年	2006 年	2014 年	2006 年	2014 年	2006 年	2014 年	2006 年	2014 年	2006 年	2014 年	2006 年	2014 年
北京	142.2	215.2	1.0	1.5	546	571	10.2	18.4	13	56.4	29	96	34	63	451	612	34	88	485	700
天津	78.1	80.7	0.7	0.8	190	196	3.4	7.7	12	12.7	12	3	17	54	183	191	16	30	198	221
河北	1139.2	1133.6	12.4	13.6	2294	1631	27	25.6	72	92.7	349	34	708	610	1928	1481	563	342	2492	1823
山西	525.9	515.5	4.8	5.8	2609	2609	2.6	2.6	19.5	19.5	72	72	30	30	1925	1925	58	58	1983	1983
内蒙古	329.5	335.8	2.5	2.6	628	1226	1.5	27.9	10.4	44.5	83	18	152	146	485	1068	126	181	610	1249
辽宁	520.0	478.6	4.4	4.5	675	797	20.5	27.0	40.1	66.8	381	331	1773	1240	655	833	1115	819	1770	1652
吉林	342.6	361.6	2.6	3.1	388	388	4.8	4.8	14.8	14.8	216	216	555	555	335	335	407	407	743	742
黑龙江	461.5	653.5	3.7	3.9	871	1406	9.3	13.3	19.9	34.4	1484	2059	951	1278	704	1139	1366	1875	2070	3014
上海	63.7	107.1	1.2	1.7			12.4	12.4	14.9	14.9	3	3	6	6	73	73	5	5	78	78
江苏	1115.3	929.3	14.8	15.0	252	354	80.7	76.6	118.9	320.4	256	293	132	56	733	1428	220	203	953	1631
浙江	695.2	642.3	12.5	11.9	193	224	61.6	51.4	99.2	111.2	196	189	101	120	590	611	168	173	757	784
安徽	1012.9	716.2	10.7	10.1	116	219	44.7	53.9	55	89.7	2308	775	221	85	351	435	1495	507	1847	942
福建	476.0	447.4	7.8	8.8	40	38	29.1	28.0	51.2	125.8	198	523	10	1	257	484	124	315	361	799
江西	654.0	547.9	9.6	11.4	305	343	17	38.2	38.3	80.2	892	648	65	105	380	572	568	442	947	1014
山东	1481.9	1407.1	15.4	17.7	1806	905	88.6	49.2	94.1	170.4	1035	1019	568	427	1763	1286	905	825	2668	2111
河南	1645.5	1352.9	18.0	18.4	1846	1846	20.9	20.9	76.3	76.3	205	205	185	185	1613	1613	216	216	1829	1829
湖北	825.1	904.6	11.8	14.1	442	442	17.4	17.4	61.4	61.4	427	427	29	29	558	558	271	271	829	829

续表

2.2 农村住宅建筑能源消耗总量及结构

省份	总户数(万户) 2006年	2014年	总建筑面积(亿m²) 2006年	2014年	煤炭(万t) 2006年	2014年	液化气(万t) 2006年	2014年	电能(亿kWh) 2006年	2014年	薪柴(万t) 2006年	2014年	秸秆(万t) 2006年	2014年	折合标煤量(万tce) 商品能 2006年	2014年	非商品能 2006年	2014年	总量 2006年	2014年
湖南	1085.3	1081.4	15.3	15.6	651	588	13	99.1	90.4	130.8	687	505	73	59	801	1016	449	333	1249	1348
广东	862.6	1175.2	9.2	11.8	249	249	79.6	79.6	102.5	102.5	445	445	214	214	672	672	374	374	1045	1046
广西	734.9	528.2	9.1	9.6	159	159	1.4	1.4	67.1	67.1	287	287	9	9	350	350	177	177	527	527
海南	97.0	99.6	1.0	1.2	41	41	0.8	0.8	7.5	7.5	25	25	12	12	57	57	21	21	78	78
四川	2029.7	1457.5	23.7	21.8	981	410	29.4	139.8	127.6	214.5	3188	1302	982	479	1193	1231	2404	1021	3597	2252
贵州	658.7	465.2	6.5	5.9	467	752	6.6	6.8	20.1	59.4	376	344	31	28	413	742	241	221	654	963
云南	770.2	715.3	8.0	7.8	64	15	0.3	3.4	29.4	59.0	760	710	268	223	149	209	590	538	739	747
西藏	36.2	43.7	0.4	0.8					4.8	4.8	202	202			17	17	121	121	138	138
陕西	589.4	526.5	6.1	7.3	1176	1936	10.6	18.8	31.6	61.4	140	147	192	345	964	1615	180	261	1144	1876
甘肃	405.4	343.4	3.4	3.7	779	890	1.2	3.5	15.7	16.3	55	45	92	80	610	695	79	67	689	762
青海	71.7	61.9	0.6	0.7	205	187	1.1	1.0	3.3	6.6	8	227	34	89	159	157	22	180	181	338
宁夏	77.4	89.9	0.7	0.9	162	145	0.3	0.6	4.2	9.2	27	286	44	171	130	135	38	258	169	392
新疆	285.5	274.5	2.8	3.1	1108	1108	0.8	0.8	8.8	8.8	16	16	21	21	819	819	20	20	839	839
北方总计	8132	7874	79.1	88.4	15283	15842	203	222	441	696	4314	4945	5356	5293	12741	13921	5266	5746	18008	19667
南方总计	11081	9817	141.2	146.6	3960	3834	394	609	884	1445	10048	6476	2153	1427	6577	8438	7107	4600	13661	13038
总计	19213	17692	221	235	19243	19676	597	831	1324	2140	14362	11421	7509	6720	19318	22359	12373	10346	31669	32705

注：表中不包括港澳台地区的数据，下文同。其中商品能包括煤炭、液化石油气和电能，非商品能主要包括薪柴和秸秆，下文同。灰色部分表示 2015 年未调研省份，而是沿用 2006～2007 年的调研结果，调研没有涉及对牲畜粪便和沼气等其他可再生能源的统计。表中"四川"代表四川和重庆两地合并后的结果，下文同。

2.3 农村住宅分项用能情况分析

农村住宅用能主要包括：供暖、炊事、空调、照明、各类家电等，下面分别针对北方、南方地区对农宅的分项用能情况进行分析。

2.3.1 北方供暖用能

表 2-3 给出了北方地区各省市农宅冬季供暖能耗情况。从中可以看出，整个北方地区农宅冬季供暖能耗总量已经达到 1.05 亿 tce，其中煤炭约为 7800 万 tce，生物质约 2600 万 tce；供暖能耗约占生活总能耗的 53.6%，部分省份的供暖能耗所占比例达到了 60% 以上。

北方地区各省市农宅冬季供暖能耗情况　　　　表 2-3

省份	年实物消耗量			总量 (万 tce)	户均能耗 (tce/户)		单位建筑面积能耗 (kgce/m^2)		供暖能耗占生活总用能比例 (%)
	煤炭 (万 t)	薪柴 (万 t)	秸秆 (万 t)		总量	煤炭	总量	煤炭	
北京	527.8	48	31.5	421.6	1.96	1.75	28.3	25.3	60.2
天津	87.2	0.7	15.8	70.7	1.49	1.31	8.4	7.4	54.3
河北	1362.4	18.2	326.7	1147.4	0.95	0.8	8.5	7.2	63.0
山西	2061.6	65.6	25.8	1515.9	1.90	1.82	20.5	19.7	61.3
内蒙古	790.1	8.0	65.0	601.7	2.01	1.89	22.8	21.4	48.2
辽宁	824.4	171.0	641.3	1012.1	2.05	1.19	22.7	13.2	61.3
吉林	361.2	131.8	230.6	450.9	1.18	0.67	15.0	8.5	60.7
黑龙江	1454.5	1071.5	664.7	2014.2	2.82	1.53	52.0	26.8	66.8
山东	798.0	537.7	225.1	1005.6	0.68	0.38	5.7	3.2	47.6
河南	931.5	60.5	39.2	717.3	0.35	0.33	3.1	2.9	39.2
陕西	540.4	50.0	117.6	474.8	1.32	1.08	6.5	5.3	25.3
甘肃	152.6	23.7	41.8	144.2	0.4	0.3	3.9	2.9	18.9
青海	219.5	13.6	63.4	196.6	2.6	2.07	27.3	21.8	58.3
宁夏	113.8	21.1	62.4	125.2	1.73	1.12	14.1	9.1	31.9
新疆	811.0	0.0	2.5	577.0	2.58	2.57	26.3	26.2	68.8
合计	11036	2221.4	2553.4	10474.8	1.34	1.01	11.9	9.0	53.6

注：表中计算单位建筑面积耗能量时，使用的是农户住宅总面积。由于各地建筑面积统计方式可能存在较大差异，因此单位建筑面积能耗仅供参考。

从单位建筑面积供暖能耗量来看,北方地区农村大部分省份的能耗量都超过了 10kgce/m²,如果扣除掉农村住宅中相当一部分的非供暖建筑面积(根据部分省份的调研结果,供暖面积比例约 50%~60%),则北方地区大部分省份的农宅供暖能耗会超过或接近 20kgce/m² 的水平。目前我国北方城镇采用燃煤锅炉直接供暖的建筑能耗水平约为 20kgce/(m².a),但是农宅的室内温度比城镇建筑低很多。其中主要原因是由于农村地区大部分农宅为坡顶或平顶单层住宅,此类农宅的体形系数多在 0.8 以上,是城镇多层住宅体形系数的 2 倍以上,墙体结构和材料都采用实心黏土砖等传统做法,且从表 2-4 中可以看出,除了北京市农宅有保温措施的比例达到 30%之外,其他省份的保温措施比例都很低,造成农宅冬季供暖能耗普遍较高。

北方地区各省农宅墙体有保温措施的比例 表 2-4

省份	北京	天津	山东	甘肃	辽宁	黑龙江	内蒙古	青海	陕西	宁夏
保温比例(%)	30.7	2.9	0	2.6	10.8	3.3	4	1	1.9	1

2.3.2 南方供暖及空调用能

表 2-5 对南方所调研地区(主要是长江流域地区的省份)冬季供暖所消耗的生物质和煤炭的数量进行了统计。从表中可以看出,该地区冬季固体燃料供暖用能总量约为 2900 万 tce,其中煤炭为 1100 万 tce,生物质为 1800 万 tce,固体燃料供暖能耗所占生活总能耗比例约为 26.4%,普遍低于北方地区。此次调研并没有覆盖到广东、广西、海南三个省份,但由于这部分地区绝大多数农户不需要供暖,冬季供暖能耗基本可以忽略,因此表 2-5 所给出的供暖能耗总量基本可以代表南方的整体情况。贵州省由于部分高海拔寒冷地区需要供暖,所以冬季供暖的户均能耗量和单位面积能耗量都是最高的。对于江浙地区,用固体燃料进行供暖的能耗比例明显低于其他地区,主要原因是该地区以电作为供暖能源的农户比例较高。

南方部分省市冬季供暖能耗情况 表 2-5

省份	年实物消耗量			总量(万 tce)	户均能耗(tce/户)		单位建筑面积能耗(kgce/m²)		供暖能耗占生活总用能比例(%)
	煤炭(万 t)	薪柴(万 t)	秸秆(万 t)		总量	煤炭	总量	煤炭	
四川	307.9	671.8	247.4	746.7	0.51	0.15	3.4	1.0	33.2
湖南	231.9	271.7	32.0	344.7	0.3	0.14	2.2	1.1	25.6

续表

省份	年实物消耗量			总量（万 tce）	户均能耗（tce/户）		单位建筑面积能耗（kgce/m²）		供暖能耗占生活总用能比例（%）
	煤炭（万 t）	薪柴（万 t）	秸秆（万 t）		总量	煤炭	总量	煤炭	
湖北	219.3	238.0	15.0	306.0	0.38	0.19	2.6	1.3	36.9
安徽	14.5	416.9	174.5	347.7	0.45	0.01	3.4	0.1	36.9
福建	3.1	209.2	0.4	127.9	0.29	0.00	1.4	0.0	16.0
江西	30.1	218.7	35.5	170.5	0.46	0.06	1.5	0.2	16.8
江苏	124.5	73.5	14.2	140.1	0.3	0.19	0.9	0.6	8.6
浙江	55.5	46.7	29.6	82.5	0.26	0.12	0.7	0.3	10.5
贵州	557.3	154.8	12.6	497.5	1.07	0.86	8.4	6.8	51.7
云南	2.3	213	66.9	162.9	0.23	0.00	2.1	0.0	21.8
合计	1546.8	2514.3	628.1	2926.5	0.37	0.14	2.5	0.95	26.4

表 2-6 给出了我国南方部分省份农户夏季降温能耗情况。从中可以看出由于受经济水平、气候条件等因素的影响，户均降温能耗相差较大，尤其是空调能耗。折算到单位建筑面积，各省份的降温能耗强度大约在 0.7～5.8kWh/m² 之间（不包括云南和贵州），而且南方农户在使用风扇时的夏季降温能耗整体更低。由此推算，整个南方地区的夏季降温总用电量约为 300 亿 kWh，考虑到北方地区夏季气温比南方低，空调需求小，因此全国农村的夏季降温总耗电量约为 500 亿 kWh，占农村生活总用电量的 1/4 左右。

南方部分地区夏季降温能耗情况　　　　　表 2-6

省份		江苏	浙江	安徽	福建	江西	湖南	重庆	四川	贵州	云南
户均电耗（kWh/a）	空调	689.5	233.1	358.4	278.4	91.5	705.9	234.8	77.0	11.8	0.6
	风扇	43.7	52.0	53.7	55.5	54.9	130.2	35.2	20.4	14.0	1.9
	合计	733.2	285.1	412.1	333.9	146.4	836.1	270	97.4	25.8	2.5
单位建筑面积电耗 [kWh/(m²·a)]		4.54	1.54	2.91	1.69	0.71	5.79	1.72	0.67	0.20	0.02

2.3.3 炊事用能

炊事用能是农宅中除供暖用能外的另一主要能源消耗形式。表 2-7 给出了所调研省份炊事用能的调研统计结果。全国农村用于炊事的总能耗高达 1.15 亿 tce，其中北方和南方地区(除广东、广西、海南三省外)的炊事能耗分别约为 7000 万 tce (包括 3600 万 tce 煤炭和 3000 万 tce 生物质)和 4500 万 tce(包括 1300 万 tce 煤炭和 2300 万 tce 生物质),占生活总能耗的比例均为 37% 左右,如果考虑炊事所消耗的部分电能,则上述比例会略微增大。

所调研省份炊事消耗的不同种类能源数据　　　　表 2-7

省份	年实物消耗量				折合标煤总量
	煤炭(万 t)	薪柴(万 t)	秸秆(万 t)	液化气(万 t)	(万 tce)
北京	43.2	48.0	31.5	18.4	107.0
天津	108.8	1.8	38.0	7.7	111.0
河北	268.7	15.7	283.5	25.6	386.9
山西	51.7	32.2	853.1	2.6	657.3
内蒙古	436.0	172.0	81.2	27.9	503.1
辽宁	27.2	159.8	599.2	27.0	461.2
吉林	94.7	316.7	43.0	2.3	249.6
黑龙江	48.6	987.7	612.8	13.3	956.6
上海	0.0	4.6	0.0	9.5	18.5
江苏	229.5	219.0	42.1	76.6	447.7
浙江	168.7	142.4	90.4	51.4	339.3
安徽	204.5	357.7	90.0	53.9	498.1
福建	34.9	313.8	0.6	28	261.5
江西	312.8	429.4	69.7	38.2	581.4
山东	106.8	481.6	201.6	49.2	550.4
河南	48.1	123.5	1062.0	11.2	863.8
湖北	54.2	14.8	176.3	22.3	203.2
湖南	356.1	233.4	27.4	99.1	578.1
四川	101.9	629.9	232.0	139.8	806.4
贵州	194.3	189.2	15.4	6.8	271.7
云南	12.8	497	156.0	3.4	391.2
陕西	1395.7	96.7	227.3	18.8	1200.9
甘肃	737.4	21.4	37.8	3.5	564.5
青海	32.5	213.2	25.2	1.0	165.5
宁夏	31.6	265.0	108.1	0.6	236.7
新疆	8.8	2.5	307.2	0.4	225.3
北方总计	5022.2	2714.0	2739.0	222.2	6966.2
南方总计	1838.2	3200.9	737.7	514.6	4484.7
总计	6860.4	5914.9	3476.7	736.8	11450.9

注:表中灰色部分表示 2015 年未调研省份,而是沿用 2006~2007 年的调研结果。

根据清华大学建筑节能研究中心于 2008 年 7 月至 2009 年 5 月对北京、沈阳、银川、苏州、武汉五个典型城市住户的生活能耗情况的调研结果显示，各城市的户均全年炊事用能量约为 200~300kgce，而农村地区的户均水平约为 700kgce，是城市炊事能耗的 2~3 倍。主要原因是除了炊事设备效率的差别，如城市主要以天然气灶（效率 40% 以上）、电炊事（效率 90% 以上）为主，农村地区则主要采用传统的生物质柴灶（效率 15% 左右）、煤炉（效率 30%~40%）等；还和农村地区的炊事用能供应对象有关，除了人员加热食物能耗之外，农村炊事用能还包括喂养家禽、家畜的能耗；同时不少农村地区仍然依靠大锅烧水来提供生活热水，这部分能耗也被算作了炊事能耗。

从农村地区的炊事用能方式来看，大多数省份的农村家庭炊事用能呈现多样化的趋势，农民厨房中的普遍现象是"多管齐下"，有烧柴的大灶，有烧煤的炉子，还有相对清洁的液化气炉具、电炊具、沼气灶等，如图 2-2 所示。近几年，农户家中的液化气灶、电炊具等清洁炊事方式正在逐渐增多，总体趋势是向着清洁化方向发展，但变化较慢，尤其是一些欠发达地区发展较为滞后。即使对于很多已经购置清洁灶具的农户在实际使用时仍处于两难状态，农户虽然知道一些用能设备的优势，如液化气灶、电炊具清洁高效，但受到燃料费用高等因素的影响，可能仅是在有客人时才会使用；因此，即使烧柴灶不方便、污染严重且效率低，仍作为平时自家炊事的主要方式。

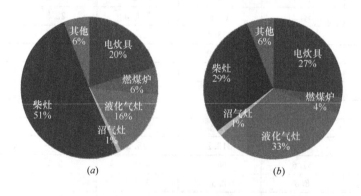

图 2-2　农村地区冬季和夏季主要炊事方式分布情况
(a) 冬季；(b) 夏季

2.3.4 照明与其他家电用能

目前，除个别农村偏远地区外，我国电网系统基本已全覆盖。室内灯具照明是农村住宅用电的主要形式之一，尤其是在一些经济落后地区，照明几乎成为全部的生活用电项目。农村住宅照明常用的灯具包括白炽灯和节能灯，两者在能效上相差巨大。长期以来，中国都是照明产品的生产和消费大国，节能灯、白炽灯产量均居世界首位，2010年白炽灯产量和国内销量分别为38.5亿只和10.7亿只。

根据此次对全国农户的调研发现，农村户均分别拥有1.9盏白炽灯和5.9盏节能灯，节能灯的整体普及率已达76%。如果按照全国农户每天平均使用2盏灯，所有白炽灯和节能灯折算后的平均功率为17W，全年使用时间为1200h进行估算，则全国农村每年的照明用电量为95亿kWh左右，折合单位面积为0.4kWh/m^2，低于城镇水平。主要原因是由于目前农村家庭的灯具安装数量要少于城镇住户，而且农村地区由于晚上娱乐活动少，熄灯普遍较早，所以农村住宅照明的单位面积用电量较低。随着农村经济的不断发展，如果灯具安装数量和使用习惯都与城市接轨的话，则会导致农村照明能耗的上升，但进一步推广高效节能灯，实现对白炽灯的完全替代将会有效抵消该部分耗电量的增长。

除了照明用能外，农村家庭中的其他家电成为生活用电的主体。目前全国农村家电每年消耗的电量约为2045亿kWh，户均全年用电量约为1200kWh，其中用于夏季降温空调和电扇的耗电量约占1/4，家电用电约占3/4。造成农村生活用电量攀升的原因来自于两方面：一是农村近几年各类家用电器越来越普及，耗电设备越来越多，如受国家"家电下乡"政策的激励等，具体数据将在下节进行详细分析；二是随着农村生活水平的提高和人们消费观念的转变，农户对一些家用电器的使用频率和时间都有所增加，从而导致耗电量的不断增长。

2.3.5 农宅分项用能近10年变化情况

通过上述分析并与10年前的调研结果进行对比后可以发现，目前整个北方地区农宅冬季年供暖能耗总量比10年前增加了5%左右，供暖能耗占生活总能耗的比例略有下降。与城市住宅相比，农宅供暖能耗偏高，且过多依靠煤炭和生物质等固体燃料的局面仍然没有被打破，使用能效低下，由此还带来一系列环境污染问题,因此仍然是农村建筑节能工作的重点。南方供暖用能与10年前相比在固体燃料消耗量方面减少了30%,主要转向热泵、电暖气等电供暖方式。全国炊事能耗总量与10年前相比基本持平,但从炊事方式来看,电炊事所占比例上升较快,占到1/4左右。

农村照明能耗近10年下降了50%左右,其中主要原因是来自于节能灯对白炽灯的替换。10年前农村住宅节能灯的安装比例还不到50%,而目前已上升到76%,不可否认其中部分替代效果来自于农户自身节能意识的提高,但更主要的是国家在2009年出台了高效照明产品财政补贴政策,计划全年推广1亿只节能灯,同往年相比,该推广计划的一大特色在于首次提出了适当向农村倾斜的要求,并规定了一定的倾斜比例。2010年国家发展改革委、财政部又下发了《关于下达2010年度财政补贴高效照明产品推广任务量的通知》,通过财政补贴方式推广高效照明产品1.5亿只以上。为使这一政策惠及更多农户,明确要求在农村和贫困地区推广比例不低于总量的30%。后来山东、河北、黑龙江、海南等省都在积极推进高效照明产品"下乡"活动,使当地农户能够以更低的价格享受到高效绿色照明灯具。而且在2011年11月1日,国家发展改革委、商务部、海关总署、国家工商总局、国家质检总局联合印发《关于逐步禁止进口和销售普通照明白炽灯的公告》,决定从2012年10月1日起,按功率大小分阶段逐步禁止进口和销售普通照明白炽灯,首先禁止进口和销售的是100W及以上普通照明白炽灯。2014年,中国对"白炽灯禁限令"的执行进入实质性阶段,从2014年10月1日起,中国将禁止进口和销售60W及以上的普通照明用白炽灯,在此形势下,农户逐渐会因为无法买到新的白炽灯对已坏灯具进行更换,而基本完全使用节能灯。

但是,农村家电年总能耗近10年增长了1倍左右,图2-3给出了我国农村居民家庭的家电拥有量从2000年到2014年15年间的逐年变化情况。目前拥有量较多的电器为彩色电视机、洗衣机和电冰箱,空调机和家用计算机

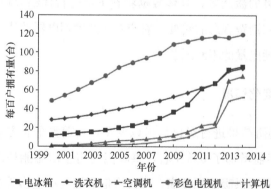

图2-3 农村居民家电拥有量逐年变化情况

前几年的拥有量还处于一个相对较低的水平。但是在 2012 年左右出现了一个保有量上的跃升，主要原因是 2007 年 11 月 26 日，由商务部、财政部、工业和信息化部联合颁布了"关于全国推广家电下乡工作的通知"，开展由中央和地方财政以直补方式对农民购买试点产品给予补贴，以激活农民购买能力，加快农村家电产品消费升级。"家电下乡"从 2007 年起到 2012 年底，经历了在三省试点，在十四省市进行推广，及在全国进行推广的三个阶段。根据商务部的数据，截至 2012 年 10 月底，全国累计销售家电下乡产品 2.83 亿台，实现销售额 6811 亿元。

由于各种家电购买渠道的便利和成本的降低，全国范围内农户家电的保有量还会持续增长，在众多农户眼中，自家所拥有的家电数量、质量和使用时间是其与现代化接轨程度的重要衡量标准，因此家电的增长速度很容易受到周围一些因素的影响，导致其用电量存在将来短期内就发生急剧增长的可能性。

"家电下乡"政策的颁布和实施，确实方便了老百姓的生活，起到了改善农村地区民生的作用，一些家电还能起到节能的效果，如节能灯；一些家电虽然会引起农户原有生活模式的转变，如洗衣机的推广可能改变农民传统手洗衣服的习惯，但不会导致能耗的大幅度增加；然而，空调、电热水器等产品在改变农村生活方式的同时，扬弃了传统的节约型生活方式，并造成用能的大幅度增长。农村地区有足够的太阳能资源及其使用空间，因此最应该推广的是太阳能热水器而不是电热水器。由于一般情况下农村地区夏季室外温度要低于相邻的城市地区，通过开窗降温、遮阳并辅以电扇，在大多数地区、大多数情况下即可获得可以接受的室内热环境而不需要空调。如果打破农户长期所依赖的传统降温习惯和健康生活模式，过度依赖空调进行夏季降温，有可能导致农村用电量的快速增长。从而不仅会增加农民的经济负担，加重本来已经十分脆弱的农村地区电网的负担，还可能影响到我国的整体电力供应，对农户、对国家都是弊远远大于利。

2.4 总　结

本章基于对我国农村地区的大规模实地调研数据的分析，得到了目前农村住宅用能的现状、主要特点、存在的问题及农宅分项用能情况。

（1）2014 年我国农村住宅用能总量约 3.27 亿 tce，与 2006 年相比增长了

3.2%,其中商品能为 2.24 亿 tce,非商品能为 1.03 亿 tce,商品能所占比例进一步增大,非商品能所占比例进一步减小。

(2) 2014 年北方地区的农村住宅总耗能量为 1.97 亿 tce,其中供暖能耗为 1.05 亿 tce,包括煤炭 0.78 亿 tce,生物质 0.26 亿 tce,小型燃煤供暖仍然占据主要部分;炊事总能耗为 0.7 亿 tce,包括煤炭 0.36 亿 tce,生物质 0.3 亿 tce,液化石油气 0.04 亿 tce。

(3) 2014 年南方长江流域地区的农村住宅总能耗量为 1.3 亿 tce,其中供暖能耗为 0.29 亿 tce,包括煤炭 0.11 亿 tce,生物质 0.18 亿 tce;炊事能耗为 0.45 亿 tce,包括煤炭 0.13 亿 tce,生物质 0.23 亿 tce,液化石油气 0.09 亿 tce;虽然目前该地区生活用能中非商品能所占比例仍高于北方地区,但商品能所占比例正在迅速增加,其中空调用电水平相对于 10 年前增长了 2 倍多。

(4) 近 10 年来,全国农村地区生活用能中煤炭消耗总量基本维持不变,约为 1.4 亿 tce;生物质消耗总量减少较多,从 2006 年的 1.24 亿 tce 减少为 2014 年的 1.03 亿 tce,下降了约 16.9%;变化比例最大的是液化石油气和电能的消耗量,液化石油气从 2006 年的 597 万 t 增长到 2014 年的 831 万 t,电能从 2006 年的 1324 亿 kWh 增长到 2014 年的 2140 亿 kWh,液化石油气和电能分别增长了 39.2% 和 61.6%。

(5) 目前,农村地区可再生能源的整体利用水平低,生物质收集和利用过程中浪费严重;太阳能热水器普及程度较高,但面临着冬季无法使用等问题,需要加以解决。

(6) 国家"家电下乡"政策的颁布和实施,使农村家电的拥有量和用电量明显增加,不仅会改变农户的传统用能习惯,而且会加重农村地区的电网负担。

本章参考文献

[1] 清华大学建筑节能研究中心著. 中国建筑节能年度发展研究报告 2012[M]. 北京:中国建筑工业出版社,2012.

第3章 农村建筑用能对环境的影响分析

根据第2章的调研分析结果,目前农村建筑用能主要以煤、生物质等固体燃料直接燃烧为主,燃烧时产生的大量污染物,会对室内空气质量以及大气环境造成影响。特别是我国近年来多个地区雾霾天气频发的大背景下,更需要认清农村生活用能对其可能的影响。本章通过选取农村地区常用固体燃料和代表性炉灶,测试得到了其热性能及污染排放指标,并根据区域能耗调研结果推算出污染排放贡献量;另外通过对不同地区典型村落的室内外浓度和人体暴露情况的监测,进一步分析农村家庭燃烧固体燃料进行炊事和供暖活动对室内外空气质量和人体健康等方面的潜在影响。

3.1 农村常用固体燃料和炉灶的性能

3.1.1 农村固体燃料的性能

农村地区常见的固体燃料主要分为两类,一类是煤炭,包括散煤、蜂窝煤和煤球;另一类是生物质,包括木柴、秸秆、稻壳、木炭、牛粪等,如图3-1所示。

从以上述固体燃料作为农村生活用能主要来源的不同地区选取了几种代表性燃料进行了热值、工业成分和元素成分分析,结果如表3-1所示。从中可以看出,目前农户所使用的散煤以烟煤为主,此类煤炭挥发分含量高,在30%左右,所以容易点燃,一般固定碳含量在60%左右,灰分含量不超过10%,最终产生的煤灰较少。而采用无烟煤(表3-1中散煤3号)的农户相对较少,一方面原因是无烟煤价格较高,另外一方面原因是该煤炭的挥发分含量低,仅为4%,固定碳含量达到87%,农户反映使用无烟煤时点火较为困难。蜂窝煤和煤球由于一般采用普通煤和部分添加剂加工而成,所以挥发分含量往往介于烟煤和无烟煤之间,但灰分含量明显增加,一般都超过30%。从热值来看,散煤的热值最高,平均为24.89MJ/kg,

图 3-1 农村地区常见的固体燃料

(a) 散煤；(b) 蜂窝煤；(c) 煤球；(d) 木柴；(e) 秸秆；(f) 稻壳；
(g) 木炭；(h) 牦牛粪

煤球次之，平均为 21.29MJ/kg，蜂窝煤的热值最低，平均仅为 15.59MJ/kg。与煤炭燃料相比，农户所使用的生物质燃料的热值要远低于散煤的热值，其中树枝类的平均热值为 16.26MJ/kg，玉米秸秆的平均热值仅为 15.98MJ/kg。生物质燃料挥发分含量更高，都在 70% 左右，固定碳含量相对较少，不超过 20%，灰分含量也不超过 10%。木炭由于在制作过程中大部分挥发分已经热解析出，所以挥发分含量较低，固定碳含量提高且热值较高。

农村典型地区常见固体燃料热值和工业成分分析结果　　　　表 3-1

燃料类型	名称		水分(%)	灰分(%)	挥发分(%)	固定碳(%)	低位发热量(MJ/kg)
煤炭	（北京）	散煤1号	6.02	4.06	30.39	59.53	23.96
		散煤2号	7.86	3.15	30.78	58.21	25.69
		散煤3号	6.20	2.42	4.00	87.38	28.52
		散煤4号	5.96	5.70	28.57	59.77	24.97
		散煤5号	9.43	1.46	30.78	58.33	22.86
	（内蒙古）	散煤6号	4.02	15.37	36.27	44.34	21.73
	（青海）	散煤7号	9.98	27.53	27.18	35.31	17.88
	蜂窝煤1号		1.51	46.30	10.93	41.26	14.86
	蜂窝煤2号		2.95	52.97	8.06	36.02	12.99
	蜂窝煤3号		4.32	34.52	6.98	54.18	18.92
	煤球1号		2.71	24.61	9.40	63.28	22.64
	煤球2号		1.28	30.75	6.72	61.25	19.94

续表

燃料类型	名称	水分 (%)	灰分 (%)	挥发分 (%)	固定碳 (%)	低位发热量 (MJ/kg)
生物质	(北京) 玉米秸秆1号	3.5	5.74	73	17.76	16.81
	(内蒙古) 玉米秸秆2号	4.08	6.85	70.93	18.14	15.14
	柳树枝1号	3.09	4.22	75.55	17.14	16.38
	柳树枝2号	3.95	4.35	75.88	15.82	16.08
	柳树枝3号	15.71	1.97	68.58	13.74	15.87
	杨树枝	3.2	1.17	80.71	14.92	16.17
	栗树枝	4.23	2.34	77.14	16.29	15.85
	槐树枝	3.07	6.61	74.97	15.35	16.16
	桃树枝	4.22	1.53	75.8	18.45	16.29
	(四川) 黑炭	2.84	3.21	14.12	79.83	30.61
	(四川) 白炭	7.66	3.92	12.63	75.79	28.24
	(青海) 牦牛粪	12.11	16.12	57.16	14.61	13.82

表 3-2 给出了农村地区常见固体燃料的元素成分分析结果。从结果中可以看出，农户家中散煤的含碳量比较接近，都在 50% 以上，总体趋势是煤球的含碳量较低，蜂窝煤最低。与煤炭相比，生物质的含碳量较低，玉米秸秆在 40% 左右，树枝类燃料在 45% 左右。整体来说，煤炭的含硫量明显高于生物质，生物质中的含硫量相对较低，普遍在 0.1% 左右。其中北京地区近几年由于受治霾的影响，政府在大力推广优质低硫煤，所以不管是散煤热值还是含硫量都优于其他省份。

农村地区常见固体燃料元素成分分析结果　　表 3-2

燃料类型	名称		C (%)	H (%)	O (%)	N (%)	S (%)
煤炭	(北京)	散煤1号	67.09	4.14	26.30	2.26	0.21
		散煤2号	70.30	4.46	21.14	1.07	0.26
		散煤3号	77.31	4.44	14.21	1.11	0.31
		散煤4号	68.07	3.91	25.96	1.91	0.15
		散煤5号	59.73	3.70	34.81	1.53	0.22
	(内蒙古) 散煤6号		53.63	3.59	39.67	2.70	0.42
	(青海) 散煤7号		53.90	4.15	39.47	1.59	0.89
	蜂窝煤1号		41.35	2.03	55.39	1.03	0.20
	蜂窝煤2号		37.32	0.19	5.88	0.31	0.38
	蜂窝煤3号		53.5	0.01	6.93	0.42	0.30
	煤球1号		68.84	1.38	5.52	0.51	0.36
	煤球2号		60.86	0.75	37.08	1.09	0.23

续表

燃料类型	名称	C (%)	H (%)	O (%)	N (%)	S (%)
生物质	（北京）玉米秸秆1号	39.71	6.23	51.61	2.34	0.11
	（内蒙古）玉米秸秆2号	40.72	5.80	51.49	1.14	0.12
	柳树枝1号	46.57	6.66	45.43	1.24	0.10
	柳树枝2号	47.09	4.57	47.37	0.99	0.08
	柳树枝3号	39.92	4.92	36.72	0.63	0.13
	杨树枝	44.28	6.58	48.39	1.88	0.08
	栗树枝	47.88	6.66	44.22	1.43	0.09
	槐树枝	43.79	5.86	28.81	0.89	0.12
	桃树枝	48.11	6.60	44.22	0.89	0.08
	（青海）牦牛粪	45.18	5.50	46.57	2.50	0.26
	（四川）黑炭	84.34	2.39	12.41	0.86	0
	（四川）白炭	83.80	0.14	15.46	0.60	0

从上述燃料成分的分析结果可以看出，煤炭尤其是蜂窝煤、煤球的灰分含量相对较高，因此农村地区广泛使用的小型煤炉还会产生大量的灰渣，这些灰渣由于过于分散，很难集中进行处理和再利用，只能当作废弃物丢弃于村落周边，如图3-2所示。

图3-2 农村煤灰散乱堆弃

而对于木柴和秸秆等生物质，燃烧后剩余的物质为草木灰，富含植物生长所需要的钾元素，可作为钾肥直接还田，因此不会污染环境。

3.1.2 农村炉灶的性能

农村炉灶在燃烧过程中会产生大量的气态污染物，这些污染物可分为一次污染物和二次污染物。一次污染物是指直接从污染源排放的污染物质，如 CO、SO_2、NO_x、颗粒物等。颗粒物根据空气动力学当量直径（简称粒径）大小，可分为总悬浮颗粒物（Total Suspended Particles，TSP）和可吸入颗粒物。TSP 指粒径小于 $100\mu m$ 的所有颗粒物，可吸入颗粒物指粒径小于 $10\mu m$ 的颗粒物，用 PM_{10} 表示。其中粒径范围为 $2.5\sim 10\mu m$ 的可吸入颗粒物被称为粗颗粒，粒径小于 $2.5\mu m$ 的可吸入颗粒物被称为细颗粒，表示为 $PM_{2.5}$。二次污染物是指由一次污染物在大气中互相作用经化学反应或光化学反应形成的与一次污染物的物理、化学性质完全不同的新的大气污染物，如常见的硫酸及硫酸盐气溶胶、硝酸及硝酸盐气溶胶、臭氧、光化学氧化剂 OX，以及许多不同寿命的活性中间物（又称自由基）等。本节仅对从农村常见炉灶燃烧固体燃料时所直接排放的一次污染物进行讨论，包括 CO、SO_2、NO_x 和 $PM_{2.5}$，以及温室气体 CO_2，而不考虑二次污染物。

通过对农村地区常见炉灶在燃烧不同固体燃料时的性能进行实验室和现场测试分析，可以得到其热效率和各污染物排放因子情况，如表 3-3 所示。从中可以看出，土暖气炉燃烧烟煤的 $PM_{2.5}$ 和 SO_2 的排放因子最高，分别为 $3.73g/kg_{干燃料}$ 和 $1.78g/kg_{干燃料}$，燃烧无烟煤和煤球时的 $PM_{2.5}$ 排放因子依次减小，分别为 $3.33g/kg_{干燃料}$ 和 $2.20g/kg_{干燃料}$。从消耗单位质量燃料上看，用无烟煤和煤球来替换原有的烟煤对 $PM_{2.5}$ 减排百分比分别为 10.7% 和 41%，虽有不同程度的降低，但排放因子仍然偏高。燃烧无烟煤的 SO_2 排放因子最低，为 $0.16g/kg_{干燃料}$，但由于无烟煤的热值最大，燃烧时会形成比较高的炉膛温度，导致 NO_x 的排放因子高。对于炊事炉来说，蜂窝煤炉的 $PM_{2.5}$ 排放因子最低，为 $0.82g/kg_{干燃料}$，传统柴灶在燃烧秸秆和木柴时的 $PM_{2.5}$ 排放因子都较高，分别达 $9.97g/kg_{干燃料}$ 和 $8.28g/kg_{干燃料}$，约为燃烧散煤的 3 倍，但 SO_2 的排放因子很小，仅为 $0.02g/kg_{干燃料}$。

从炉灶热性能来看，土暖气的热效率普遍不高，燃烧烟煤和无烟煤的平均热效率分别为 32.7% 和 30.2%，而燃烧煤球的平均热效率仅为 23.9%。主要原因一方面是供暖炉炉体外侧一般都没有保温层，热水水套直接与空气接触，导致散失大量热量；另一方面是煤炭在燃烧过程中存在大量气体和固体不完全燃烧损失，再一方

不同炉灶的 $PM_{2.5}$ 和其他气体污染物排放因子   表 3-3

炉灶类型	用途	热效率 (%) (SD)	排放因子平均值（g/kg 干燃料）					排烟温度 (℃) (SD)
			$PM_{2.5}$ (SD)	CO (SD)	CO_2 (SD)	SO_2 (SD)	NO_x (SD)	
10 种土暖气（烧烟煤）	供暖	32.7 (9.5)	3.73 (5.09)	61.05 (41.17)	2497.23 (103.11)	1.78 (4.78)	2.05 (0.37)	238.7 (58.2)
8 种土暖气（烧无烟煤）		30.2 (7.1)	3.33 (3.29)	64.33 (46.99)	2729.25 (73.85)	0.16 (0.19)	2.99 (2.23)	234.4 (55.8)
8 种土暖气（烧煤球）		23.9 (10.1)	2.20 (4.43)	89.73 (41.98)	2095.66 (116.22)	0.30 (0.35)	1.14 (0.61)	131.6 (51.5)
3 种蜂窝煤炉（烧蜂窝煤）	炊事	—	0.82 (0.41)	53.42 (49.40)	1432.23 (77.62)	1.03 (0.99)	0.64 (0.12)	354.9 (177.2)
3 种传统柴灶（烧秸秆）		—	9.97 (2.01)	36.93 (11.60)	1434.30 (18.22)	0.02 (0.02)	1.85 (0.32)	434.1 (29.5)
3 种传统柴灶（烧木柴）		—	8.28 (2.46)	38.30 (8.33)	1565.25 (13.09)	0.02 (0.03)	2.22 (0.22)	272.3 (16.3)

面是所有供暖炉由于换热面积偏小，排烟温度都较高，燃烧烟煤、无烟煤和煤球的平均排烟温度分别为 238.7℃、234.4℃ 和 131.6℃。农户实际使用过程中，在建筑供暖负荷一定时，燃料的消耗量主要取决于供暖炉效率，所以改换煤种所带来的真实减排效果应该以农户所获得的单位有效热量来衡量。如表 3-4 所示，相对于烟煤，燃烧无烟煤和煤球输出单位有效热量时 $PM_{2.5}$ 分别只减排了 12.9% 和 8.4%，SO_2 分别减排了 91.2% 和 73.8%，但 CO 和 CO_2 的排放因子均增加，CO 分别增加了 2.8% 和 128.2%，CO_2 分别增加了 6.6% 和 30.3%，无烟煤的 NO_x 排放因子增加了 42.3%，煤球的 NO_x 排放因子减少了 13.7%。因此，完全利用无烟煤和煤球来替代烟煤，SO_2 的减排效果较为明显，但 $PM_{2.5}$ 的实际减排效果并不明显，而且还增加了 CO 和 CO_2 排放量。

不同供暖炉提供单位热量时颗粒物和气态污染物排放因子   表 3-4

炉灶类型	热效率 (%)	$PM_{2.5}$	排放因子平均（g/MJ 有效热量）			
			CO	CO_2	SO_2	NO_x
10 种土暖气炉（烧烟煤）	32.7	0.44	7.27	297.27	0.21	0.24

炉灶类型	热效率(%)	PM$_{2.5}$	排放因子平均（g/MJ 有效热量）			
			CO	CO$_2$	SO$_2$	NO$_x$
8种土暖气炉（烧无烟煤）	30.2	0.39 (-12.9%)	7.47 (2.8%)	316.87 (6.6%)	0.02 (-91.2%)	0.35 (42.3%)
8种土暖气炉（烧煤球）	23.9	0.41 (-8.4%)	16.58 (128.2%)	387.30 (30.3%)	0.06 (-73.8%)	0.21 (-13.7%)

注：表中括号内数据为燃烧无烟煤和煤球相对于烟煤的减排百分比，负号表示减少排放，正号表示增加排放。

从上述结果可以看出，小型燃煤炉的燃烧效率都非常低，平均热效率不足40%，而城镇采用的大型供热锅炉，单台锅炉容量达到20t/h以上时，效率可以达到85%以上，因此农村住宅所采用的小型燃煤炉的热效率不及大型锅炉的一半，这种低效燃烧的一个直接后果就是造成煤炭资源的极大浪费。另外，农村土暖气在燃烧单位质量煤炭时的PM$_{2.5}$排放量是带有除尘设施大型锅炉的10倍以上，从输出单位有效热量的角度考虑，农村土暖气提供单位有效热量时的PM$_{2.5}$排放因子将是带有除尘设施大型锅炉的20倍以上。

3.2 农村生活用能对室内空气质量的影响

家庭固体燃料燃烧被公认为是造成环境污染以及区域和全球性气候变化的主要原因之一，同时也是一种最主要的环境性健康风险影响因子。流行病学研究证据表明，煤炭和生物质燃烧烟雾可对人的肺脏呼吸功能产生影响，与哮喘、慢性支气管炎和慢性气道阻塞等呼吸系统疾病（COPD）和心脑血管疾病密切相关，且可能造成多种类型的肺脏组织病理学变化。长期暴露在燃烧烟雾环境中与血管内膜增厚和粥样硬化斑块的增加及血压的升高有关。因此，由农村地区生活用能引起的室内空气污染与人的健康密切相关，应该引起高度关注。

对于北方地区来说，冬季供暖是室内空气污染的主要源头。不同的供暖形式，其对室内空气质量的影响也不同。一些填料口在室内的传统火炕［图3-3（a）］，在烧炕的时候有大量烟气进入到室内。还有一些农户直接将供暖炉［图3-3（b）］

放置到室内，虽然炉子与烟囱相连接，但是会有一部分 CO、$PM_{2.5}$ 等从炉盖等缝隙处泄露出来，造成安全隐患。对于采用土暖气煤炉＋暖气片供暖的农户，也不宜将锅炉放置在室内 [图 3-3 (c)]，否则烟气也会泄露到室内，造成一定程度的污染。对于南方地区来说，尤其是在一些气候寒冷的山区，采用火盆 [图 3-3 (d)]、甚至直接地上烧柴烤火 [图 3-3 (e)] 的方式仍很普遍，也导致污染物大量直接排放到室内，对人体健康构成了直接的威胁。

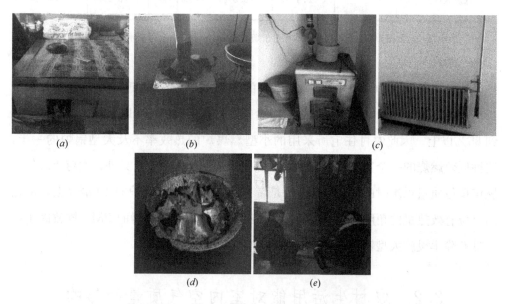

图 3-3　不同农宅供暖方式对室内空气污染影响
(a) 传统火炕；(b) 供暖炉；(c) 土暖气煤炉＋暖气片；(d) 火盆；(e) 地上木柴直接烤火

除了供暖以外，农村地区用敞口柴灶 [图 3-4 (a)] 或火膛 [图 3-4 (b)] 进行炊事也较为常见。这些炊事方式没有烟囱向室外排烟，燃烧产生的烟气直接散发到室内，造成室内污染尤为严重。即使是安装了烟囱的柴灶 [图 3-4 (c)] 和煤灶 [图 3-4 (d)]，部分燃烧污染物也有可能从填料口泄漏到厨房里。

下面以对我国南方（以四川省为例）和北方（以内蒙古自治区为例）几个典型村落的实地测试结果来定量说明农户生活用能对室内空气质量和人体暴露的影响。

对四川省北川县 11 个自然村约 200 户农户的实地调研发现，大约有 90％的家庭都把木柴作为主要的炊事燃料，其次为 LPG、沼气和电；而且由于地处高海拔地区，冬季大约有 95％的家庭通过把木柴或木炭放置在火盆内敞口燃烧作为主要

图 3-4　不同炊事方式对室内空气污染影响

(a) 敞口烧柴灶；(b) 室内火膛；(c) 传统柴灶；(d) 煤灶

的供暖方式。测试后发现由此导致的冬季室内 $PM_{2.5}$、CO、NO 和 NO_2 的平均浓度分别是夏季的 2.5 倍、1.6 倍、2.6 倍和 1.5 倍。而且不管夏季还是冬季，由于受早、中、晚三顿饭的影响，农户全天的逐时 $PM_{2.5}$ 浓度会出现三次峰值，如图 3-5 所示。夏季时约有 1/3 农户的峰值浓度位于 $100\sim250\mu g/m^3$ 的范围，冬季时约有 1/3 农户的峰值浓度位于 $250\sim500\mu g/m^3$ 的范围。按照世界卫生标准室内 $PM_{2.5}$ 浓度指导标准为 $35\mu g/m^3$，夏季室内 $PM_{2.5}$ 三个峰值浓度超标率分别为 64%、66% 和 73%；冬季室内 $PM_{2.5}$ 三个峰值浓度超标率分别为 86%、82% 和 93%。综合评价结果表明，该地区夏季室内空气重污染占 34%，中污染占 21.3%。冬季受室内烤火、熏腊肉和房间密闭性提高等因素的影响，室内空气重污染比例上升到 76.5%，中污染比例占 15.7%。

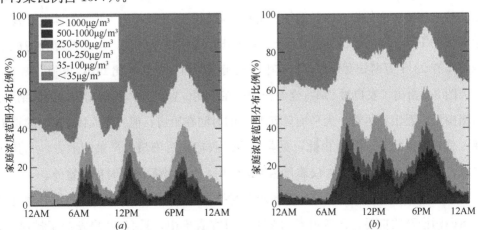

图 3-5　四川省北川县 200 个农户燃烧木柴导致室内 $PM_{2.5}$ 实时浓度分布曲线

(a) 夏季；(b) 冬季

而在北方地区，通过对内蒙古赤峰市6个自然村约100户农户的实地调研发现，有超过90%的家庭都把玉米秸秆和木柴作为主要的炊事燃料，且有超过80%的农户使用燃煤土暖气作为主要供暖方式，农户一般会将土暖气煤炉和柴灶安置在厨房内，也有个别农户直接将煤炉放置在卧室内。

实测结果表明，普通柴灶的开放式填料口结构会造成农户在进行炊事活动时短时间内产生更高浓度的室内空气污染，瞬时浓度可超过$8000\mu g/m^3$，但持续时间相对较短；而由于农户一天内需要对室内燃煤供暖炉进行多次的加煤、搅拌煤等行为，所以燃煤供暖炉更容易造成长时间的较高浓度的$PM_{2.5}$污染。

在上述室内空气污染的影响下，四川所测试农户的冬季人体$PM_{2.5}$平均暴露浓度（几何均值：$169\mu g/m^3$）是夏季（几何均值：$80\mu g/m^3$）的2.1倍。冬季人体CO的平均暴露浓度（1.9ppm）是夏季（0.6ppm）的2.9倍。而内蒙古农户冬季时为了减少农宅的冷风渗透，大多数会将门窗外面整体用塑料薄膜进行覆盖，而且整个冬季都不开窗，造成室内换气次数过小，这样更容易加重室内空气污染程度。测试结果表明，该地区农户的冬季人体$PM_{2.5}$平均暴露浓度（几何均值：$284\mu g/m^3$）接近四川农户冬季暴露水平的2倍。

另有大量研究表明，长时间暴露于这种高浓度的污染环境中，农村居民的身体健康会受到极大的危害，导致中国心血管疾病（心血管动脉硬化、血压升高等）患者数量的日益增长和死亡率的升高。在中国云南地区的研究发现，去除其他变量的影响后，年龄较大的妇女在受到使用生物质做饭所产生的$PM_{2.5}$暴露影响时，每对数单位的$PM_{2.5}$增加量会导致4.1 ± 2.6mmHg的收缩压升高，由此推算会造成中国每年有23.1万名妇女死亡，且其中黑炭暴露对血压的影响比$PM_{2.5}$更强。

图3-6给出了农户对$PM_{2.5}$全天当中所在不同位置的人体暴露比例的测试结果。从图中可以看出，尽管一天平均只有14%的时间在厨房，但厨房人体$PM_{2.5}$的贡献率占总暴露量的60.9%。由此可见，厨房是农宅内污染最为严重的地方，尤其在冬季，室内门窗很少开启，仅靠自然渗透作用，污染物很难及时排至室外。

加强厨房内通风尤其是使用排风扇及时排走燃烧和炊事过程产生的污染物对降低室内污染至关重要。在四川省的204户研究农户中，只有28户安装了排风扇，且其中仅有不到一半的农户会长期使用排风扇，这样做饭时虽然采用的是液化石油气、电炊事或者沼气等清洁能源，厨房内也还会存在烹调过程中的煎炒烹炸所造成

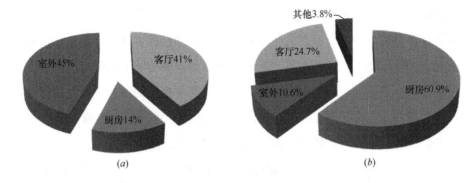

图 3-6　24h 研究人群活动位置分布和不同位置人体 $PM_{2.5}$ 暴露分布

(a) 位置分布；(b) 暴露分布

的室内污染。在高温烹调过程中形成的厨房油烟成分非常复杂，包含醛、酮、烃、脂肪酸、醇、芳香族化合物、酮、内酯、杂环化合物等，其中包括苯并芘、挥发性亚硝胺、杂环胺类化合物等已知致突变、致癌物，这些污染物如果不能及时排除，会严重影响农民的身体健康。

3.3　农村固体燃料燃烧产生的空气污染物排放量估算

农宅室内燃烧固体燃料所产生的各类空气污染物，不管是通过烟囱直接排放到室外，还是通过炉灶本体先泄漏到室内再扩散到室外，最后都会成为大气中的污染源。对某个局部区域来说，如果农户比较密集，而且燃料燃烧时间比较集中，遇到室外空气扩散条件不好时，可能造成局部污染物的大量堆积和浓度升高，这种高浓度的局部室外环境不仅对周围的人员造成较大的健康威胁，还可能重新进入室内成为二次污染源。

由于目前还缺乏农村用能产生的整体污染排放数据，本节首先以北京为例估算农村生活用能造成的区域性污染排放量，然后将类似的结果外推到全国。其中北京地区典型炉灶和固体燃料的污染物排放因子基于 3.1.2 节方法实测获得，而农宅各类生活用能量通过对该地区进行较大样本的详细调研获得。调研涵盖了北京远郊的 10 个区县（昌平、顺义、通州、延庆、平谷、密云、怀柔、房山、大兴、门头沟），调研内容包括农村家庭基本情况、建筑信息、各类能源消耗状况，主要包括生物质能源（秸秆、薪柴）、商品能源（煤炭、电、液化石油气和天然气）和其他可再生能源（太阳能、沼气等）。

调研样本的选取方法是以村为单位，采用随机抽样的方式进行，最终实现整个地区5‰左右的农户样本选取比例，并安排对当地农村情况比较熟悉的在校学生，利用暑假开展入户调研。问卷回收之后，通过问卷中提供的农户联系方式逐户进行电话回访，剔除了一部分信息不准确的无效问卷，控制问卷数据的真实性和可靠性，表3-5给出了调研所得到的4235份有效样本分布情况。

北京地区农村住户调研情况　　　　　　　　　　表3-5

地区	调研乡镇数	调研村数	有效样本户数
顺义区	16	28	593
通州区	9	19	621
密云区	7	7	199
延庆区	8	10	216
房山区	16	17	667
大兴区	8	23	633
怀柔区	11	13	280
门头沟区	8	9	290
昌平区	10	11	308
平谷区	10	16	430
合计	103	153	4235

根据问卷所调研得到的农户能耗信息和北京市2013年统计年鉴中给出的农村常住居民户数，可以计算得到整个农村地区的生活用能总量情况，如表3-6所示。从中可以看出北京市农村地区全年用能总量约为700万tce，其中的煤炭总量约为396.3万tce，占56.6%，煤炭和生物质等固体燃料所占比例达到69.2%。根据3.1节所给出的不同炉灶燃烧不同燃料时的排放因子，可以计算得到北京地区农村住宅燃烧固体燃料时的污染物排放总量，如表3-7所示。

北京市农村地区生活用能数据　　　　　　　　　表3-6

种类	户均消耗量		全市总消耗量		比例(%)
	实物量(t/万kWh)	折合标煤量(tce)	实物量(万t/万kWh)	折合标煤量(万tce)	
商品能源		2.84		611.66	87.4
散煤	2.18	1.56	470.1	335.78	47.96
煤球	0.17	0.10	36.9	22.15	3.16

续表

种类	户均消耗量		全市总消耗量		比例 (%)
	实物量 (t/万 kWh)	折合标煤量 (tce)	实物量 (万 t/万 kWh)	折合标煤量 (万 tce)	
蜂窝煤	0.30	0.18	64.0	38.40	5.48
液化气	0.09	0.15	18.4	31.52	4.50
电	0.26	0.85	56.4	183.83	26.26
生物质能		0.41		88.47	12.6
秸秆	0.29	0.16	63.3	33.47	4.78
树枝	0.45	0.26	96.3	55.00	7.86
总计		3.25		700.13	100

注：各种能源折算标准煤的系数参考《中国能源统计年鉴2013》。

北京农村固体燃料产生的主要空气污染物排放量估算　　表 3-7

炉灶	燃料种类	$PM_{2.5}$ (万 t)	CO (万 t)	CO_2 (万 t)	SO_2 (万 t)	NO_x (万 t)
土暖气	劣质煤	1.38	22.61	925.02	0.66	0.76
	优质煤	0.33	6.41	272.00	0.02	0.30
	煤球	0.08	3.31	77.37	0.01	0.04
柴灶	秸秆	0.63	2.34	90.73	0.00	0.12
	木柴	0.80	3.69	150.76	0.00	0.21
蜂窝煤炉	蜂窝煤	0.05	3.42	91.66	0.07	0.04
合计	固体燃料	3.28	41.78	1607.55	0.76	1.47

图 3-7 给出了北京农村各部分固体燃料对 $PM_{2.5}$ 排放的贡献情况，从图中可以看出，土暖气燃烧的烟煤对农村地区 $PM_{2.5}$ 排放的贡献量最大，占到 42.2%，其次依次是传统柴灶燃烧的木柴和秸秆，分别占到 24.3% 和 19.3%。总体来说，北京农村地区量大面广的供暖散煤是 $PM_{2.5}$ 排放的主要源头，合计贡献 56.4%，需要采用合理的方式加以改进。

根据《中国建筑节能年度发展研究报告 2013》的统计结果，北京在完成城区四大电厂及集中锅炉房"煤改气"之前的年燃煤消

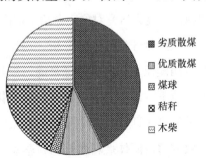

图 3-7　北京农村各种固体燃料燃烧所排放 $PM_{2.5}$ 的比例

耗量为 2300 万 t，文献中给出的城镇大型燃煤锅炉在除尘前的 $PM_{2.5}$ 排放因子可按照 0.80g/kg 燃料计算，在除尘后的 $PM_{2.5}$ 排放因子可按照 0.30g/kg 燃料计算。由于无法获取大型燃煤锅炉的除尘比例，所以其一次 $PM_{2.5}$ 排放总量应介于 0.69 万 t 和 1.84 万 t 之间，则农村和城镇燃煤 $PM_{2.5}$ 排放比例介于 1.01 和 2.68 之间，也就是说，北京农村燃煤产生的 $PM_{2.5}$ 的排放量远高于原四大燃煤电厂和城区集中锅炉房的排放量，从对大气环境的改善效果出发，更应该尽快对京郊农村散煤进行治理。

根据第 2 章调研所得到的全国农村燃煤消耗量以及 3.2 节中所给出的农村典型炉灶的排放因子情况，采用上述类似的计算方法，可以估算得到全国农村生活燃煤所排放的 $PM_{2.5}$ 总量为 62.3 万 t，生物质燃烧所排放的 $PM_{2.5}$ 总量为 199.6 万 t。根据中国煤炭消费总量控制方案和政策研究项目所公布的《煤炭使用对中国大气污染的贡献研究报告》，2012 年我国全国电力和集中供热所有燃煤产生的 $PM_{2.5}$ 排放总量分别为 89 万 t 和 42 万 t。全国农村生活燃煤所产生的 $PM_{2.5}$ 排放总量为城市集中供热排放总量的 1.5 倍，而全国农村生活用能（含煤炭和生物质）所产生的 $PM_{2.5}$ 排放总量则可以达到城市集中供热排放总量的 6 倍。

3.4 农村生活用能对区域室外空气质量的影响

从上节可以看出，我国农村每年固体燃料的燃烧会产生大量的污染物排放，这些污染物势必会对区域空气质量产生影响。但具体影响程度如何，由于受人力、物力和实验条件等多方面的限制，短期内还难以给出清晰的定量化分析结果。因此，本节以村落尺度为研究对象，介绍小范围区域内农村生活用能对室外空气质量的影响。

从质量守恒的角度分析，当流经某一区域的气流方向一定时，基本可以忽略从气流两侧及上方所扩散进来的污染物，此时如果下风向浓度与上风向浓度相同，说明气流下方即农户家中没有污染物排放；如果下风向浓度高于上风向浓度，表明有新的污染源即农户家中排放的污染物进入到气流中。本节通过实地测试的方法探讨了农宅室内固体燃料燃烧对村落室外空气质量（$PM_{2.5}$ 背景浓度）的影响。村落室外 $PM_{2.5}$ 背景浓度采用 DustTrak8530 进行监测，并通过滤膜称重结果来修正其测试结果；同时每个测点还一同布置了小型气象站来记录当地的逐时风向和风速，以便分析不同测点的上、下风向关系,仪器均放置在位于村落中心位置的农户家中屋顶等高点处,以消除空气局部扰流对风速和风向的影响,而且要尽量远离柴灶或者土暖气烟囱出口,以避免局部排放的影响。

(1) 不同村落室外背景浓度对比

整个测试分为两个阶段进行,第一阶段为多个村落定性测试阶段,测试时间主要集中在2013~2014年供暖季,分别从北京郊区的延庆、怀柔、通州和房山四个区县选取了A村、B村、C村和D村作为村落室外背景浓度监测地点,同时选取清华大学作为城区背景浓度监测地点,该四个村落基本分布在以清华

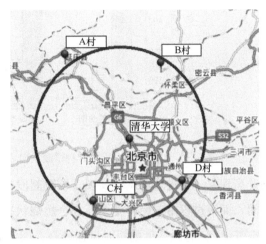

图 3-8　不同村落室外 $PM_{2.5}$ 背景浓度监测位置分布

大学为中心的圆周上,如图 3-8 所示,分别代表西北、东北、东南、西南四个方位,以此来对比分析不同地区的 $PM_{2.5}$ 村落背景浓度分布和变化情况。

图 3-9 给出了怀柔 B 村内某处室外 $PM_{2.5}$ 整个供暖季不同时期的浓度变化情况,图中给出了供暖季前期(11月)、供暖季中期(12月和1月)、供暖季后期(2月和3月)的阶段平均值,从中可以看出供暖季前期、中期和后期的室外 $PM_{2.5}$ 平均浓度分别为 $264\mu g/m^3$、$349\mu g/m^3$ 和 $170\mu g/m^3$,供暖季中期 $PM_{2.5}$ 的平均浓度明显要高于其他时间段的 $PM_{2.5}$ 平均浓度,主要原因是供暖季中期天气较冷,农户土暖气烧煤量和火炕烧柴量都偏多,导致污染物排放量也偏大。

另外,从北京郊区不同方位室外背景浓度的对比结果发现,冬季时位于北京南部平原地区的村落室外背景浓度明显要高于位于北京北部山区的村落,主要原因是北京冬季的主要风向为偏北风,当空气从北部山区刮到南部平原地区时,中间会增加许多来自于其他农村地区和城市地区的各种污染排放,如固体燃料燃烧、机动车、工业生产、扬尘等,会不断地导致背景浓度升高。

图 3-10 给出了 2 个典型日内四个村落的逐时室外 $PM_{2.5}$ 背景浓度变化情况,从中可以看出,基本各个村落的背景浓度在 8:00 和 16:00 左右都会有短时间的急

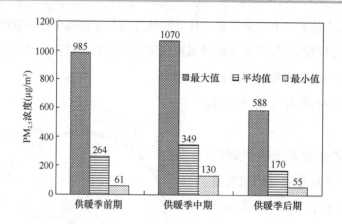

图 3-9 怀柔 B 村供暖季前后室外 $PM_{2.5}$ 背景浓度

剧升高现象。通过现场调研发现，该时间段一般是农户晚上做饭和给土暖气填煤的时间，而该过程由于燃料处于不完全燃烧状态，烟气排放量较大，从而导致村落室外空气 $PM_{2.5}$ 背景浓度的短时迅速升高，因此通过这些结果可以定性表明农户室内燃烧生物质、煤炭等固体燃料对村落室外空气质量存在一定程度的影响。

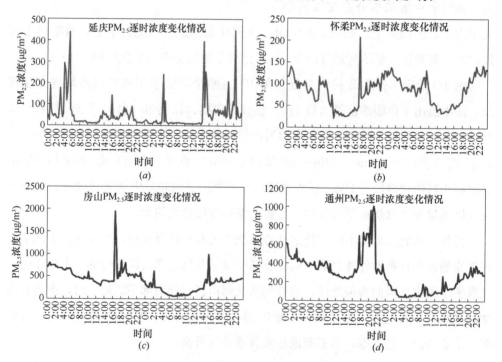

图 3-10 典型日不同村落的某处室外 $PM_{2.5}$ 逐时浓度变化情况

(a) 延庆 A 村；(b) 怀柔 B 村；(c) 房山 C 村；(d) 通州 D 村

(2) 同一村落内部不同位置室外背景浓度对比

通过对农户家中土暖气和柴灶等固体燃料炉灶的使用行为习惯监测发现，不管是烧土暖气还是烧火炕的农户，大多数农户使用固体燃料的模式具有相似性，一般每天都会填两次料，而且时间段相对来说比较集中，主要是上午6：00～10：00 和下午16：00～20：00，进入后半夜，基本没有农户新添加燃料，这种集中式添加燃料后的燃烧状态，更容易在室外局部范围内导致严重的污染排放。

为了进一步从定量角度分析农户燃烧固体燃料对村落室外 $PM_{2.5}$ 背景浓度的影响，开展了关于单个村落的集中测试，测试时间主要集中在2014～2015年供暖季，专门选取顺义区 E 村作为测试对象，选取的原则包括该村位于平原地区，风向风速受地形影响较小，其大多数农户都以典型的传统用能方式为主，且村落周边大型工业污染源较少，分别从村落的东西南北的边缘地带设置了 4 处作为室外空气 $PM_{2.5}$ 背景浓度监测点，如图 3-11 所示。

图 3-11　顺义区 E 村四个方位测点位置分布

从整个冬季中选取不同风向时有风状态能够持续 10min 以上的时间段作为分析对象，这样可以确保从上风向测点吹过的空气有足够时间流动到下风向测点。通过整理共统计出 91 个时间段满足上述要求，其中包括北风（36 个时间段，对应北边和南边的测点分别为上下风向）、东北风（13 个时间段，对应北边和西边的测点分别为上下风向）、西北风（17 个时间段，对应北边和东边的测点分别为上下风向）和东风（25 个时间段，对应东边和西边的测点分别为上下风向），将这些时间段的上下风向测点 $PM_{2.5}$ 浓度分别平均后进行比较，结果如表 3-8 所示。

不同工况时位于北京某村上下风向的 $PM_{2.5}$ 平均浓度情况　　　　表 3-8

风向	时间段数	风速 (m/s)	上风向平均浓度 ($\mu g/m^3$)	下风向平均浓度 ($\mu g/m^3$)	浓度增量 ($\mu g/m^3$)	填燃料农户比例 (%)
北风	36	0.94	159.4	196.8	37.4	24.0
东北风	13	1.21	55.4	141.4	85.9	4.9
西北风	17	1.62	19.1	73.4	54.3	11.1
东风	25	0.53	321.2	369.1	47.9	15.6

从表 3-8 中可以看出，下风向的平均浓度都要高于上风向的平均浓度，但由于受到污染物源排放强度（与填燃料农户比例具有一定关联性）和污染物向气流外部扩散强度（与风速大小具有一定关联性）等因素的共同影响，浓度增加量各不相同。

图 3-12 进一步给出了某典型日上、下风向测点 $PM_{2.5}$ 逐时浓度随风向、风速的变化情况，从中可以看出，从 8：00 左右开始出现平均速度为 0.14m/s 的介于东南风和西风之间的偏南风，此时作为下风向的村北测点浓度略高于作为上风向的村南测点浓度，到 10：00 左右时，风向转变成平均速度为 1m/s 左右的介于东北风和西北风之间的偏北风，此时作为下风向的村南测点浓度开始高于作为上风向的村北测点浓度，而且到 14：00 后随着风速的增大，村南测点的浓度更加高于村北测

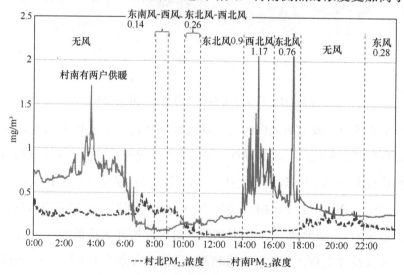

图 3-12　某典型日村南和村北 $PM_{2.5}$ 逐时浓度随风向、风速的变化情况

点,一直到 18:00 左右进入无风状态后,两个测点的浓度值开始接近。

通过上述数据统计结果和现象可以说明农户燃烧固体燃料所产生的污染排放会造成村落内 $PM_{2.5}$ 背景浓度的升高,加重区域性雾霾风险和程度。

3.5 总 结

本章结合相关测试对我国农村地区常见固体燃料和炉灶的性能进行了分析,得到了目前农村住宅生活用能污染排放的主要特点、存在的问题及对室内外空气质量的影响。

(1) 农村固体燃料使用水平低,以粗放低效燃烧为主,炉灶各种污染物排放大,其中小型煤炉 $PM_{2.5}$ 排放因子为城镇大型燃煤锅炉的 10 倍以上。以北京市为例,农村散煤和生物质直接燃烧产生的 $PM_{2.5}$ 排放总量高于"煤改气"之前四大燃煤电厂和集中锅炉房的排放总量,应成为大气污染治理的重点。

(2) 农户使用固体燃料作为炊事和供暖燃料时,容易造成严重的农宅室内空气污染,且冬季室内空气污染程度要高于夏季。

(3) 农户小范围内密集燃烧固体燃料所产生的污染排放会造成区域性 $PM_{2.5}$ 室外背景浓度升高,加重小范围内的雾霾风险和程度。

第4章 农村建筑用能可持续发展理念探究

4.1 农村建筑用能的现状和问题

农村是指经济方式以农业生产为主的区域。其中农业生产内容包括各种农场生产（如粮食种植、畜牧和水产养殖）、林业生产、园艺和蔬菜生产等。农村人口则是指全年大部分时间在农村居住，以农林业生产为主要经济来源的人口。在过去相当长的时期内，中国是一个传统的农业国家，而随着工业化进程的推进，城镇化水平不断提高，农村人口开始减少。从2001年到2014年，我国农村人口数量从8.0亿下降到6.2亿人，但农村人口比例依然高达45%。按照目前和未来城镇化率的预期，在未来30年内，中国都将一直拥有全世界最为庞大的农村人口。

农村在历史传统、生产方式、生活方式、自然条件等诸多方面的特点，决定了农村住宅与城镇住宅的显著差异。农村住宅不仅是农民的生活空间，也是重要的生产资料和辅助空间。例如，农户必须有足够的室内空间用于自家生产的粮食的储存；更需要有足够的院落空间存放农具、拖拉机等生产设备；还需要在院落或室内进行蔬菜种植、家禽养殖、工艺品生产、筐篓编织等小型生产活动。因此，农宅需要满足不同活动和不同人群的多方面要求，生产与生活功能的兼具和统一是农村住宅的重要特点之一。从建筑形式来看，农村住宅以分散式单体建筑为主。据国家相关部门统计[1]，目前我国农村住宅建筑面积约235亿m^2，约占我国建筑总面积的42.3%；人均住宅面积约为38m^2/人，高于城镇平均值。

较大的农村人口规模和建筑面积，使农村住宅成为我国最主要的建筑形式之一，相应的建筑能耗也是我国建筑用能的重要组成部分。但长期以来我国建筑节能工作的重心一直放在城市，农村建筑节能没有得到足够的重视。近年来，随着新农村建设的全面开展，相关政府部门和科研院所开始关注农村住宅节能工作，并将其纳入影响民生及可持续发展的重要方面。我国农村地区目前的社会和经济发展正处在一个关键的发展时期，农宅的更新换代也进入到加速发展的快行线。在节能减排的大背景下，农宅的节能和可持续发展也必须引起国家和相关部门的高度重视。

基于前面对农村建筑用能调研数据和分析，目前我国农村在能源与环境方面的现状和主要问题可以概括为以下几个方面：

(1) 农村建筑用能总量大，利用效率低，室内热环境普遍较差

根据本书第 2 章的分析结果，目前我国农村地区年生活用能总量已经超过了 3 亿 tce，其中煤炭、电、液化石油气等商品能 2.25 亿 tce，约占 2015 年全国建筑总商品能耗的 27%。从整体的能源结构看，农村建筑商品能耗占总能耗的 68.8%，秸秆等生物质能仅占 31.2%。调研结果表明，随着农村地区经济发展，农村商品能的使用量也呈现逐年增长的趋势。如果没有积极的引导及合理的技术手段，农民将会更加倾向于商品能的使用，农村特有的资源优势将被逐渐丢弃。商品能消耗的快速增长不仅会加重农民的经济负担，也不利于农村地区的可持续发展。

尽管消耗了大量能源，但农村建筑室内热环境仍普遍较差。尤其是北方地区农宅冬季室温只能到达 5～10℃，南方地区农村建筑也普遍存在夏季太热、冬天太冷的问题。建筑围护结构热性能差和供暖、炊事能源利用效率过低是导致目前农村建筑能耗高、室内热环境差的两类重要原因。我国北方农村大多数房屋的墙体、屋顶等围护结构没有任何保温措施，导致冬季围护结构热损失过大。近年来部分新建农村房屋开始注重墙体保温和采用密封性好的塑钢门窗，室内环境状况稍有改善，但多数仍未达到舒适性要求。此外，农村大部分地区供暖和炊事用能方式仍很原始，设备简陋。生物质等固体燃料以直接燃烧为主，燃烧效率低，北方农村大量使用的燃煤供暖炉热效率仅为 30%～40%，尚不及大型锅炉的一半，造成煤炭资源的极大浪费。目前北方农村每年消耗的 1.13 亿 tce 都是低效燃烧使用，和大型锅炉燃烧相比，相当于每年有约 5600 万 tce 被白白浪费掉了。

(2) 室内空气污染较为严重，影响农民身体健康

固体燃料如煤炭、生物质等不完全燃烧，导致农村地区炊事以及供暖产生大量的污染物，严重威胁到农民的身体健康。大量实测数据表明，我国乡村建筑室内 CO、SO_2、可吸入性颗粒物（$PM_{2.5}$）等污染物浓度普遍偏高，尤其厨房内可吸入性颗粒物浓度经常达到严重雾霾浓度的数倍。同时，室内还存在一氧化碳污染的危

害，煤气中毒的事故时有发生。国内外多年研究结果表明，大量的气体有害物会造成多种呼吸系统和心血管系统疾病，包括肺癌、慢性阻塞性肺病（COPD）、肺功能降低、哮喘、高血压等。中国预防医学科学院何兴舟研究员等从20世纪80年代开始，在云南宣威通过20多年的跟踪研究，发现室内燃煤排放出大量以苯并芘为代表的致癌性多环芳烃类物质，是导致宣威肺癌高发，造成当地多个"癌症村"的主要危险因素[2]。并且，使用有烟煤和使用无烟煤的人群患COPD的危险性分别是使用柴的4.63倍和1.55倍。贵州、四川、陕西等地使用大量高氟的燃煤，造成当地居民氟骨症（腰腿及全身关节麻木、疼痛、关节变形、弯腰驼背，发生功能障碍乃至瘫痪）、氟斑牙（表现为牙釉质白垩、着色或缺损改变，一旦形成，残留终生）等病例大量发生。根据2007年WHO（World Health Organization）报告，由于固体燃料的使用，在我国农村地区每年造成42万人死亡，比城市污染造成的年死亡人数多40%。因此，固体燃料的不清洁利用已经被认为是我国第六大健康杀手。

（3）产生大量温室气体和污染物排放，影响大气环境

据估算，在目前的能耗水平下，我国农村生活用能年CO_2排放量达8亿t，占全国CO_2排放总量的10%左右；农村小煤炉每年燃烧的散煤所产生的大量气体污染物，除了影响室内环境，还会对室外甚至区域环境造成影响。并且随着农村对室内热环境要求的提高和生物质继续被商品能所取代，污染物排放将进一步增长。

农村供暖和炊事活动是我国$PM_{2.5}$主要来源之一。据估计，2012年我国$PM_{2.5}$一次排放总量1200万t，其中农村产生的约占30%。2015年入冬以来，我国各地连续出现严重的雾霾天气，北京、天津、河北多个城市首次出现空气质量红色预警。其中2015年11月26日开始的那场雾霾持续一周多的时间，京津冀及周边地区70个城市中达到重度及以上污染的城市多达37个，重霾影响范围超过50万km^2。据分析，这次大范围的重污染，除了极端不利的气象条件、机动车、工业污染排放等因素之外，进入供暖期后，燃煤污染排放明显增加，再加上屡禁不止的秸秆野外焚烧，明显加重了$PM_{2.5}$的浓度水平。

以北京市为例。目前10个远郊区县农宅每年用于供暖和炊事的散煤约400万tce。据测试，农村地区目前使用的小型燃煤炉灶的$PM_{2.5}$的排放强度高达3.7g/kg$_{燃煤}$，单位燃料燃烧$PM_{2.5}$排放量是大型燃煤锅炉的4~10倍。经测算，北京

农村炉灶燃烧固体燃料每年产生约 3.28 万 t $PM_{2.5}$、0.76 万 t SO_2 和 1.47 万 t NO_x，$PM_{2.5}$ 和 SO_2 排放总量分别是北京市原来四大燃煤热电联产电厂全年排放量的 6 倍和 2.5 倍，仅氮氧化合物处于同一量级。$PM_{2.5}$ 对本地污染排放的贡献率达到 14.4%～18.5%。

(4) 产生大量固体废弃物，对生态环境和水体造成影响

除了向空气中排放大量的气体有害物质，小型燃煤炉的广泛使用还会产生灰渣污染以及堆放的燃煤的污染。对于大型锅炉房来说，灰渣可以实现集中储存、处理和利用，基本不会污染环境。而农村的小型煤炉产生的炉渣，由于过于分散，很难集中进行处理和再利用，大量只能当作废弃物丢弃于村落周边，其中夹杂着一些生活垃圾，形成"煤渣垃圾围墙"之势，不仅恶化了农民的生存环境，还有可能对农村的水体、农田生态环境造成破坏。

为了解决农村上述煤渣垃圾等问题，目前许多农村不得不采用城市固体废弃物的处理方法，将各种废弃物集中收集后，统一进行填埋处理。这种方式不仅浪费了大量的人工、运输和土地资源，还有可能因为处理技术不得当或者方式不合理，造成更为集中的环境污染或生态破坏。事实上，许多农村产生的废弃物并非真正意义上的垃圾，通过合理的分类和简单处理，大部分都可以作为肥料或者沼气原材料循环利用。

综上，目前我国的生态环境问题已经到了非常突出的地步，农村用能模式（包括燃煤、生物质燃烧、秸秆野烧）和用能量对其影响巨大。农村建筑用能已经不是简单的能源问题和舒适性问题，而是已经逐渐演变成环境问题、生态问题、健康问题、可持续发展问题。要从根本上解决这些问题，就必须立足于实际，深入研究农村实际情况与建筑特点，开发推广低成本适宜性农村建筑节能技术和清洁能源利用技术，来大幅度降低建筑传统能源消耗与促进室内外环境的改善，优化能源结构和促进农村可持续发展。

4.2 发展目标和对策

农村能源的上述问题，是经过多年的积累留存下来的，有着深刻的社会、经济、技术等方面的原因。对其进行解决，需要抓住当前的主要矛盾，结合农村地区

的实际情况，在国家和政府部门的合理引导下，提出合理的目标及实现路径，有步骤地加以实施。从前文分析可以看到，目前我国农村建筑用能最为突出的问题是小型燃煤供暖和炊事炉在农村的大量使用，因此尽快在农村地区实现去煤化、改善室内外环境应该是当前的首要任务。

与人口集中的城市显著不同的是，农村人口呈散落居住，并形成了以村落为主要行政单元的小规模聚居模式。村内居民之间经常存在着千丝万缕的关系。住宅形式和用能方面也是互相借鉴，甚至区趋于类同。因此，农村建筑节能工作也需要以村而不是散户为基本单位进行。

农村在生产方式、土地资源、住宅使用模式、可再生能源资源条件、室内热环境需求等各个方面都与城镇有很大不同。我国农村居民多采用分散居住、自给自足经营土地的生活生产方式，土地人均占有量虽然存在着地区分布的不平衡性，但总体上远高于城镇水平，人口密度相对较小，而且农村住宅基本采用单层或低层建筑、独立院落的建造模式，农村地区的外围土地资源和建筑内部空间都较为充裕，农宅建设整体用地和内部布局相对宽松，因此农村地区在利用可再生能源方面具有得天独厚的优势。例如，太阳能利用要有充足的空间以采集阳光并避免遮挡；生物质利用需要有充足的空间进行收集和储存，还要有适当的渠道来消纳和处理使用后的生成物等。这些正是城市地区所缺乏的，因此农村建筑节能策略的制定和节能技术的开发不能沿袭"城镇路线"，农宅的建筑节能以及室内热环境的改善需要另辟蹊径，走出一条符合我国农村实际的可持续发展之路。

基于以上分析，考虑到我国北方和南方地区在气候、建筑形式、用能习俗等方面的明显差异，结合在新农村建设过程中的摸索与实践，提出分别在北方和南方农村建立"无煤村"和"生态村"，作为未来一段时间的主要发展目标。

4.2.1 北方"无煤村"、南方"生态村"及其主要特点

"无煤村"的发展理念是为控制北方农村地区大量使用煤炭而提出的，其并不是单纯追求简单意义上的无煤化，而是将村落作为考量和设计中国北方农村可持续发展的基本细胞单元，紧密结合农村实际，基于合理的建筑设计与可再生能源清洁高效利用，在改善农宅冬季室内环境的同时，大幅降低农宅供暖和炊事能耗等生活能耗，是我国北方大部分地区未来新农村建设的合理模式。"无煤村"主要包括以

下三个特征：

（1）无煤特征：农宅不使用燃煤，而是以生物质、太阳能等可再生能源解决全部或大部分供暖、炊事和生活热水用能；不足时，用电、液化气等清洁能源进行补充，同时满足农宅照明、家电等正常用电需求。

（2）节能特征：农宅围护结构具备良好的保温性能，从而大大减少供暖用能需求。一个不满足节能要求的农宅，即使不烧煤，也不是"无煤村"所追求的目标。

（3）宜居特征：农宅需要满足与农村地区居民相适应的热舒适要求，同时避免由非清洁用能引起的室内外空气污染及环境恶化。

从历史上看，在过去相当长的时期内，由于农村固有的生活、资源特性，农村住宅用能一直以秸秆、薪柴等生物质能为主，形成了独有的"自给自足"型能源供应方式，需要从外部输入的商品能很少。然而，随着农村经济水平的不断提高和新农村建设的全面开展，农村住宅的用能结构和消费水平也发生了巨大的变化。农村开始大量使用燃煤是在煤炭价格较低的20世纪90年代开始的，后来煤炭价格逐年上涨，而农民由于使用惯性等原因一时很难改变这种习惯，从而供暖和炊事用煤逐渐成了农民较大的经济负担，目前北方农村每户的年平均取暖费用为1000～3000元，占到年收入的10%～20%。即使在收入水平较高的北京地区农村，也有80%左右的农民认为目前供暖负担较重。因此，如能通过合理的技术手段实现"无煤村"，不仅有利于节能和环境改善，也有利于减轻农民的经济负担，改善农村人居环境和民生。

我国南方地区气候适宜，雨量丰富，河流众多，具有更为优越的生态环境。因此，南方农村发展的目标是充分利用该地区的气候、资源等优势，打造新型的"生态村"。所谓"生态村"，是指在不使用煤炭的前提下，以尽可能低的商品能源消耗，通过被动式建筑节能技术和可再生能源的利用，建造具有优越室内外环境的现代农宅，真正实现建筑与自然和谐互融的低碳化发展模式。该模式不同于以高能耗为代价、完全依靠机械式手段构造的西方式建筑模式，而是在继承传统生活追求"人与自然"、"建筑与环境"和谐发展理念的基础上，通过科学的规划和技术的创新，所形成的一种符合我国南方特点的可持续发展模式。

要实现上述"无煤村"或"生态村"的目标，需要从"节流"和"开源"两个角度去考虑。所谓"节流"就是需要从建筑本体入手，通过改善建筑本体热性能，使其达到实现"无煤村"的必要条件。所谓"开源"就是要从能源供给的角度，用符合农村地区特点的清洁化能源全面替代农村煤炭消耗。

4.2.2 实现"无煤村"关键因素之一：加强北方农宅围护结构保温，降低冬季供暖用能需求

围护结构热性能差是导致目前北方农宅冬季供暖能耗高、室内热环境差的重要原因，因此改善围护结构保温性能是实现"无煤村"的首要基础。在我国，城镇建筑节能经过十几年的研究，已经建立了较为完善的建筑节能标准和建筑热指标体系，为城镇地区开展建筑节能工作提供了重要的参考依据和评价指标。由于农村住宅与城镇建筑相比在建筑形式、室温要求、经济性等方面存在诸多不同，因此农村住宅围护结构保温性能要求不能照搬城镇住宅的做法和标准。农村住宅以单体农宅为主，建筑体型系数可达 0.8～1.2，是城市多层住宅建筑体形系数的 3～4 倍。此外，大部分农宅门窗的密封性能差，冷风渗透严重，房间换气次数普遍大于 $1h^{-1}$，约为城镇住宅的 2 倍以上。另外，由于农村地区特有的生活习惯及冬季着装习惯，冬季室温达到 15℃ 左右即可满足舒适要求。

针对农村住宅的诸多特殊性，近几年来国家相关部门组织专家通过研究和大量实际示范工程先后制定了《农村单体居住建筑节能设计标准》CECS 332：2012 和《农村居住建筑节能设计标准》GB/T 50824—2013 等行业标准和国家标准，对不同气候条件下的农村住宅建筑墙体、屋顶、地面、门窗等传热系数限值、南向窗墙比、通风换气次数等提出了要求，可以作为指导新建农宅设计或既有农宅围护结构保温改造的依据。以北京郊区典型农宅为例，如果做好农宅本体保温，也就是更换气密性差、传热系数大的门、窗，使房间的换气次数降低到 $0.5h^{-1}$ 左右，窗户传热系数从 $5.7W/(m^2 \cdot K)$ 降到 $2.8W/(m^2 \cdot K)$ 左右，再通过添加保温将农宅的外墙、屋顶的综合传热系数降到 $0.30～0.50W/(m^2 \cdot K)$，再加上集热蓄热墙、直接受益窗或附加阳光间等被动式太阳能热利用方式的合理应用，可比目前常见的北方无保温农宅减少 50% 左右的供暖能耗。上述效果已经在多个实际农宅节能改造示范工程中得到验证。

除了满足上述保温要求，农宅的建筑设计还应做到崇尚自然，充分利用自然环境来改善室内环境并满足功能需求。千百年以来，我国各地人民创造了既符合节能

理念，又丰富多彩、特色各异的建筑形式与文化，如北方的生土农宅、江南的水乡建筑、华南的岭南民居。这些建筑与地域文化相辅相成，是特定时期特定区域文化历史的真实写照，具有强烈的历史厚重感和视觉冲击感，是我国历史文化宝库中浓墨重彩的一笔。以我国西北地区的窑洞建筑为例，当地农民利用高原黄土层较厚的地形特点，凿洞而居，窑洞室内冬暖夏凉。从建筑热工的角度分析，厚重墙体具有较大的传热热阻和热惰性，在北方严寒的气候条件下，能在白天尽可能多地存储太阳能，减少房间围护结构散热，从而提高冬季室内热舒适性能，降低冬季供暖能耗；而门洞处的圆拱和高窗，有助于充分获取太阳辐射，提高房间冬季白天的室内温度。针对其外观土气、采光不好和通风欠佳等问题，由刘加平院士领导的研发设计团队，通过利用科学的建筑设计和节能技术，建成了新型绿色窑居示范建筑，在保持了原来冬暖夏凉的热舒适特性的基础上，解决了采光通风等一系列问题。为传承并发扬这种建立在黄土高原地区社会、经济、文化发展水平与自然环境基础之上的建筑形式进行了一次成功的尝试。

针对大量既有农宅，尽管已有不同规模的应用示范，但目前在整个北方地区进行节能改造的工作尚未全面展开。北京市走在了全国的前列。北京市于2006～2008年期间，率先在郊区农村开展了几百户的单体农宅围护结构被动式节能改造示范，通过改善农宅的围护结构保温性能，增加被动式太阳能热利用措施，大幅度降低了农宅的燃煤消耗，并提高了冬季室内热环境舒适程度。实测结果显示，冬季室内平均温度提高了5～10℃，每户年均供暖耗煤量减少1/3以上，从3～4t/a降为2～3t/a。基于以上成果，北京市推出了《新农村"三起来"工程建设规划》，大力推进农村住宅围护结构被动式节能改造。据北京市住房和城乡建设委员会统计，截至2014年，北京市已累计完成节能农宅新建和改造约35万户，每个供暖季的节约燃煤折合标准煤约46万t，减少CO_2排放约110万t。由此可见，改善农村住宅围护结构热工性能，可以为农村住宅节能和"无煤村"奠定坚实的基础。

鉴于北方农宅围护结构保温在农村建筑节能方面的重要作用，一方面，需要继续加大对既有农宅围护结构节能改造的引导和支持力度；另一方面，对新建农宅围护结构热工性能，相关部门也应像对待北方城镇住宅一样，逐步严格对农村建筑节能标准的实施，最终将其列入建筑节能的全面监管范围。

4.2.3 实现"无煤村"关键因素之二：建立新型农村能源供应方式，实现生活用能无煤化

在良好的围护结构热性能的基础上，如能进一步对农村现有的能源供应方式进行调整，因地制宜，合理开发利用各种可再生能源，实现以清洁化、自给化为主要特点的农村能源新模式，将是在广大农村地区实现"无煤村"的另一个关键因素。

与城市地区相比，我国农村地区具有丰富的可再生资源，包括太阳能、水能、风能、地热能和以秸秆、薪柴、牲畜粪便为主的生物质能等自然能源。生物质能作为我国农村的传统能源，总量丰富，其中农作物秸秆资源量达 8.8 亿 t/a，可利用资源约 5.3 亿 t/a，再加上禽畜粪便、薪柴等，可利用的生物质资源总量折合约 4.96 亿 tce/a；我国大部分北方地区处于太阳能资源丰富的一、二类地区，全年日照总数在 3000h 以上，全年辐射总量在 $5.9 \times 10^5 \mathrm{J/cm^2}$ 以上[3]。这两类可再生能源资源分布广泛，是农村地区的"天然宝藏"，对解决我国农村地区生活用能具有非常重要的作用。但是要充分利用这些可再生能源资源，需要有良好的利用条件。例如，太阳能利用要有充足的空间以采集阳光并避免遮挡；生物质利用需要有充足的空间进行收集和储存，还要改善传统的粗犷式燃烧的模式，通过合理的加工转换方式以及高效的炉灶，大大提高燃烧效率和减少污染排放。农村地区分散的居住模式、充裕的土地和建筑空间等特点，恰好符合可再生能源利用的这些条件，因此农村地区在利用可再生能源方面具有得天独厚的优势。具体的技术方案简述如下：

(1) 生物质固体压缩燃料和清洁炉灶提供主要供暖和炊事用能：在我国东北、华北大部分粮食产区和林区，生物质资源都较为丰富。可以利用生物质压缩固体燃料结合相应的供暖炉（见本书 5.3.2 节）代替小型燃煤供暖炉，实测燃烧效率达到 70% 以上，比燃煤小锅炉热效率提高 30%~40%，或者灶连炕、火墙式火炕或生物质对流炕末端技术（见本书 5.2.3 节），充分利用炊事余热解决冬季供暖需要，来代替目前的燃煤土暖气。按照节能农宅的供暖负荷，北方地区农户平均需要 2~3t 生物质压缩燃料即可满足冬季供暖用能需求。对于炊事用能，可以另外配置一台小型生物质固体成型燃料炊事炉，由于燃烧效率大大提高，平均每户每年只需要 0.5~1t 生物质压缩燃料。目前，市场上已经开发出能综合考虑农户实际需求、炊事习惯、应用方便的新型生物质颗粒燃烧器，既能高效地满足炊事和生活热水用能的需要，又不需改变农宅既有的"大锅大灶"炊具结构，和传统生物质直接燃烧相比，炊事效率从不到20%提高到35%，$PM_{2.5}$、CO等主要污染物排放因子降低了80%～95%，并且能够实现自动点火、火力调节、手动续料，方便农户使用，深受农户欢迎。详细技术介绍见本书5.2.2节。

（2）利用太阳能解决生活热水及部分供暖用能：相对于生物质能源来说，太阳能是更加易得的清洁能源。采用户用太阳能热水器提供生活热水，成本低、效果好、技术成熟、使用方便，目前在农村地区已经大量应用。而就太阳能供暖来说，由于太阳能具有不连续性、不稳定等特点，当太阳能无法满足室内供暖要求时，需要其他能源进行补热。已有一些地区尝试建立户用小型太阳能热水系统对建筑进行供暖。但由于系统成本较高、系统较为复杂、运行维护等方面的问题，推广效果不好，需要进一步完善或研发符合农村住宅特点、经济便捷的太阳能供暖方式。例如，太阳能空气集热供暖系统由于其系统简单、运行维护方面、初投资以及运行费用低、不存在冻结问题（见本书5.3.4节），与被动式太阳能利用相结合，可以承担有太阳时的全部供暖负荷。在晚上、阴天或太阳不足时，则可以在生物质压缩燃料炉、节能炕灶、电热毯等多种形式中选择一种进行补充。

（3）利用电、液化石油气等清洁能源提供部分生活用能：除了采用生物质清洁燃料满足供暖和炊事用能，还可以采用电、液化石油气（LPG）、太阳灶等多种形式满足炊事用能需求。这些炊事方式的特点是效率高，污染物排放更小。在北京等生物质和太阳能资源都匮乏的地区，可以采用小型低温空气源热泵进行冬季供暖（见本节5.3.5节），既灵活方便，又比现有的燃煤供暖清洁和节能。此外，随着农村生活水平的提高，农民开始购置一些必要的家用电器如冰箱、电视机、洗衣机等，只要产品符合国家节能标准，都是应该鼓励和支持的。

（4）充分发挥不同地区的资源优势，争取实现村级能源全供给甚至能源输出：除了大力倡导上述以能源自给自足、清洁利用为主要特点的"无煤村"，对生物质、太阳能、小水电资源特别丰富的地区，除了满足本村居民的各种用能需求，还可以进一步开发利用，实现村级能源向临近的镇、甚至小城市的输出。例如西北部部分农村地区可以向临近镇、城市输出水电、风能、地热能等，在东北、内蒙古等生物质富集地区利用剩余的生物质制作生物天然气或固体成型压缩燃料，补充当地镇，甚至城市能源供应（见本节5.3.2节），既减少了传统常规能源的使用，还能提高农户的经济收入，使秸秆薪柴等从废弃物真正变为农户手中的"宝物"。

综上，无论从顺应国家节能减排战略的角度，还是从改善农村生态环境和农民居住环境质量角度，或者是减轻农民在供暖能耗方面的经济负担角度，在北方农宅实现并维持非商品能为特征的"无煤村"都具有重要的现实意义。随着北方地区新农村建设的逐步推进，各级政府部门也应该把推进"无煤村"建设作为实现节能减排、改善环境、推进新农村发展文明化的一个重要标志。无煤化是农村地区生活进步的标志，也是可持续发展的必然追求。

目前，"无煤村"发展模式在我国北方农村地区已经具备实施的可行性，但其实施过程依然是一个艰巨的系统工程。为实现这一目标，不仅首先要在技术上使其具备实施的可行性，在管理上还必须科学规划，从各个地区的实际情况出发，做出全面合理的方案，并贯彻实施；在政策上，需要进行合理的设计和扶持，保证农民、企业和国家都能够积极地参与进来。另外，由于多种客观因素的限制，不同地区推广"无煤村"以采取不同的形式。例如有些地区可以先进行农宅保温和被动式太阳能热利用，待条件成熟再考虑其他技术。这样即使不能完全实现"无煤村"，也是对我国建筑节能减排的重要贡献。

4.2.4 南方"生态村"及其实现方式

在我国南方地区实现"生态村"，其主要包括以下几个方面：

（1）改进炊事方式，降低炊事能耗及引起的空气污染

炊事用能是南方农村生活能耗的最大组成部分，占到总能耗的1/3。生物质秸秆、薪柴直接燃烧是南方农村进行炊事的主要方式，但传统柴灶的平均效率不足20%，不仅导致生物质的大量消耗，还会造成严重的室内外空气污染。因此对其进行改善或替代。

沼气曾经被认为是解决南方炊事用能的最好方式之一，国家也为此投入了巨额力量和资金进行补贴及推广。其本意是将禽畜粪便、秸秆薪柴发酵产生沼气后用于炊事，使用方便，燃烧效率高，污染排放小，实现了生物质的清洁高效利用。配合南方农村适宜的气候环境和良好的自然资源，还能做到沼气的绿色生态循环利用，将农村的生产生活有机结合起来。但是，实际调研结果表明，近年来小型沼气大量被废弃，主要原因之一是农村禽畜养殖结构的变化造成生产沼气的原材料供应不

足。这种情况下，应重视推广使用省柴灶或生物质压缩颗粒炊事炉，通过提高燃烧热利用效率可显著降低生物质消耗量，同时减少因不完全燃烧引起的空气污染。在四川省北川县等地开展的生物质清洁炉灶应用示范表明，采用新型的生物质固体燃料燃烧器，配合农村已有的锅灶结构，可以显著提升炊事的燃料利用效率，减少室内外污染物排放，深受当地农村居民的欢迎（见本书 6.4 节）。另外，根据实际需求合理地使用电、液化石油气等进行炊事，也有利于改善炊事效果和室内外环境。

（2）减少冬季供暖用能，改善室内热环境和空气质量

南方供暖问题主要集中在夏热冬冷地区。该地区冬季室外温度一般在 0~10℃之间，且低温环境持续的时间较短。因此无论是供暖负荷还是供暖时长，都远低于北方农村地区。因此可以通过合适的建筑围护结构保温，辅之以太阳能、生物质能以及少量的商品能来满足供暖需求。

"部分时间、局部空间"供暖是南方最常见的供暖模式，既符合当地气候条件和自然环境，也有助于实现节能，应该加以保持。但是，南方地区农村仍在使用一些传统的局部供暖措施，如火盆、火炉等，都是通过生物质或燃煤在室内直接燃烧进行取暖，会造成严重的室内空气污染，应该进行改进。为保证室内清新，当地形成了冬季开窗通风的生活习惯。房间通风换气次数的大小，对冬季供暖负荷和室内温度的影响较大。因此，要改善冬季室内热环境，需要根据居民开窗情况分别进行讨论。

如果保持目前冬季开窗的生活习惯，室内通风换气次数较大，室温主要受室外气温的影响，建筑围护结构的保温作用不明显，通过增强建筑围护结构热工性能来改善室内热环境的作用较小。因此，可选用以辐射型取暖器、电热毯等局部供暖方式，提高供暖热舒适性；避免采用对流型的供暖系统，如热泵型空调等。

实际上，冬季开窗通风与在室内直接燃烧生物质的习惯是相关的。如果不再采用这类炊事或供暖方式，则有可能改变目前冬季开窗通风的习惯，改善房间密闭性能，降低通风换气量。这样，就可以通过提高围护结构热工性能来改善冬季室内热环境。传统农宅的墙体一般都采用厚实的土坯墙体或石砌墙体，如福建土楼的墙体厚度甚至达到了 1m，保温效果较好。同时，较大的热惰性可以抵御室外温度的波动，使室内更加舒适。在不具备采用这种厚重墙体材料条件的地区，也可采用热阻较大的自保温材料，再辅助以局部供暖，也能满足冬季供暖需求。

(3) 采用被动方式进行夏季降温

夏季降温也是南方农宅面临的普遍性问题。根据农村的热舒适性调研发现，在保持室内空气流动的条件下，夏季室温低于30℃即可满足农村居民的降温需求。而在大部分南方农村地区，室外温度超过30℃的时间并不长。因此，与城市建筑普遍采用空调降温不同，南方农宅通过充分利用自然条件，改善建筑微环境，利用被动式降温方式，辅之以电风扇等，即可达到降温目的。被动式降温主要依靠围护结构隔热和自然通风两种方式来实现。

墙体和屋顶传热是室内温度升高的原因之一。在建筑结构上，可采用大闷顶屋面或通风隔热屋面以减少屋面传热。在建筑材料上，可使用传统农宅中常见的多孔吸湿材料形成蒸发式屋面。多孔吸湿材料中储存了水分，当太阳照射时会加速水汽蒸发，从而带走部分热量，达到隔热的目的。农宅周围还可以栽种绿色攀缘植物或进行屋顶绿化，既能遮阳隔热，还能绿化环境。南方夏季既炎热又潮湿，通风有助于排除室内多余的热量和湿量，同时适当的空气流动也有利于提高人体舒适度，是南方农宅降温的另一种主要措施。农村地区建筑密度低，前后无遮挡，通过合理的建筑设计，可以在风压作用下形成穿堂风，改善室内环境。通过天井等建筑结构形式，还可以利用热压作用，形成纵向拔风，强化室内的通风换气作用。通过以上被动式降温技术，不需要消耗额外的能源就能够营造出自然舒适健康的室内热湿环境，解决南方农宅夏季过热的问题，是实现南方"生态村"发展模式的有效措施。本书6.5节和6.6节分别介绍的四川和广西两个示范村案例，都在房屋被动式降温、住区规划和绿化、符合当地特点的可再生能源利用方面做了很好的尝试。

4.3 生物质的合理利用模式和技术路线

生物质资源主要包括农作物秸秆、畜牧粪便和林业薪柴，它是我国农村最丰富、最容易被应用的可再生能源形式。要实现生物质能源的合理利用，首先要确定不同地区的生物质资源分布情况，再根据生物质利用的特点，确定合理的利用方式。

4.3.1 农村地区生物质资源及其分布情况

根据2014年的相关统计数据的折算，我国每年可利用生物质资源的理论总量折合约 4.96 亿 tce（见表 4-1），折合到全国农村的人均资源量可达 800kgce 以上。

2014 年全国生物质资源总量统计表 表 4-1

类别	资源总量 （万 t）	可利用资源量 （万 t）	折合标准煤 （万 tce）
农作物秸秆	87540	52524	26160
薪柴	14216	14216	8118
禽畜粪便	48837	29302	15365
总计	—	—	49642

注：标准煤当量折算系数为：秸秆，0.498tce/t；薪柴，0.571tce/t；禽畜粪便，0.524tce/t（取平均值，不同秸秆和禽畜粪便折合标煤的比例不同，参考《中国能源统计年鉴 2014》的附录 4）。

由第 2 章的数据得知，目前我国农村住宅用能总消耗量（包括煤炭、生物质、电、液化石油气等）为 3.27 亿 tce，扣除生活用电消耗量 0.7 亿 tce，年非电生活用能总消耗量为 2.57 亿 tce。也就是说，理论上全国生物质资源总量不仅能够满足农村地区全部非电生活用能，并且每年还有大约 2.39 亿 tce 的富余量。

由于生物质资源具有很大的地域性，因此除了核算总量，还要考虑到各地区生物质资源分布以及能源需求不均匀等多方面状况。表 4-2 给出了各省、市、区生物质资源总量、农村非电生活用能需求情况（包括炊事和供暖用能）及资源富余量。

根据表 4-2 中的数据可以发现，我国生物质资源主要集中在东北、华北和长江流域中上游地区。根据第 2 章农村生活用能调研，即使在目前我国农村住宅围护结构热性能较差、炊事效率较低的状态下，有调研数据的 21 个省份中，北方农村地区的户均非电生活用能约为 2.21tce/a，南方农村地区约为 0.91tce/a。如果进一步改善炊事效率（将生物质燃烧的效率从 15% 提升到 30% 以上）和降低冬季供暖负荷（改善围护结构热工性能，将供暖负荷降到现在的 50%），北方和南方的户均非电生活用能需求将会分别下降到 1.11tce/a 和 0.51tce/a，这时仅有北京等生物质资源匮乏地区的生物质资源无法满足其用能需求，而其他地区的农村都可以利用其生物质能源满足其全部非电生活用能要求，且北方的黑龙江、山东、河北、内蒙古、辽宁，南方的四川、湖南、安徽、云南、江苏、江西、贵州等农牧业发达的省份，资源富余量远大于农村能源需求量。即使在生物质总体富余量不是很大的省份，例如甘肃、青海、福建等，户均生物质富余量也较多，完全可以满足农户的实际需求。

表 4-2 我国各省、市、区生物质资源总量和富余量

省份	农村生物质资源总量（万 tce）				户均（tce）	农村非电生活用能需求总量（万 tce）				整体富余量（万 tce）		户均富余量（tce）	
	秸秆	禽畜粪便	薪柴	总计		现在状态	提高炊事效率	改进保温形式	全部改善	现在状态	全部改善	现在状态	全部改善
北方省份													
河南	2658.6	1562.1	267.7	4488.4	3.32	—	—	—	—	—	—	—	—
黑龙江	3023.6	498.6	796.8	4319.0	6.61	2901.9	2435.0	1894.8	1427.9	1417.1	2891.1	2.17	4.42
山东	2305.2	1278.3	134.9	3718.4	2.64	1555.8	1322.8	1053.2	820.2	2162.6	2898.2	1.54	2.06
河北	1722.1	797.6	238.2	2757.9	2.43	1521.0	1349.5	947.3	775.8	1236.9	1982.1	1.09	1.75
吉林	1930.7	436.6	362.6	2729.8	7.55	—	—	—	—	—	—	—	—
内蒙古	1517.2	540.7	324.6	2382.5	7.09	1104.0	876.4	803.2	575.5	1278.4	1806.9	3.81	5.38
辽宁	885.4	740.5	383.6	2009.5	4.20	1434.4	1226.9	928.3	720.9	575.2	1288.7	1.20	2.69
新疆	1062.5	330.4	113.8	1506.7	5.49	—	—	—	—	—	—	—	—
陕西	558.0	225.9	212.9	996.8	1.89	1676.0	1091.6	1438.6	854.2	-679.1	142.6	-1.29	0.27
山西	720.6	188.0	61.1	969.7	1.88	—	—	—	—	—	—	—	—
甘肃	494.2	314.1	88.5	896.8	2.61	708.9	429.6	636.8	357.5	187.9	539.3	0.55	1.57
西藏	12.5	285.1	356.2	653.9	14.96	—	—	—	—	—	—	—	—
青海	29.1	225.4	63.2	317.8	5.13	316.5	234.6	218.2	136.3	1.31	181.5	0.02	2.93
宁夏	178.2	68.8	16.9	263.8	2.93	362.0	244.2	299.4	181.6	-98.2	82.2	-1.09	0.91
天津	96.1	55.2	0.0	151.3	1.88	179.6	130.7	144.3	95.4	-28.3	56.0	-0.35	0.69
北京	37.1	53.7	29.5	120.3	0.56	516.3	478.5	305.5	267.7	-395.9	-147.4	-1.84	-0.68
北方总计	17231	7601	3450	28283	3.59	17403	13962	12165	8725	10880	19558	1.39	2.48

续表

省份	农村生物质资源总量（万tce）				户均(tce)	农村非电生活用能需求总量（万tce）				整体富余量（万tce）		户均富余量(tce)	
	秸秆	禽畜粪便	薪柴	总计		现在状态	提高炊事效率	改进保温形式	全部改善	现在状态	全部改善	现在状态	全部改善
南方省份													
四川	1474.6	1626.1	876.9	3977.6	2.73	1553.2	1269.8	1179.8	896.4	2424.5	3081.2	1.66	2.11
湖南	901.3	827.8	484.8	2213.9	2.05	921.9	717.8	749.5	545.4	1292.0	1668.5	1.19	1.54
安徽	1350.9	480.9	252.9	2084.7	2.91	649.8	446.9	475.9	273.1	1434.9	1811.6	2.00	2.53
湖北	903.1	699.2	468.0	2070.2	2.29	—	—	—	—	—	—	—	—
云南	764.1	656.3	545.9	1966.4	2.75	554.8	397.2	437.9	280.3	1411.6	1686.1	1.97	2.36
江苏	1220.9	587.2	92.7	1900.9	2.05	587.1	428.9	517.1	358.9	1313.7	1542.0	1.41	1.66
广西	512.5	715.3	434.2	1662.0	2.59	—	—	—	—	—	—	—	—
江西	612.0	462.6	423.7	1498.3	2.73	752.7	494.8	667.5	409.5	745.6	1088.8	1.36	1.99
贵州	355.7	398.7	314.1	1068.4	2.30	769.5	530.7	629.4	390.6	299.0	677.9	0.64	1.46
广东	369.0	660.9	267.7	1297.6	1.10	—	—	—	—	—	—	—	—
浙江	220.0	246.0	217.1	683.1	1.06	421.7	296.1	380.5	254.9	261.4	428.2	0.41	0.67
福建	165.5	246.0	257.2	668.7	1.49	389.1	262.5	345.2	218.6	279.6	450.2	0.62	1.01
海南	45.3	126.5	31.6	203.4	2.04	—	—	—	—	—	—	—	—
上海	33.9	30.9	0.0	64.7	0.60	—	—	—	—	—	—	—	—
南方总计	8929	7764	4667	21360	2.18	7229	5391	5859	4021	10904	14111	1.38	1.78
全国总计	26160	15365	8118	49643	2.81	24631	19354	18024	12746	21784	33669	1.38	2.13

注：
1. 秸秆、禽畜粪便、薪柴和生物质资源量采用2014年统计年鉴数据计算，秸秆和禽畜粪便均考虑了60%的收集率。
2. 非电生活用能需求是指除照明和家电等生活用电需求以外的其他生活用热，供暖和炊事用热，由第2章生活用能调研计算得到，参考表2-1，表2-3、表2-5和表2-6。部分省份无调研数据，没有相应非电生活用能需求量。
3. 表中"全部改善"一栏指在对建筑保温和供暖，炊事设备进行全面改造，提高能效，在满足农户生活和舒适性要求的前提下，所需要的能源量。
4. 港、澳、台地区的资源未计入上表。表中的"四川"代表四川和重庆合并后的结果。

4.3.2 生物质资源利用的核心问题

虽然我国的生物质资源的总量丰富,但并没有得到充分的合理利用。每年大约有30%的秸秆被露天焚烧或随意丢弃,相当于每年浪费了1亿tce;约80%的养殖场将粪水直接排放,不仅浪费了能源,还导致了自然水体被污染等环保和生态问题。

在过去,农村能源资源匮乏,生物质秸秆是主要的燃料。虽然生物质的能源密度低,但由于没有其他可用能源或没有购买力,农民需要尽可能地收集生物质秸秆,以储备足够的生活燃料。但随着农村经济水平的提高和商品能源的普及,农民能够购买足够的商品能源(如煤、液化气等),直接导致部分农民放弃使用秸秆,开始使用商品能源。为处理多余的生物质秸秆,部分农民采用田间直接焚烧的方式,这又对大气环境和交通安全造成了极大的影响。秸秆燃烧导致浓烟滚滚,烟雾刺鼻,排放了大量有害气体和可吸入颗粒物,严重影响了当地的室外环境,如图4-1所示。除此之外,秸秆燃烧产生的浓烟还会扩散,导致城市地区空气质量明显下降,严重影响正常的飞行安全和交通秩序。如2008年9月15~17日,由于机场周边农民大量焚烧秸秆,导致济南机场跑道、滑行道等被浓烟笼罩,造成多家航空公司的航班无法降落,仅山东航空公司一家就有141个航班延误,5个航班临时备降其他机场。

图4-1 秸秆焚烧形成的浓烟

要合理利用生物质资源,应该从战略高度进行考察,应根据生物质本身所具有的特点来研究它应该干什么、适合干什么,而不是它可以用来干什么[4]。要用好生物质能,必须解决如下四个核心问题:收集运输、储存、能量转化效率和生成物后处理。

(1) 收集运输

生物质资源最大的特点是原料分散，能量密度低，需要消耗一定的人力或能源进行原料的收集和运输。在过去，生物质利用主要以单户家庭为主，收集规模和收集半径较小，耗费的人力和资源较少，收集相对容易。但即使是如此小规模的收集和运输，在经济水平提升后，已经有部分农民因收集和运输麻烦而放弃使用生物质秸秆。假如生物质秸秆利用规模和收集半径进一步增大，收集难度和收集成本将会迅速上升。此外，生物质原本是一种廉价、低品位、低能源密度的可再生资源，当运输半径加大时，运输额外消耗的高品位能源的价值甚至会超过生物质所具有的价值，运输费用也会明显拉升生物质利用的成本，使生物质失去其廉价易得的最大优势。因此，要充分利用生物质，原料收集和运输是需要解决的关键问题。

(2) 储存

生物质秸秆的结构松散，单位体积的热值远低于其他形式的固体燃料。干燥状态下人为堆放的秸秆密度约为 $100 kg/m^3$，热值约为 $0.48 kgce/kg$，折合到单位体积的热值仅 $48 kgce/m^3$，仅是煤的 1/9，同样热值的燃料，其储存体积是煤的 9 倍以上。此外，燃煤可以按短期需求量购买，但秸秆的生产存在明显的季节性，一般北方为一年一季，南方为一年两季，这样会进一步增加储存空间，提高储存难度。

由于农村地区的储存条件有限，大部分秸秆被直接堆放于室外。一方面秸秆品质容易受到影响，不利于秸秆的正常使用；另一方面，散放在室外的秸秆容易着火，是重大的安全隐患，且四处堆放的秸秆等还容易被大风吹散，造成对农村环境的严重污染。

生物质秸秆在储存上所存在的困难，是导致农民不愿收集秸秆，甚至在田间直接焚烧秸秆的原因之一。因此，如何储存生物质资源也是生物质合理利用需要解决的重要问题。

(3) 能量转化效率

传统的生物质利用以直接燃烧为主，使用的燃烧设备包括柴灶、火炕和火盆等。直接燃烧的方法简单方便，使用过程基本没有经济支出，但存在燃烧效率低下的重大缺陷。根据相关测试，传统柴灶的燃烧效率不足 20%。较低的燃烧效率会导致两个问题：首先会造成大量生物质资源的浪费，不利于能源的充分利用；其次生物质不完全燃烧会产生大量有害气体和可吸入颗粒物，引起严重的室内外空气污染。因此，提高生物质秸秆的能量转化效率和减少燃烧污染物排放是生物质利用的主要问题。

（4）生成物后处理

生物质能源的利用过程中会产生相应的附属生成物。对于传统的直接燃烧方式，燃烧后剩余的物质为草木灰，富含植物生长所需要的钾元素，常被作为钾肥直接还田。但如果生物质进行了大规模的集中利用，大量的草木灰很难分散还田，直接抛弃又容易导致环境污染，较难处理。同时，有些生物质利用方式还会产生其他产物，如焦油等，如处理不佳，同样会对环境造成危害。因此，生成物后处理也会影响生物质资源利用方式的选择。

综上所述，合理的生物质利用方式，应该以能够很好地解决上述四个核心问题为前提，即具有恰当的收集和运输模式、合理的储存方式、较高的能量转化效率、方便的生成物后处理。

4.3.3 农村生物质的传统利用方式及问题

生物质资源的利用主要包括两种方式：分散利用和集中利用。长期以来，农村生物质都是以单个农户为主体进行收集、储存和使用，是分散式为主的使用方式。生物质分散利用最简单、也是目前最普遍的办法是直接燃烧。这种方法虽然一般不存在收集运输问题，但储存问题无法解决，同时燃烧效率较低，使用时烟熏火燎，会导致严重的室内空气污染。

随着农村地区的经济发展和社会进步，传统的生物质利用方式已经无法完全满足农村地区的需求。为解决生物质使用过程造成的低效率、高污染问题，近年来，在我国某些地区开始出现将生物质资源集中起来进行大规模转化利用的方式，如建设大规模的生物质颗粒或压块生产厂，还有的建设生物质秸秆制备液体燃料（液化）、生物质制气（气化）、生物质发电等系统。而在人、禽畜粪便的处理和使用方面，我国很多地区采用家户式沼气来解决。也就是目前最为普遍的"小规模沼气、大规模生物质秸秆燃料"的模式。但这种模式，无论从技术、经济上，还是推广方式上都遇到诸多困难。

首先是家户式沼气。对于禽畜粪便等生物质资源，采用发酵产生沼气的利用办法，在我国已经发展了几十年的时间。沼气利用一般以家庭为单位，建立户用沼气池进行发酵，发酵的原料一般为自家的禽畜粪便，发酵产生的沼气配合相关炉具可以高效清洁地燃烧，改善农村室内环境，甚至还能使用沼气灯解决农村照明问题。沼气发酵后产生的沼渣，可以作为农家肥料。不存在原料收集、运输和储存问题。据统计，截至2009年底，我国已建成的户用沼气池3500多万口，国家、各级地方政府、农户都为此投入了大量资金。但是，据调查，目前这类小型沼气存在大量被闲置甚至废弃的现象，实际使用率很低。是何原因造成这一已经成熟技术的出现这一问题呢？主要因素包括两个：生产沼气原材料供应和运行维护困难。目前农村地区已经从以前的家户式养殖逐渐发展到专业养殖。因此，并不是每一个农户家里都有足够量的禽畜粪便用来产生沼气，到集中养殖专业户购买又存在价格、运输等许多实际问题。此外，沼气池建成后需要定期进行维护，劳动强度大，并有一定的技术要求。目前农村地区青壮年劳动力普遍紧张，沼气利用服务体系没有很好的建立，因而也限制了沼气这项技术的实际使用。

对于秸秆、薪柴等生物质的清洁转化利用方式，目前已经或正在尝试的主要技术包括：生物质固体压缩成型技术、生物质气化和半气化技术、生物质生产液体燃料技术、生物质发电等。但是，根据调研掌握的情况，目前这些技术除了建成一些示范意义的系统之外，并没有在农村地区广泛应用，有些技术由于存在严重的技术缺陷，正在被市场淘汰；有些尽管不存在技术问题，但由于在推广模式、运行管理、经济性等方面并不成熟，因而也是举步维艰。简要论述如下：

生物质固体压缩成型技术是通过专用的加工设备，将松散的生物质通过外力挤压成为密实的固体成型燃料。这种技术克服了生物质自身密度低、体积大的问题，压缩后体积仅为原来的1/10～1/5，解决了生物质存储时间短、空间浪费大等诸多问题。配合相关炉具后，燃烧效率明显提升，可达60%～70%左右。由于压缩燃料燃烧充分，对环境污染排放也会显著降低，燃烧产物仅有少量的草木灰可以及时还田，也不存在生成物后处理的问题。但是，目前生物质压缩颗粒加工主要采用大规模集中加工模式（年加工量数千吨到数万吨），生物质的收集运输困难。此外，这种大规模生物质集中加工采用的"农户＋秸秆经纪人＋企业"或"农户＋政府＋企业"等模式，即通过中间人或政府，从农民手中收购生物质，统一出售给加工企业进行加工，生产出的固体成型燃料再以商品的形式进入流通渠道，并最终以较高的价格出售给终端用户进行使用。这种运行模式形成了一条完整的产业经济链。但由于集中加工的工厂加工规模大，相应的生物质收集半径较大，收集和运输的成本较高。此外，市场流通的环节多，层层加码，也使其失掉生物质资源低廉易得的最大优势。例如，农民以约150～200元/t的价格出售秸秆，却要以约600～650元/t的价格从加工厂购买固体成型燃料，折合到当量热值后的价格甚至高于煤炭价格，丧失了生物质自身的优势。该运行模式中，秸秆和生物质燃料两次进入商品流通，再加上高昂的运输和存储成本，抬高了生物质成型燃料价格，农民用不起，导致了该技术在农村地区推广的困难。从目前国内大型生物质固体燃料生产企业产品流向看，目前这些燃料大部分流向城镇地区，极少回流到农村，因而完全没有实现解决农村地区生活用能的初衷。

生物质气化技术是通过加热固体生物质，使其不完全燃烧或热解，形成CH_4、H_2、CO等可燃性气体，再用于炊事或供暖等。根据系统设备规模，分为户用生物质气化炉和小规模（村级）集中生物质气化系统两种主要形式。前者通过气化炉同时实现生物质的气化和燃烧，后者需要建立集中气化站，气化产生的燃气通过管道输送到各家各户。这两种形式都是以家庭或村落为使用单位，秸秆收集和运输的成本较小，容易实现。其次，通过生物质气化技术，可以将固体燃料转化为气体进行燃烧，能够提高燃烧效率，改善燃烧造成的室内污染。但是，由于气化过程中会产生焦油，影响集中气化炉的使用效果，容易造成运输管道堵塞，且生物质气化技术也未能够解决生物质储存困难的问题，家庭或集中气化站仍需要较大的空间用于秸秆储存。此外，秸秆气化产物中包含大量有毒气体CO，一旦泄露将会对安全造成严重的危害。截至2006年底，我国共建成村级生物质秸秆气化集中供气站500多处，但是尚在运行的供气站并不多，大多处于停运状态，其主要原因就是生物质气化技术未能够充分解决生物质利用的四个核心问题，因此，它也不是生物质利用的最合适的方式。

生物质发电是利用生物质燃烧产生的热能进行发电，包括直接燃烧发电技术和气化发电技术两种形式。根据目前我国已建成的生物质发电厂的数据统计，生物质发电的规模普遍以20～30MW为主，要维持电厂全年正常运行，生物质秸秆的收集规模约为10万t/a，按照农作物生产密度计算，实际收集半径可达50km以上。目前的秸秆收集成本约为200元/t，其中仅运输费用一项，成本就达到50元/t，约占到了总成本的1/4。且随着电厂发电规模的扩大，运输成本所占比例还会明显增加。由于秸秆的生产具有明显的季节性，电厂为保证全年稳定运行，需要大量的空间储存秸秆原料。即使储存量按年使用量的30%进行计算，也要达3万t，即使密实堆放其储存体积也要15万 m³ 以上，需要巨大的储放空间。从能量转化效率来看，尽管采用了大型燃烧锅炉，秸秆的燃烧效率较高，但发电效率仅为20%～30%，仅与燃煤小型火电厂相当。秸秆燃烧后产生的生成物主要是草木灰，是良好的农家肥料，但由于采用了规模化集中方式，很难再进行分散还田利用。

对于用生物质制备液体燃料，由于其加工设备昂贵，流程复杂，目前国内外的技术尚未完善，导致生产出的产品经济性很差，有些系统甚至建成后根本无法正常运转。除此之外，系统也需要具备较大的规模，并能够长年运行才能满足其经济性的需求；但这又导致原料收集的运输费用急速增长、储存空间巨大以及生成物处理困难等问题。所以加工为液体燃料的方式也不能妥善解决生物质利用的核心问题。

基于上述问题，有必要对现有的生物质转化利用从技术、模式、运行、管理等多方面进行总结和反思，并且提出符合我国实际情况的农村生物质利用方式。

4.3.4 农村生物质的合理利用方式

针对生物质资源特点，对我国绝大多数农村地区，生物质利用应充分考虑其资源能量密度低和分布分散两个特点，以分散利用为主，并优先满足农户家庭的炊事、供暖或生活热水等需求。只有在一些生物质资源极为丰富的地区，在解决了收集、运输和储存等问题后，才考虑生物质集中利用。对这些集中的加工使用，也必须根据当地的具体情况，采用技术、经济、管理都最佳的技术路线。

但经过多年的努力，生物质固体压缩成型技术在农村地区并未推广成功，其主要原因是应用模式存在问题。生物质能"一村一厂"的发展模式（见本书6.4节），可能是破解我国大部分地区生物质清洁化利用难题的一种可行的方式。其具体做法是：以具有100～200户农户的中小规模自然村、组为基本单位，由政府出资集中建立一处占地200～400m²的小型生物质颗粒燃料加工点，并统一购买一套加工能力约为0.5～1.0t/h成品燃料的小型化加工设备，租给村里承包人进行运营和管理。农户自行收集秸秆，送到村内进行代加工，生产得到的成型燃料由农户运回自行使用，可以避免长途运输所带来的额外能源消耗。既按照"来料加工、即完即走"的方式由承包人为农户进行代加工，并收取200～250元/t的加工费，用于支付设备电费（约占50%）、加工人员的工资（约占40%）和设备租金（约占10%）等基本开支。这种应用模式可以避免生物质在农村地区出现两次商品化过程，保留了生物质廉价易得的特点，让其真正成为农户用得了、用得起、用得好的可再生资源。

从系统运行经济性来看，对于不同规模的生产设备，加工压缩颗粒的耗电量都在100kWh/t左右，不同规模的加工成本的主要区别在于人工费用。虽然采用小规模加工设备的加工成本更高，但是由于收集规模小，运输费用低，而大规模收集秸秆的运输费用可达50元/t甚至更高。因此考虑秸秆收集的成本后，小规模系统的经济性并不一定会高于大规模集中加工系统。但由于其符合农村的实际，加上政府的适当支持，有可能成为未来的一种生物质加工新模式。除此之外，在西部牧区，由于能源匮乏和交通不畅，普遍用直接燃烧牛粪的方式来解决牧民的炊事、供暖和生活热水需求。这是一种值得继承、完善并发扬的利用形式，但其主要问题是燃烧效率低，应该从改善燃烧炉具的角度出发，提高牛粪燃烧效率，降低燃烧污染排放。

对于东北、内蒙古等生物质资源特别丰富，并且相对集中的地区，在满足本地农村生活用能用量之后还有相当多富余的情况下，可以考虑采用一定的集中加工、转换形式，为临近的村、镇、县，甚至市提供部分能源供应，不仅实现能源的自给自足，还能实现能源的净输出。内蒙古阿鲁科尔沁旗特大型生物天然气有机肥循环化综合利用项目（见本书6.3节）就是一种成功的技术与运行模式新尝试。该项目提出了一种主要依靠当地玉米秸秆辅助以少量禽畜粪便来生产高纯度生物天然气和有机肥料的系统化技术方案。除了攻克生物秸秆生产天然气转化与纯化技术难关，还重点探索了生物质秸秆收储的"农保姆"模式来保障稳定的原料收储运系统，与当地农业机械化相契合，以及生物天然气就地、就近利用的"能保姆"模式，建立瓶组站及配套小型燃气输配管网，优先为附近村镇供气，剩余部分再为城市社区居民及天然气车加气。目前该示范工程按照"农保姆"的模式推广15万亩农田，年可消纳玉米秸秆约5.5万t，每天生产沼气6万m³，可提纯生物天然气3万m³，年产生物天然气1100万m³，能够基本满足阿旗30万人口规模的县域内全部城乡居民生活用气和出租/公交车用气。同时，每年还能生产有机肥5万t，基本能够满足6万亩设施农田的肥料使用。最终达到废弃物资源综合利用、生产过程节能环保、产品市场化竞争的完整循环经济产业链的目的。

综上所述，我国农村的生物质资源合理利用应该以优先满足农村生活用能为主要目标，秸秆利用应该以生物质固体压缩成型技术为主，在加工规模和管理上发展以村为单位的小规模代加工模式。目前农村家户式禽畜养殖已经逐渐被集中型养殖所替代，因此，小型家户式沼气也会逐步退出。代之以更为集中、高效的大中型沼气或生物质燃气系统。

4.4 太阳能的合理利用

除了生物质能，太阳能是农村地区另一种可以广泛采用的清洁能源形式。我国大部分地区具有良好的太阳能使用条件，北方地区和西部地区大都属于太阳能利用三类以上地区，年太阳辐射总量可达 5000MJ/m^2 以上，其中尤以宁夏北部、甘肃北部、新疆东部、青海西部和西藏西部等地太阳能资源最为丰富，平均日辐射量最高可达 6kWh/m^2，而我国北方地区和西部地区普遍属于寒冷和严寒地区，丰富的太阳能资源，恰好可用来满足住宅供暖、生活热水甚至炊事等多项需求。

太阳能利用的方式和设备众多。根据有无外加辅助设备，可以分为太阳能被动式利用和主动式利用；根据能源转化形式，可分为光热系统和光电系统；根据使用目标，可分为太阳能照明、太阳能炊事、太阳能生活热水和太阳能供暖；根据传热介质，又可分为太阳能热水集热系统和太阳能空气集热系统。因此，需要根据资源条件和功能需求，选择合理的太阳能利用方式和设备。下面首先给出太阳能使用的几个原则，然后对太阳能供热和分布式太阳能光伏发电分别进行介绍。

4.4.1 农村太阳能使用原则

要想用好太阳能，必须充分考虑以下几个原则：

1) 充足地布置太阳能采集系统空间。虽然太阳能资源总量巨大，但是其能源密度较低，为达到一定的利用功率，需要有充足的太阳能采集面积及摆放空间，这是太阳能利用的基础。我国绝大多数农村地区地广人稀，建筑形式以单体农宅为主，建筑层数普遍为1~2层，恰好满足太阳能集热器或光伏板的摆放空间要求，可以选择最佳安装角度。而且农村无高楼林立，前后房屋基本无遮挡，可以使太阳能采集面得到充分利用。

2) 能源供需匹配,减少中间转化过程。太阳能既能够转化为电能,也能够转化为热能,这需要根据用户的实际需求进行设计。如果供需不匹配,就需要增加多个能量转化和末端系统利用环节,不仅导致太阳能有效利用率的降低,还会显著增加系统的成本。

3) 设备具有较好的经济性能。农村地区的收入水平相对较低,农民对于设备的初投资及运行费用极为敏感。如果不能控制系统成本和运行费用,很难被农民所接受。即使依靠政府的扶持政策,也较难维持系统的正常运行。

4) 技术成熟,应用效果好。与城市太阳能利用方式不同,农村采用的技术要成熟、可靠,简便易行。尤其不能不切农村地区实际,盲目推广一些所谓的高新技术。

5) 设备运行简单,维护方便。作为家庭使用的设备,使用人一般缺乏系统维护的技能,对系统的运行控制能力较弱。而农村地区的专业技术人员相对匮乏,技术服务体系尚不完善,所以要求系统能够运行简单、易维护。如系统过于复杂,缺乏可靠性,可能导致设备效率大幅降低,甚至停止使用等问题,不利于相关技术的应用和推广。

4.4.2 农村太阳能热利用

改革开放后的几十年来,我国在农村太阳能热利用方面从技术到推广应用都取得了举世瞩目的成就。其中尤以太阳能热水器和被动式建筑供暖最为成功。太阳能热水器是太阳能利用的理想方式之一,由于系统价格适宜,集热效率高,运行简单可靠,能够基本解决家庭全年的生活热水需求,因此得到了有效的推广,已经形成成熟的模块化产品和完善的产业链。至 2010 年底,全国太阳能集热总面积达到 1.5 亿 m^2,年替代能源量达到 3000 万 tce。集热器年生产量和保有量都超过全世界的 60%。至 2013 年底,农村地区太阳能热水器保有量接近 7300 万 m^2。如果能够进一步提高产品质量,集中品牌优势和技术优势,形成有序的市场竞争,未来可以在我国农村地区得到更大规模的推广和利用。

被动式太阳能热利用技术无需依靠任何机械动力,以建筑本身作为集热装置,充分利用农宅围护结构吸收太阳能,从而使建筑被加热达到供暖目的,包括直接受益窗、阳光间和集热蓄热墙等多种形式。与主动式太阳能利用技术相比,被动式技术的造价低廉、运行维护简单方便，直接利用太阳能，减少了中间转化过程，优势较为明显。改革开放以来，我国在被动式太阳能技术研究与应用方面做了很多努力，1977年在甘肃省民勤县建成了我国第一栋被动式太阳房，1983年与德国合作在北京市大兴区建立了一个拥有82栋太阳能建筑的新能源村。到2013年底，我国农村地区的太阳房面积已达到2445.6万 m^2。在这些研究示范的基础上，还形成了《被动式太阳房热工设计手册》等规范以指导建设。通过测试发现，具有良好围护结构热工性能的被动式太阳房，其冬季综合供暖能耗能够降低50%以上，节能效果显著。

太阳能热水器和被动式太阳房是目前我国太阳能热利用的成熟形式，也是最为简单的使用方式。由于北方农宅的主要用能需求是冬季供暖，因此如何在上述的基础上，进一步合理利用太阳能来满足农宅冬季供暖需求，减少煤炭使用量，是最需要解决的迫切问题。

除了西藏等冬季太阳能资源特别丰富的地区之外，仅通过加强建筑围护结构保温和被动式太阳能技术尚不足以满足农宅的全部供暖需求，因此需要主动式太阳能供暖技术作为补充。主动式太阳能供暖包括热水集热供暖系统和空气集热供暖系统两种主要形式。由于太阳能热水器在农村地区良好的使用效果，有人便认为将集热器面积加大数倍，做成户用太阳能热水就能够解决冬季供暖问题。但是经过多年的尝试却始终无法推广开来，其主要原因是经济性和易用性问题。实际上，冬季供暖与生活热水供应有本质的区别，热水供暖系统除了太阳能集热器和储热水箱之外，还需要有较为复杂的管路系统、补热系统（一般采用电补热，而这造成运行成本急剧升高）、和防冻系统（否则夜间很容易被冻坏）。供暖负荷是生活热水负荷的10倍以上，就要求较大的集热面积，从而需要较大的投资。而这么大的投资所建成的系统，全年利用的时间仅为20%~50%，不能像太阳能热水器那样全年利用。由于使用时负荷高而需要很大投资，而这么大的投资可利用时间又不大，这就严重影响太阳能热水供暖的经济性。使用太阳能热水供暖每户初投资约为2~3万元，对于大多数农村家庭而言，这样的投资是无法接受的。

反之，太阳能空气集热供暖系统由于构造简单，加工方便，价格低廉，提供同样的热量其成本仅为热水系统的1/3~1/4，经济性明显优于热水系统。并且，空气系统远比热水系统容易维护，当室外温度较低时，热水系统容易发生管道冻结，影响供暖系统的正常运行,而空气系统则不存在结冻问题,夜间没有太阳时,只要停止风机运行,就不会造成通过集热器的热损失。相比于太阳能热水系统偏高的投资、每天晚上为了防冻所要求的排水和每天早上的灌水,空气系统简单的运行方式和低廉的投资,更容易被农民所接受。尽管太阳能空气集热太阳能利用率低,集热器需要的空间大,但对于仅为一层或两层的北方农宅来说,提供足够的采集太阳能的空间不存在任何问题,因此太阳能热风供暖系统更适用于北方农宅冬季供暖。但是,太阳能热风供暖目前也存在一些问题,包括没有形成规模化的产品生产流程及技术标准,室外风管及安装会增加整体造价,对系统的施工要求较高等。

4.4.3 农村分布式太阳能光伏发电

太阳能光伏发电是将太阳能直接转换成电能,再将其直接利用或者与供电网连接的形式。由于其在使用过程中没有污染排放,长期以来,欧美发达国家都将光伏发电作为实现能源环境可持续发展的重要方向。我国尽管有众多的光伏产品生产加工企业,但光伏应用市场起步较晚,产品主要依赖出口。2012年开始欧美的贸易保护对我国光伏产业造成重挫,但我国光伏生产世界第一大国的位置仍然稳固。近年来,国家相继出台了一系列支持光伏行业发展及下游应用的政策。2012年国家能源局发布《太阳能发电发展"十二五"规划》,提出2015年光伏装机容量达21 GW以上,2020年光伏装机容量达50 GW。由于分布式光伏分散安装、就地使用,并可以充分利用建筑已有空间安装光伏板,因此各国都优先发展分布式光伏,如德国和日本的"10万屋顶计划",美国的"百万屋顶计划"等,2009~2012年,分布式光伏的市场比例都在70%以上。我国太阳能光伏主要体现在大中型太阳能光伏电站,而分布式太阳能光伏应用仍然不多的问题,《太阳能发电发展"十二五"规划》明确提出应大力推广分布式太阳能光伏发电,特别是在西藏、内蒙古、甘肃、宁夏、青海、新疆、云南等太阳能资源丰富地区。"十二五"时期,全国分布式太阳能发电系统总装机容量要达到10 GW以上。

农村地区的分布式太阳能光伏包含多种形式。在我国一些边远无电地区(如高原、海岛、牧区等),用户远离电网,而架设供电线路投资及维护费用都很高或者根本不可能,农村用电主要满足照明、小型家电、小型取水泵用电需求。这些地区应该是使用太阳能光伏供电的最适宜场所,每户光伏发电系统的容量在100~

1000W的范围。近年来,国家通过"光明工程"、"送电到乡"工程等形式,由政府投资解决了大量无电村、无电户的用电问题,明显提高了当地居民的生活质量,应该继续普及和推广。

而在农村电网已经惠及的地区,太阳能光伏发电的主要目标是减少农宅本身的照明、家电、通风空调设备等的用电负荷。近些年来在欧美国家流行甚广的"零能耗"建筑,基本上都要依靠与建筑结合的太阳能光伏系统提供电能,并且要与电网并网。但由于这类系统初投资高,一个3~5kW的家庭屋顶并网发电系统需要5万元左右,折合电价成本达1.2元/kWh,远高于电网电价。同时将诸多小型分布式系统与大型电网相连目前在实际操作、计量管理等方面还有很多困难,因此除了国家或集体投资建设的一些示范工程之外,目前我国的户用太阳能光伏系统使用的还不多。随着光伏发电的技术进步和规模化生产,其成本应能持续大幅度下降。因此,未来应该更加关注农村的太阳能光伏应用市场,提早布局,结合不同地区的资源状况、经济水平、用能种类需求(电、热)具体情况,有序推进。

4.5　农村小水电、风能、空气能（空气源热泵）的合理利用

除了生物质、太阳能之外,我国农村地区还广泛存在着水能、风能、空气能、地热等不同形式的可再生能源,如对这些进行合理的开发及利用,可以形成村域甚至镇域内生活用能的有效补充,条件好的地区甚至能够成为能源供应主体。

农村小水电指由地方组织建设、经营管理,利用当地水利资源的中小型（一般指装机容量在50000kW以下）水电站和配套的地方供电电网。我国长江以南如云、贵、川等省份,以及喜马拉雅山脉、昆仑山脉及天山南北等都是小水电资源比较集中的地区。截至2013年底,全国已建成小水电站46849座,总装机容量7118.6万kWh,这些小电站是农村地区和不发达地区重要的基础设施及公共设施,缓解了当地电力供应的压力,同时也为发展农村地区经济、提高农民生活水平做出了贡献。但是,在农村小水电建设发展中也存在各种各样的问题及困难。例如无序开发、不注意对当地环境和自然生态保护、上网电价低造成企业亏损等。未来农村小水电的发展,除了需要国家相关部门加强规划、合理引导,并出台扶持政策之外,

还可以尝试农村"自管电"政策，以满足当地用电需求为主体，富余的电力允许以合理的价格供给到临近的村、镇甚至城市，把小水电发展引入良性发展的轨道，促进水电开发与区域经济和生态环境协调发展。

我国的"三北"、东南沿海等地区具有较丰富的风力资源。目前对风力资源开发利用主要集中在建立大型风力发电系统。近年来，适用于广大农村地区的小型分布式风力资源利用以及在低风速区风场下的开发开始得到了重视。其应用形式主要包括微小型风力发电系统、与太阳电池组成的风—光互补发电系统、风力提水系统、风力致热系统等。在北方寒冷地区，农宅的主要用能需求是冬季供暖和生活热水供应。一种简单易行的技术方式就是通过叶轮吸收风能，驱动搅拌叶轮在油液桶内转动，将机械能直接转换成热能（见本书5.3.6节）。由于省去了风力发电系统较为复杂的机械能—电能转化以及电力转换和上网等环节，因此系统初投资和运行难度大大降低。并且越是风大寒冷的冬天，其产热量也越大，较适合在北方寒冷地区使用。

另外一种最为常见的可再生能源是空气能。但由于在自然条件下，其温度品位与建筑供暖用热存在差别，因此需要通过热泵将温度较低的空气中的能量提取出来，形成能为建筑供热的较高品位热量。在生物质、太阳能、风能等可再生能源资源受限的地区，例如北京、天津等北方寒冷地区，小型低温空气源热泵是农宅供热的一种可行方式。但是，传统空气源热泵采用单级压缩循环，在北方地区较低的室外环境温度下，制热量急剧下降，甚至还会因为压缩机排气温度过高等问题而停止运行。近年来，国内企业研发出采用双级压缩循环热风型低温空气源热泵（见本书5.3.5节），增加了闪蒸器和一级节流装置，通过闪蒸器和增焓部件的设计提高闪蒸量、增加二级节流前冷媒的过冷度，可解决低温工况下压缩机的压缩比过大问题，提高系统的制热量，机组可以在更低的室外温度下（$-15\sim-20$℃）运行。相同室内外工况下，双级压缩低温空气源热泵的COP比单级压缩机组提高约22%~40%。由于低温空气源热泵使用电能作为输入能源，农宅在当地不会产生$PM_{2.5}$排放。

采用这种方式供暖，只需为需要供暖的房间配置一台类似分体式空调的热泵，对于供暖面积不大的农宅安装2~3台热泵即可以满足家庭供暖需求，系统形式简单，运行和维修都较为方便。其价格也与市场上分体式变频空调大致相仿。由于采用热风进行供暖，这种热泵还能够迅速加热房间气温。在客厅等没有人员长期逗留的房间，热泵可以间歇运行，没有供暖需求时停机，需要供暖时再启动。此外，热泵设备按供暖房间单独安装，可以独立调节，间歇运行。与其他传统农宅连续供暖方式相比，用户可以灵活设定室温，更容易实现"部分时间、部分空间"的室温调控方式，从而最大限度地实现行为节能。

目前小型低温空气源热泵供暖还没有在我国北方农村进行规模化应用，通过对北京郊区典型农宅示范和整冬效果测试结果表明，采用低温空气源热泵可以很好地替代目前普遍采用的小型燃煤炉供暖。所实验的某个典型农户冬季全家供暖面积 $40.5m^2$，安装两台空气源热泵共 7000 元，装机电功率共 4kW。在实现居民室内温度整个冬季不低于 15℃ 的条件下整个冬季耗电量仅为 $18\sim30kWh/m^2$。其变化范围大主要是由于用户可以根据房间是否有人进行热泵启停和调节室温，同样状况的村民住宅采用分户燃煤土暖气时，平均每户耗煤量为每年 1.5 tce，每年费用在 800 元以上，运行费用高于空气源热泵。

除了上述可独立分房间安装的热风型低温空气源热泵，还有参照类似准双级压缩循环的户用热水型低温空气源热泵技术。热水型低温空气源热泵也可以在 −15℃ 左右的环境温度下正常工作，提供 $30\sim50℃$ 的供暖热水，与地板辐射盘管或散热器组成供暖系统给整户农宅供暖，提供稳定舒适的室内温度。但热泵及相应的辅助设施初投资较高，此外，因热泵选用水作为传热介质，农户行为节能的空间有限，供暖系统保持连续运行，比热风型低温空气源热泵单位面积供暖电耗高。采用该热泵技术在北京密云某个新村上百户住宅进行推广尝试，结果表明在室内热舒适、用电量、供暖电费等方面也都获得满意效果。总体而言，热水型低温空气源热泵适宜在经济条件好、供暖需求高的农户家庭推广使用，缓解供暖能耗巨大和污染排放严重的问题。

需要指出的是，尽管小型低温空气源热泵技术是一种清洁的供暖方式，但由于其初投资高，一般需要政府补贴，用电装机容量要求大，需要改造电网提高每户内的供电容量，每户每个供暖季用电总量也会达到 $800\sim2000$ kWh 左右，因此在我国特别寒冷的地区如东北、内蒙古等，或者生物质资源较为丰富的地区，不适宜推广该种技术。只有在冬季室外温度适宜，又无法依靠可再生能源解决供暖的地区，才应当考虑。

目前适宜大规模推广小型空气源热泵的地区之一是京津郊区。据分析，在北京郊区100万户农宅中全面推广空气源热泵供暖方式，可以有效解决这些地区冬季供暖污染物排放问题，其减排量为目前四大燃煤电厂改为燃气电厂减排量的6倍以上，应该是目前北京各种制霾措施中效果最大、投资最小的措施，并且还可以有效改善目前一百万户村民的供暖状况，缩小城乡差别。为实现这一目标，需要政府对安装空气源热泵的村民进行一次性补贴，以解决购买空气源热泵的投资问题。例如，可以给每户补贴5000元，每户农民自己需要投资3000元。这样全市100万户农民需要补贴50亿元。分5年实施，每年补贴10亿元。此外，还需完善农村的供电设施，使每户居民的用电功率达到6 kW以上，以保证空气源热泵和其他用电设备的正常使用。目前北京市大多数农村已能够满足这一供电标准，仅少数村落需要对电网进行改造。但从长远的新农村发展和农民生活水平的提高看，农村供电水平也应该达到这一标准。同时，还需要落实农村峰谷电价政策，尤其不能将热泵供暖电耗计入正在实行的阶梯电价计费系统，否则会严重影响农民使用电进行供暖的积极性。按上述计算，如果北京郊区100万户村民全部采用电驱动空气源热泵供暖，全市增加用电负荷共计400万 kW，每户每个冬季耗电1000 kWh，共计全年增加用电量10亿 kWh，由于这些用电发生在电网用电低谷的冬季，这对北京市目前的用电状况影响很小。

4.6 政策支持和保障措施

和城镇相比，我国农村建筑节能工作尚处于起始阶段。要在全国范围内实现前面设定的"无煤村"、"生态村"，除需要组织大型科技攻关和技术推广外，还要依赖于全社会各方面的关注和投入，以及国家强有力的政策支持和激励措施。国家支持，可以以点带面，以面促推，形成国家战略，使得在能源、环境、生态、健康多方面受益。其中工作重点包括：

（1）国家应把发展可再生能源的财政补贴措施支持方向重点放在农村，推进农村能源的持续发展

农村住宅节能技术的研究开发和推广，离不开政策支持和资金扶持。由于农村地区的特殊性，且具有利用可再生能源得天独厚的优势条件，因此国家应该把发展可再生能源的财政补贴重点放在农村地区。

尽管近些年我国在某些可再生能源领域的利用技术方面已经得到了一定发展，也形成了一定的产业规模，但总体水平仍然偏低，不同地区、不同行业之间发展尚不平衡，产业化程度比较低，缺乏自我持续发展的能力。在目前的技术水平条件下，很多企业规模偏小，能源开发利用效率低，能源产品科技含量低，导致新型建筑节能和可再生能源技术产品还不完全具备与常规能源产品竞争的能力，加上我国农村新能源产业自身发展的盲目性与市场微观调整的不稳定性，使农村新能源产业发展成本过大，造成了国家对农村新能源开发已有的技术和资金投入等有限的资源条件的浪费。针对我国农村住宅节能技术产业化体系不完善，导致对节能技术成果整体转化形成制约的现象，国家应该加强农村住宅能源的产业化建设，制定农村住宅能源产业规划，对于具有良好适应性的节能技术要逐步鼓励扩大生产规模进而实现规模化、产业化生产，有计划地改建和扩建一批对农村住宅能源影响较大的企业，形成农村住宅能源开发中的龙头企业，通过产业化加快技术应用的步伐，并在产业化过程中降低节能技术应用的成本，促进企业进行技术改造和结构调整，进一步提高节能技术产品的市场竞争力。

在继续发挥国家投资主渠道作用的同时，还应该唤起社会各界关于开展农村住宅节能和开发利用新能源的社会责任感和紧迫感，发挥各种社会公益组织的作用，逐步吸引其他资金的加入。在操作层面上，政府可以建立专项基金，如农村住宅节能与可再生能源专项基金，用以支持全国农宅建筑节能项目的开展，消除项目在融资方面的障碍和困难，实现更合理、更深入地开发农村住宅能源和节能技术。对于具有良好节能效果和市场发展前景的农村住宅节能和可再生能源利用技术产业，应该在宏观经济政策上给予支持和保护，在市场经济条件下，通过有效地发挥财政预算、政府补贴、课题支持等多种经济和政策工具的杠杆作用，将其作用范围扩展到农村能源的生产、转换、流通、消费等各个环节。

以我国北方地区一个中等规模（100户）的既有村落为例，表4-3给出了以生物质固体燃料为主要生活用能，辅以电、太阳能、液化石油气来实现"无煤村"所需要增加的大致投资额。假如全村统一建设1个小型生物质固体燃料加工厂，100户都进行保温节能改造，每户分别购置一套户用生物质炊事和供暖设备及太阳能热水器，则全村需要总投资180万元。这么大的投资额完全由农民自己承担是不现实的，需要国家进行补贴。根据各种设备的特点、成本及节能效果，可以参考以下方式进行补贴：

典型北方地区"无煤村"技术方案及投资估算　　　　表 4-3

区域	用能方式		补充设备	规模	投资（万元）
北方地区	生活热水	太阳能热水器	可选：太阳能空气—热水两用型集热器	100户	20
	供暖	生物质压缩燃料供暖炉	可选：太阳能空气—热水两用型集热器、被动式阳光间		30
	炊事	生物质压缩燃料燃烧器	可选：液化气、电炊事		15
	围护结构保温改造				80
	小型生物质压缩燃料加工设备购置			1套	17
	生产厂房改建（200m²）				10
	配电设施增容（70 kW）				8
	合计			100户	180

1）生物质固体燃料加工技术是实现"无煤村"的关键设备，可以由政府100％出资购买设备，再通过租用给承包人的方式为每个村配置一台成型颗粒加工设备，每年承包者要向政府支付一定数量的租金，这样即可促使颗粒加工设备得到充分利用，还可以由这部分租金构成设备的维护基金。承包者按照"来料加工"方式为农户进行加工，并收取少量的加工费，用于支付设备电费、加工人员的工资和设备维护费等。

2）生物质成型燃料炊事炉和供暖炉，可以根据当地实际经济水平，由国家一次性补贴60％的费用，每户需要补贴2700元。

3）北方地区的农宅围护结构保温是节能潜力最大的一种技术，同时也是实现其他供暖技术节能并降低实际运行成本的基础，所以即使投资额偏高，也要进行补贴，可以对改造达标的单个农户提供4000元左右（改造成本的50％）的补贴。

另外，对于一些已经推广了一定范围且农户较容易接受的节能技术，如太阳能生活热水器、电炊事灶、节能炕灶、节能灯等，国家可以不进行补贴而通过合理的引导，依靠农户自身的投资进行推广。

这样，每个村平均每户总补贴额大约为1万元，农民或当地政府承担约8000元。以北方地区现在的非保温农宅户均年非电生活能耗约为3 t燃煤（约2 tce）为例，增加围护结构保温后可使户均年能耗减少2 t燃煤（约1.3 tce或2.5 t生物质固体燃料)。如果使用生物质成型燃料完全替代煤(约 700 元/t),一个农户全年需支付生物质燃料加工费用和少量的电炊事费共约 1000 元左右,比使用燃煤每年节省 1100 元。在减少农民能源支出的同时,每户还可减少二氧化碳排放 8t 以上。

对于南方地区,由于冬季供暖需求不大,可以省去围护结构改造以及生物质供暖炉的购置费,建设一个同等规模(100 户)"生态村"大约需要 100 万元。可以采取国家平均每户补贴额 5000 元,农民或当地政府承担另外 5000 元的方式进行。

目前我国北方地区有 30.9 万个村,约 7800 万农户,南方有 27.7 万个村,约 9800 万农户。如果用 15 年时间陆续将这些村都建设成无煤村,每年财政补贴额度约为 800 亿元(北方和南方分别为 500 亿元和 300 亿元),可以把北方农村建筑总能耗从目前的 1.97 亿 tce 降为 1 亿 tce,年二氧化碳排放量从 5 亿 t 降为 1 亿 t,农民每年的能源支出也会从 2000 亿元降为 1000 亿元。而对于南方地区,建设生态村能够大大降低炊事和供暖用能及其产生的污染物排放,改善室内外环境,并可以避免夏季空调用电量的快速增长。相比而言,在目前城市建筑节能已经有很大发展的情况下,即使把这些补贴放在城市,要实现如此大的节能量和减排量几乎是一件不可能的事情。

鉴于建筑节能及可再生能源利用技术在农村地区的发展前景,如果国家能够采用类似"家电下乡"的政策,将有限的政府补贴投入到正确合理农民急需的领域,实施农村节能产品下乡、节能技术下乡、节能服务下乡,不仅会带来显著的节能效果,而且可以增加农村地区的就业机会,并引导农民趋向更加合理化的生活模式,促进农村地区生活环境的改善和文明程度的提高,真正做到利国、利民、利家。

(2) 以政府示范来引导技术的推广,形成使用新能源的时尚文化,充分调动农户大规模开展建筑节能的积极性

我国农村地区长期来一直使用生物质作为主要生活能源,但使用过程中存在效率低、污染重等缺点,同时,由于受城市商品能为主的使用方式影响,一些农户认为使用生物质能是经济水平落后和社会地位低下的表现,而使用煤炭等商品能则具有优越感,是社会发展和进步的表现;再加上新能源节能技术与常规技术相比,往往存在初投资偏高等劣势,从而给新能源的推广造成了障碍,所以从我国目前的国情来看,一开始就让农民乐于接受一些新能源技术显然是有难度的,并且由于农村的收入水平相对较低,投资能力有限,很难自发地大规模主动使用新能源技术。

因此，在技术推广的初期，必须要依靠政府来积极支持并引导建设农村住宅节能示范工程，鼓励农民去尝试新技术。政府通过示范工程的建立，一方面可以给农民直观地展示它的节能效果，另一方面可以向农民宣传节能环保的理念，从根本上提高农民的意识并带动新技术的发展应用，逐渐转变农户的传统观念，在农村形成使用新能源的时尚文化，使一些好的节能技术得到全社会的普遍认可和推崇，从而促进该技术的发展和成熟。同时，技术的发展和成熟又必然使其成本越来越低，成本降低会让技术的推广变得容易起来，最终形成一个良性的循环。国家应该拿出在城市地区推广生态城市、绿色建筑那样的方式和力度，将在农村地区大力推广"无煤村"上升为国家行为，鼓励、引导各个地区建设符合当地特色的"无煤村"、生态村，对做得好的村进行奖励和宣传，并将相关工作作为考核各级地方政府新农村建设成效的重要内容。

但有一点也需要引起重视，将来随着农宅建筑节能技术的发展和市场的壮大，如果缺乏有效的政策和法律法规作为保证，其产业秩序和市场行为就得不到有效规范，一些投机分子可能乘虚而入，损害购买新型节能技术产品或进行节能改造农户的切身利益，从而影响广大群众大规模使用和消费新能源产品的积极性。因此，未来我国政府要建立相应的农村住宅能源市场监督和监管机构，明确规划编制、产业指导、项目审批、后期运行维护和价格监管等各个环节的有效监管机制，并号召广大群众积极参与，通过舆论监督弥补监管机构的不足，以此来解决未来可能不断出现的农村住宅能源消费的新问题，较好地调整、保护和管理涉及农村能源消费的各类社会关系，保证广大农户的切身利益，使广大农户关注农宅建筑节能的积极性得到有效提升和切实保障。

（3）加大技术研发支持力度，将农村能源技术研究基地放在农村，培养大批农宅建筑节能技术人员

我国农宅建筑节能技术的应用与城市住宅及公共建筑相比较为滞后，其中很重要的原因就是以往对农宅建筑节能问题没有引起足够的重视，对适宜农村地区的一些新型技术和设备的研究深度和投入力度都不够，产品种类单一，加上农宅建筑节能技术的标准化研究长期处于空白状态，影响了节能技术的推广速度和范围，导致农户对节能技术的选择余地小。例如，国务院早在20世纪90年代末就对部分城市和地区下发了禁止使用实心黏土砖的文件，但是相关替代性适宜产品却很少，农户

如果不用黏土砖就很难进行农宅建设，造成农村地区黏土砖屡禁不止；对于北方农宅供暖来说，传统的火炕、火墙系统受限于只能满足局部空间需求的特点，而能满足全空间供暖需求的可再生能源利用系统种类较少，这样农户只能采用诸如"土暖气"等以消耗商品能为主的设备，从而不断带动这些设备销量的增长，厂家有利可图，也会将研发和生产的注意力集中到这些设备上，进一步降低了传统设备的价格，让新出现的价格相对较高的节能设备很难与之竞争，最终进入不良的循环和发展模式。因此，需要针对我国农村住宅分布地域广，气候、建筑形式和建筑原材料迥异等特点，有针对性地进行多种可再生能源利用适宜性技术的研发，给农户提供更多的选择。

在进行农村住宅节能技术研发和推广的过程中，各级政府必须要注重研究模式的转变，特别要将研发和示范基地放在农村，在农村建立一批重点实验室或研究示范平台，实现理论与实际的有机结合，提高所研发的农村住宅节能技术的适应性。另外，需要参照以往农业技术服务站的推广模式，建设成不同层级的农村能源技术研发和推广服务站，每个站内都应具有一批熟悉农村特点的能源专家，逐渐吸引农民亲自参与研究。这样一方面可以从农民身上吸取一些当地关于农宅节能的传统优秀做法和经验，另一方面也可以培养一批活跃在农村第一线的具有一定专业特长的新型技术人员，使他们成为推动未来农村住宅能源技术创新和科技成果转化、改善农村实际情况的重要力量，并以此建立健全"农村住宅节能技术和产品下乡"政策管理和服务体系。通过对农宅节能技术的前期使用和后期维护的专业培训，可以更好地为广大农户服务，增加宣传渠道，解决后顾之忧，以保证节能技术和产品在农户中推广应用的高效、持久。

本章参考文献

[1] 中国国家统计局. 中国统计年鉴2014[M]. 北京：中国统计出版社，2014.

[2] 何兴舟. 室内燃煤空气污染与肺癌及遗传易感性—宣威肺癌病因学研究22年[J]. 实用肿瘤杂志，2001，16(6)：369-370.

[3] 中国农村能源年鉴编辑委员会. 中国农村能源年鉴[M]. 北京：中国农业出版社，1997.

[4] 倪维斗. 把合适的东西放在合适的地方[N]. 科学时报大学周刊，2006，5.23.

第5章 农村建筑节能适宜性技术

5.1 建筑本体节能技术

5.1.1 北方农村住宅围护结构设计

(1) 围护结构热性能改善的重要性及途径

在严寒和寒冷地区，冬季供暖能耗过大是农村住宅面临的最主要问题。围护结构热性能以及布局直接影响农村住宅热环境及能耗。在实际调研中发现，农村的很多住宅通常按照当地传统习惯修建，墙体和屋面的保温性能差，门窗单薄且漏风严重，导致室内寒冷，有的甚至出现局部结冰的现象。建筑围护结构的合理设计不仅能降低供暖能耗，减少供暖费用，同时还能显著提高室内的热舒适性。

图 5-1 给出了农村单体住宅围护结构的散热途径，主要包括墙体、屋顶、地面、门窗的传热损失，以及通过门窗的冷风渗透造成的热量损失。

对于单体农宅建筑来说，外墙的面积一般是最大的，而一般无保温的农宅外墙采用 24cm 或 37cm 砖墙，传热系数大，散热强，在北方严寒地区甚至会导致墙面

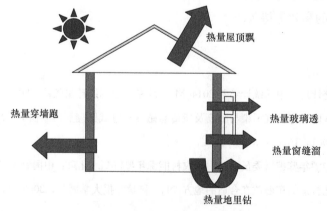

图 5-1 单体农宅散热途径示意图

结冰。通过测试发现，寒冷地区某典型农宅各围护结构的冬季散热量，东、西、南、北外墙的总散热量达到围护结构总散热量的1/3左右，其中由于北墙背向阳光，是墙体散热的主要部分，约占墙体散热总量的1/2。

屋顶之所以也是一个薄弱环节，一方面是因为它的面积大，另一方面，在冬季，室内热气上浮，屋顶处温差比其他地方大，导致散热量较大。

窗户由于厚度比墙体和屋顶薄很多，所以散热更强，而且当窗户的缝隙较大时，渗透风量也会很大，造成室内热量的浪费。但南向、东向、西向窗户还能透射进阳光，白天会补偿部分散失的热量。

此外，热量还会从地面与墙壁相交处传到室外，尤其对于农村来说，人们通常只注重地面的装饰性，忽视了地面也是冬季散热的一个很重要的环节。

从这些方面可以看出，要做好房子的节能，就要把墙、屋顶、窗户、地面和渗透风的负荷降下来。具体来说，就是做好墙面、屋顶的保温，提高门窗的热工性能和密闭性，减少地面传热，切断地角传热的途径。通过建筑热过程分析，综合围护结构的影响和通风换气的作用，可以得到单位面积需要的稳态供暖热负荷 Q 为：

$$Q = 室内外平均温差 \times (体形系数 \times 平均传热系数 + 换气次数 \times 0.335) \times 层高 (W/m^2)$$

上式中，体形系数指建筑外表面积与建筑体积之比，换气次数指每小时室内外通风换气量与室内空间体积之比，为了保证健康要求，一般要求换气次数不低于$0.5h^{-1}$。式中的平均传热系数，指综合外墙、外窗和屋顶的平均传热系数。

增加围护结构的保温性能如同给建筑戴上棉帽、穿上棉衣来抵御风寒，减少冬天墙体散热量可以提高室内温度和室内舒适度。但由于农村居民的生活模式、农宅建筑形式、农村地区资源条件等与城镇地区有着巨大的差异，所以农宅的围护结构保温不应该简单地照搬城镇的做法，而应合理设计和充分体现农村特色，特别要注重就地取材，因地制宜。

（2）农宅围护结构热性能设计指标

农村住宅围护结构设计涉及热工性能的改善以及布局结构的优化等内容，而农宅的热工性能可以通过特定指标来反映，例如，墙体和屋顶的传热系数、窗墙比、换气次数等。建筑的布局、朝向、结构等因素也影响围护结构的性能。例如，在很多北方地区，农宅的体形系数是一个重要的参考指标。调查发现，很多农宅都是独立的单层结构，体形系数较大，围护结构散热损失更加突出。

在不同的气候区域，维持较为适宜的室内温度所需的围护结构热性能指标不同。对指导合理的设计，2012年中国工程建设标准化协会发布了由中国建筑标准设计研究院、清华大学等单位编制的《农村单体居住建筑节能设计标准》CECS 332—2012，提出针对不同气候区建筑围护结构的热性能指标参考建议，2013年住房和城乡建设部发布了国家标准《农村居住建筑节能设计标准》GB/T 50824—2013。

两个标准都提出了围护结构设计建议的农宅热性能指标，例如，围护结构的传热系数限值、不同地区的窗墙比建议值等。表5-1节选了CECS 332—2012中给出的部分传热系数设计参考值。此外，该标准还给出了符合上述传热系数限值的一些围护结构构造形式及材料厚度。

严寒和寒冷地区供暖居住建筑围护结构传热系数限值　　表 5-1

气候区	最冷月室外空气平均温度（℃）	典型地区	围护结构部位及传热系数限值 [W/(m²·K)]	
严寒地区	−10.0～−7.1	农安，桦甸，通辽，大同，杭锦后旗，天山，刚察，冷湖	屋顶	坡屋顶（右侧数值为吊顶传热系数限值）	0.35
				平屋顶	0.35
			外墙		0.35
			外窗		2.50
			外门		2.50
			地面		0.30
寒冷地区	−7.0～−4.1	辽中，朝阳，赤峰，格尔木，托克托	屋顶	坡屋顶（右侧数值为吊顶传热系数限值）	0.50
				平屋顶	0.45
			外墙	北/东/西向	0.35
				南向	0.45
			外窗		2.80
			外门		3.00
			地面		0.30

注：上表节选自《农村单体居住建筑节能设计标准》CECS 332—2012。

(3) 农宅围护结构保温技术

根据不同农村地区的具体情况，可以采用不同形式的围护结构保温技术。适用于墙体、屋顶等不透明围护结构的保温技术可大致分为以下三种类型：

1) 生土型保温技术

指采用当地的土、石、秸秆、稻壳等低成本材料加工而成的保温材料，例如：

① 土坯墙。土坯是用黄土、麦秸或稻草等混合而成，夯实成为四方的土块。用土坯砌成的墙体一般较厚，有些可达 1 m 左右，能够同时满足承重和保温的要求，如图 5-2 所示。1.5 m 厚的土坯墙传热系数仅为 0.5 W/(m^2·K)，约为 370 mm 砖墙传热系数的一半。而且土坯墙属于重质墙体，蓄热性能好，可以有效减缓室内温度波动。但是，土坯材质的墙体容易粉化，需要定期维护。而且，由于传统土坯房一般外观不美观、通风以及采光条件差等因素，使得土坯房在许多农村居民的眼中是落伍的。但是，可以通过材料的改进，调整房屋结构措施等改善土坯房室内环境问题，使这种传统建筑材料符合现代生活的需求。

② 草板和草砖墙。草板或草砖是将稻草或者麦草烘干后，通过机械压制而成的一种新型建筑材料，用这种材料搭建的房屋也叫草板房或草砖房。干燥的稻草的导热系数为 0.1 W/(m·K) 左右，与水泥珍珠岩（一种保温材料）的导热系数相差不多，因此草板或草砖的保温性能好，330 mm 厚的草砖墙的传热

图 5-2　传统窑洞所采用的厚土坯墙

系数仅为 0.3 W/(m^2·K)，是 370 mm 砖墙传热系数的 1/3。此外，草砖或者草板墙体还具有造价低、选材容易、不破坏环境、重量轻等优点。

草板或草砖一般不能够承重，所以草板或草砖房一般采用框架结构，如图 5-3 所示。在框架结构中填充草板或草砖，而后整理墙体表面，确保墙体垂直和平整，除去多余的稻草，用草泥填满缝隙，最后在墙体两侧采用水泥砂浆抹灰。根据用户需要，在墙体内外表面贴饰面层。在制作和施工过程中，要注意草砖或草板的防虫、防燃、防潮等问题。

目前，草砖、草板已经在新农村建筑的部分地区有相应的示范应用。例如，黑龙江、甘肃的轻钢龙骨结构纸面草板节能示范房单位建筑面积的整体造价为 600～

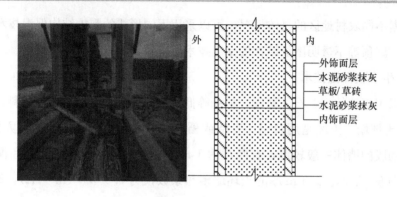

图 5-3 草板墙

700 元/m^2，价格略比传统砖瓦房低。

③ 生物质敷设吊顶保温。一般农宅房间内都采用吊顶，在吊顶上敷设保温材料可以有效降低屋顶的热损失。农村地区丰富的稻壳、软木屑、锯末等都具有良好的保温性能，而且价格低廉，如果能够充分利用这些材料实现吊顶保温，则会对降低屋顶传热损失起到积极作用。例如，在 10 mm 石膏板（常用的吊顶材料）上敷设 100~150 mm 厚的稻壳，吊顶的传热系数可由原来的 5.7 W/(m^2·K)减小至 0.8 W/(m^2·K)。这类屋顶的做法如图 5-4 所示，将稻壳、软木屑、锯末等散状材料平铺在吊顶上，平整后在其上面附加一层纸质石膏板。这种做法已经在一些北方农宅中实施过，通过测试发现，采用该类保温吊顶的屋顶的传热系数基本小于 1.0 W/(m^2·K)，具有较好的保温性能。与草板墙或草砖墙相同，该吊顶保温技术仍采用生物质作为保温材料，要注意生物质材料的防潮、防虫、防燃的问题。

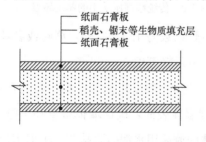

图 5-4 生物质敷设吊顶保温

④ 坡屋顶泥背结构层保温。双坡屋顶是我国北方农宅常见的一种屋顶形式。结构形式一般是沿房屋进深方向，用柱子支撑大梁，大梁上再放置较短的梁，这样层层叠置而形成梁架。梁架上的梁层层缩短，每层之间垫置较短的蜀柱及驼峰。最上层梁上板的中部，立蜀柱或三角形的大叉手，形成一个类似三角形屋架的结构形式。在这一层层叠置的梁架上，再在各层梁的两端，及最上层梁上的短柱上架设中等粗细的檩子，在檩间架设更细的椽子，然后在椽子上依次铺设望板，做

泥背，挂屋面防水构件，从而形成一个双坡屋顶的建筑物。屋面防水构件可以采用瓦片或瓦楞铁等，如图5-5所示。

图5-5 采用不同屋面材料的坡屋顶
(a) 瓦片屋面；(b) 瓦楞铁屋面

泥背的制作是将泥浆、石灰等用水混合后经碾压而成，并添加少量麦草或麻刀等起到连接作用，以增强整体牢固性。实际施工时还可以向其中添加部分煤灰、麦糠、稻壳等材料，这样能够增加泥背层的保温性，还能减少整个屋顶的重量。

为了进一步提高坡屋顶的保温性能，可以在屋顶结构层内增加一些农村当地的生物质材料，如采用厚度约为10cm左右的芦苇、麦秸等编织成的草苫，像盖"棉被"一样均匀地覆盖到原来的望板上方，然后再做泥背，挂防水构件。这样的屋面将具有良好的保温、隔热以及蓄热性，它对外界的高温和严寒天气都具有防御能力，使室内温度保持恒定、冬暖夏凉。图5-6给出了该形式屋顶结构层保温做法的示意图，实际应用时可以向草苫喷洒少量生石灰或者氯化磷酸三钠稀溶液，以达到防霉、防虫的效果。

2) 经济型保温技术

在不具备条件或无法采用生土类保温的地区，可根据实际情况采用一些低成本的经济型保温方式。以下给出两个经济型保温吊顶和屋面的例子。

① 保温隔热包。保温包是由珍珠岩或者聚苯颗粒制成的厚度大于100mm的保温层，可以在传统坡屋顶吊顶内增铺这种保温包，从而提高屋面的保温性能，如图5-7所示。这种做法具有施工速度快、轻质、保温性能好和造价低等优点。传统坡屋顶采用100mm厚袋装胶粉聚苯颗粒进行吊顶保温处理后，其传热系数可由1.64W/(m²·K)降低到0.9W/(m²·K)。该项技术措施更适用于农宅节能改

造时采用。但是，对吊顶上的铺设空间要求较高，并且，施工过程中要求铺设均匀、不留缝隙，确保施工质量，以避免热桥产生。

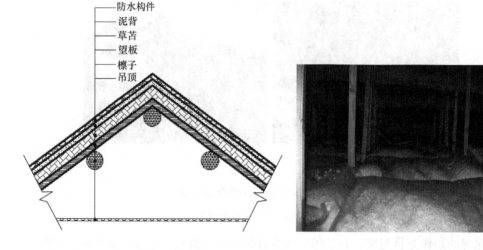

图 5-6　双坡屋顶泥背结构层保温示意图　　图 5-7　聚苯颗粒保温包

② 泡沫水泥保温屋面。泡沫水泥保温屋面是采用以废木材、废刨花板、秸秆、荒草、树叶和谷壳等各类农业废弃物为原料，辅以添加剂，并在传统灰泥屋顶上采用现场发泡技术施工而成。该项技术措施适用于新建农宅和既有农宅的节能改造工程。在施工过程中，将秸秆等农业废弃物为原料，菱镁水泥为基料和添加剂（改性剂和发泡剂）等按照一定的比例，经混合、搅拌，在传统灰泥屋顶上发泡生成200mm 厚（厚度可根据所在地区气候条件确定）泡沫水泥保温层。

200mm 厚泡沫水泥保温屋面的传热系数可小于 0.68W/（m^2·K）。现场发泡水泥具有轻质、保温性能好、防火性能好、原材料价格低廉、来源充分、施工效率高等优点。同时，在温度适合的条件下可自然干燥，避免了秸秆、荒草、树叶等燃烧时对环境的污染，有利于综合利用废旧资源，节能环保，具有资源综合利用价值。

3) 新型保温技术

新型保温技术是指采用一些新型建材、新型保温材料对围护结构进行保温的技术。这类保温技术相对于生土型保温和经济型保温技术成本更高一些，比较适用于一些经济水平较高的地区。下面简要介绍两种新型墙体材料及其相应的保温技术。

① 新型保温砌块墙体。新型保温砌块相对于传统的保温砌块来说，通过优化原材料及配比，来减小砌块壁厚，增大保温材料层厚度，选择导热系数低、自重轻和吸水率低的保温材料进行内部填充，从而提高新型砌块保温效果，为了避免传统保温砌块在砌筑过程中的热桥问题，采用不同平面形式的块型，通过相互连嵌的端部阻断热桥。

图 5-8 给出了两种新型保温砌块构造示意图。其中 T 型保温砌块是经过优化原材料及配比并减小砌块壁厚，选择导热系数低、自重轻和吸水率低的保温材料进行内部填充，通过改变填充的保温材料层的厚度来满足不同的保温要求，如图 5-8 (a)、(b)、(c) 所示。SN 型保温砌块 [图 5-8 (d)] 是在砌块主体延伸的凸起空腔内填充保温材料，当砌块连锁搭接时，相邻砌块的凸起交错契合，从而使得砌块砌筑的墙体中保温层交错搭接，不会形成热桥，保温效果好。此外，新型保温砌块通过特殊构造，以膨胀聚苯板为芯材，满足了节能要求。保温材料设于砌块内部，寿命得以延长。

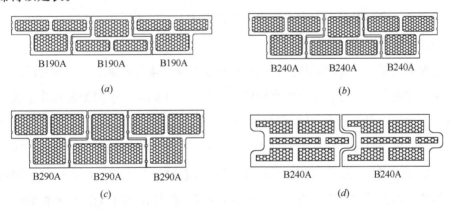

图 5-8　新型保温砌块及其嵌接方式
(a) T 型 (一)；(b) T 型 (二)；(c) T 型 (三)；(d) SN 型

② 结构保温一体化墙体。钢模网结构复合墙体是通过模网灌浆的方式、利用膨胀聚苯板作为保温层的结构保温一体化墙体。这种墙体是由有筋金属扩张网和金属龙骨构成墙体结构，采用模网灌浆工艺及岩棉板等保温材料构成的，其做法如图 5-9 所示。这类墙体的突出优势在于利用一体化结构，避免了墙体热桥，而且强度高，抗震性能好，另外具有施工速度快、轻质等特点。但是这类技术应用时间相对较短，且对施工质量要求较为严格，因而其造价比一般的苯板外保温墙体高。

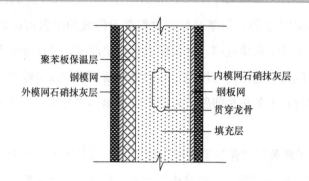

图 5-9 钢模网构造示意图

除了墙体、屋顶外，门窗也是建筑围护结构中的重要部件，它具有采光、通风、视觉交流和装饰等多种功能。在白天太阳照射时，窗玻璃是重要的直接获得太阳能的部件；而在夜间或者阴天时，门窗又会向室外传热。此外，门窗还是冷风渗透的主要部件。因此，必须采取有效的措施改善门窗的保温性能，以减少门窗冷风渗透损失及传热损失。

适用于门窗的保温措施主要有以下几种方式：

①选择保温性能好的外窗

门窗型材特性和断面形式是影响门窗保温性能的重要因素之一。框是门窗的支撑体系，可由金属型材、非金属型材或复合型材加工而成。金属型材与非金属型材的热工特性差别很大，木、塑材料的导热系数远低于金属材料。其中，PVC 塑料窗和玻璃纤维增强塑料窗具有良好的保温、隔声性能和价格相对低的优势，较为适合农村地区使用。一般 PVC 双层玻璃窗的传热系数为 2.8 W/(m^2·K)，相对于传统的单层木窗［传热系数为 5.0 W/(m^2·K) 左右］，可有效降低外窗的冬季热损失。

此外，外窗的气密性也是保温性能的重要指标，气密性越好的外窗，房间冷风渗透量越小，越有利于房间保温。例如，平开窗的气密性要好于推拉窗，在严寒以及寒冷地区，宜采用平开窗。在 20 世纪 70~80 年代搭建的农宅多采用平开木窗，但由于年久失修，窗缝增大，造成外窗的气密性变差，在这种情况下，除了更换气密性更好的 PVC 双层玻璃平开窗外，还可以在窗缝上贴密封条，通过这种较为经济的方式便可提高外窗的气密性。

②采用保温窗帘

窗帘不仅仅是室内装饰品，起到隐蔽、遮挡作用，它还起到非常重要的保温作用。在寒冷的冬季，夜幕降临的时候，拉上窗帘，就会感到房间内似乎暖和了一些，其原因是部件遮挡了低温窗面造成的冷辐射，而且增加了窗的保温性能，减小了窗的热损失，降低了房间的换气次数。如图 5-10 所示的带有反射绝热材料的保温窗帘，可以使冬季农宅供暖负荷减少 10%～15%。

③ 采用多层窗

采用多层窗，其目的不仅仅是为了增加玻璃的厚度，更重要的是窗与窗之间可以形成一定厚度的空气层，这个空气层具有很好的保温效果。我国北方地区由于冬季十分寒冷，宜采用双层窗，如图 5-11 所示。在一些十分寒冷的地区，还可以采用三层玻璃窗。根据实测数据表明，在室内外温差为 44℃时，三层玻璃窗内表面温度比双层玻璃窗的内表面温度高 3℃以上。

图 5-10　保温窗帘　　　　图 5-11　黑龙江地区农宅使用的双层窗

④ 增加门斗

门斗是在建筑物的进出口设置的能够起到挡风、御寒等作用的过渡空间，门斗可以有效减少室内由于人员进出造成的冷风渗透，是东北地区传统民居常用的一种外门的保温措施。

5.1.2　被动式太阳能设计技术

(1) 最简单的适应气候变化的建筑形式

国际太阳能学会 2009 年出版的《被动式太阳能建筑口袋手册》将传统的被动式系统分为直接系统、间接系统和隔断系统三种形式，如图 5-12 所示。我国农村的被动式太阳房也大都采用这几种形式。中国农业出版社 2002 年出版的《生态家园富民计划》是这样描绘太阳房的，"在墙体中增加了一层 60~120mm 厚的保温材料，并装有太阳能集热器，比一般住房仅增加 10%~15% 的投资。窗户安装的是中间有空气层的双层保温玻璃，可以防止热量的散失。在这种太阳房中，冬季的室内温度达到 8℃，室内外温差超过 15℃，全年可节约取暖燃料 2/3 以上。"被动式太阳房构造简单、成本低，是一种因地制宜、简便易行的太阳能供暖方式。

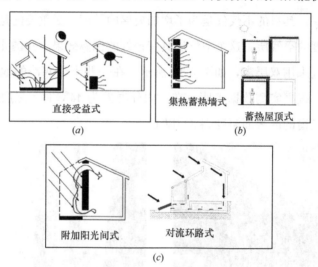

图 5-12　被动式太阳能建筑技术的基本形式
(a) 直接系统；(b) 间接系统；(c) 隔断系统

1) 直接受益式

直接受益式太阳房是被动式供暖技术中最简单的一种形式，也是最接近普通房屋的形式，其示意图见图 5-13。具有大面积玻璃窗的南向房间都可以看成是直接受益式太阳房。在冬季，太阳光通过大玻璃窗直接照射到室内的地面、墙壁和家具上，大部分太阳辐射能被吸收并转换成热量，从而使其温度升高；少部分太阳辐射能被反射到室内的其他表面，再次进行太阳辐射能的吸收、反射过程。温度升高后的地面、墙壁和家具，一部分热量以对流和辐射的方式加热室内的空气，以达到供暖的目的；另一部分热量则储存在地板和墙体内，到夜间再逐渐释放出来，使室内继续保持一定的温度。为了减小房间全天的室温波动，墙体应采用具有较好蓄热性能的重质材料，例如：石块、混凝土、土坯等。另外，窗户应具有较好的密封性

能，并配备保温窗帘❶

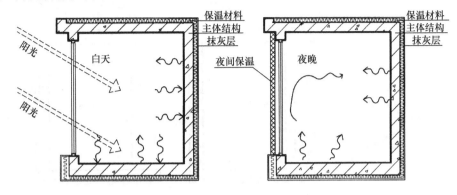

图 5-13　直接受益式原理图

2) 集热蓄热墙式

集热蓄热墙是由法国科学家特朗勃（Trombe）最先设计出来的，因此也称为特朗勃墙。特朗勃墙是由朝南的重质墙体与相隔一定距离的玻璃盖板组成，其工作原理见图 5-14。在冬季，太阳光透过玻璃盖板被表面涂成黑色的重质墙体吸收并储存起来，墙体带有上下两个风口使室内空气通过特朗勃墙被加热，形成热循环流动；玻璃盖板和空气层抑制了墙体所吸收的辐射热向外的散失，重质墙体将吸收的辐射热以导热的方式向室内传递。但另一方面，冬季的集热蓄热效果越好，夏季越容易出现过热问题。目前采取的办法是利用集热蓄热墙体进行被动式通风，即在玻璃盖板上侧设置风口，通过空气流动带走室内热量。另外，利用夜间天空冷辐射使集热蓄热墙体蓄冷或在空气间层内设置遮阳卷帘，在一定程度上也能起到降温的作用。

3) 附加阳光间式及组合式

附加阳光间实际上就是在房屋主体南面附加的一个玻璃温室，见图 5-15。从某种意义上说，附加阳光间被动式太阳房是直接受益式（南向的温室）和集热蓄热墙式（后面带集热蓄热墙的房间）的组合形式。该集热蓄热墙将附加阳光间与房屋主体隔开，墙上一般开设有门、窗或通风口。太阳光通过附加阳光间的玻璃后，投射在房屋主体的集热蓄热墙上。由于温室效应的作用，附加阳光间内的温度总是比

---

❶ 何梓年. 太阳能热利用与建筑结合技术讲座（五）. 动式太阳房，2005，5：84～86.

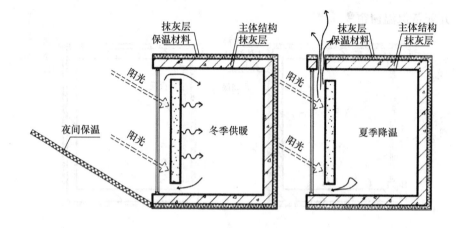

图 5-14 集热蓄热墙原理图

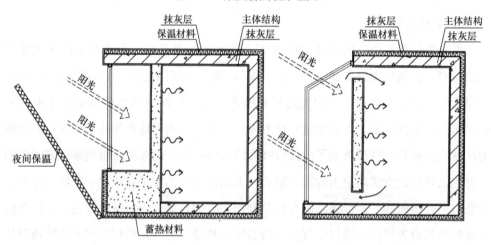

图 5-15 附加阳光间原理图

室外温度高。因此，附加阳光间不仅可以给房屋主体提供更多的热量，而且可以作为一个缓冲区，减少房屋主体的热损失。冬季的白天，当附加阳光间的温度高于相邻房屋主体的温度时，通过开门、开窗或打开通风口，将附加阳光间内的热量通过对流的方式传入相邻的房间，其余时间则关闭门、窗或通风口。

（2）根据气候特点选择适宜的被动式建筑技术

国家行业标准《被动式太阳能建筑技术规范》JGJ/T 267—2012 给出了不同气候区被动式太阳能建筑的太阳能贡献率，见表 5-2。在选择被动式太阳能建筑技术时，需根据所在地的气候特征，选择适宜的建造技术。

被动式太阳能建筑的太阳能贡献率 表 5-2

被动式太阳能供暖气候分区		典型城市	太阳能贡献率	
			室内设计温度 13℃	室内设计温度 16~18℃
最佳气候区	A 区（SH Ia）	西藏的拉萨及山南地区	≥65%	≥45%~50%
	B 区（SH Ib）	昆明	≥90%	≥60%~80%
适宜气候区	A 区（SH IIa）	兰州、北京、呼和浩特、乌鲁木齐	≥35%	≥20%~30%
	B 区（SH IIb）	石家庄、济南	≥40%	≥25%~35%
可利用气候区（SH III）		长春、沈阳、哈尔滨	≥30%	≥20%~25%
一般气候区（SH IV）		西安、郑州、杭州、上海、南京、福州、武汉、合肥、南宁	≥25%	≥15%~20%
不利气候区（SH V）		贵阳、重庆、成都、长沙	≥20%	≥10%~15%

建筑供暖方式应根据供暖气候分区、太阳能利用效率和房间热环境设计指标选择适宜的技术。表 5-3 给出了针对不同被动式太阳能建筑供暖气候分区推荐选用的单项或组合供暖方式。主要在白天使用的房间宜选用直接受益窗或附加阳光间式；以夜间使用为主的房间宜选用具有较大蓄热能力的集热蓄热墙式和蓄热屋顶式。

建筑供暖方式 表 5-3

被动式太阳能建筑供暖气候分区		推荐选用的单项或组合式供暖方式
最佳气候区	最佳气候 A 区	集热蓄热墙式、附加阳光间式、直接受益式、对流环路式、蓄热屋顶式
	最佳气候 B 区	集热蓄热墙式、附加阳光间式、对流环路式蓄热屋顶式
适宜气候区	适宜气候 A 区	直接受益式、集热蓄热墙式、附加阳光间式蓄热屋顶式
	适宜气候 B 区	集热蓄热墙式、附加阳光间式、直接受益式、蓄热屋顶式
	适宜气候 C 区	集热蓄热墙式、附加阳光间式、蓄热屋顶式
可利用气候区		集热蓄热墙式、附加阳光间式、蓄热屋顶式
一般气候区		直接受益式、附加阳光间式

（3）设计要求

在进行被动式建筑设计时，应考虑满足以下要求：

1）直接受益窗

① 直接受益窗设计应合理确定窗洞口面积，南向集热窗的窗墙面积比应大于 50%；

② 要保证窗户良好的保温性能。

2) 集热蓄热墙

① 集热蓄热墙的构筑材料应有较大的热容量和导热系数,并合理确定其厚度;

② 集热墙向阳面外侧应安装玻璃或透明材料,并应与集热墙向阳面保持100mm 以上的距离;

③ 集热墙向阳面应选择太阳辐射吸收系数大、耐久性强的表面涂层;

④ 透光和保温装置的外露边框构造应坚固耐用、密封性好;

⑤ 应根据热工计算或南墙条件确定集热墙的形式和面积;

⑥ 集热蓄热墙应设置对流风口,对流风口上应设置可自动或者便于关闭的保温风门,宜设置风门逆止阀;

⑦ 宜利用建筑结构构件作为集热蓄热体;

⑧ 应设置夏季排气口,以防止夏季室内过热。

3) 附加阳光间

① 附加阳光间应设置在南向或南偏东与南偏西夹角不大于 30°范围内墙外侧;

② 附加阳光间与供暖房间之间公共墙上的开孔位置应有利于空气热循环,并能方便开启和严密关闭,开孔率宜大于 15%;

③ 采光窗应考虑活动遮阳设施;

④ 附加阳光间内地面和墙面宜采用深色表面;

⑤ 合理确定透光盖板的层数,并设计有效的夜间保温措施;

⑥ 附加阳光间应设置夏季降温用排风口。

4) 蓄热屋顶

① 蓄热屋顶保温盖板宜采用轻质、防水、耐候的保温构件;

② 蓄热屋顶盖板应根据房间温度、蓄热介质(水等)温度和室外太阳辐射照度进行灵活调节和启闭;

③ 保温板下方放置蓄热体的空间高度宜为 200~300mm;

④ 建筑的其他围护结构应有良好的保温性能,至少达到当地节能设计标准要求。

5) 对流环路

① 集热器安装位置应低于蓄热体的位置,集热器背面应设置保温材料;

② 蓄热材料应选用重质材料,蓄热体接受集热器空气流的很断面积宜为集热

器面积的 50%～75%；

③ 集热器应设置防止空气反向流动的逆止风门。

6）蓄热体

① 为抑制室温波动，应采用成本低、比热容大，性能稳定、无毒、无害，吸热放热能力强的材料作为建筑蓄热体；

② 蓄热体应布置在能直接接收阳光照射位置，蓄热地面、墙面内表面不宜铺设隔热材料，如地毯、挂毯等；

③ 蓄热体的厚度和质量应根据建筑整体的热平衡计算确定。蓄热体的厚度面积宜为 3～5 倍的集热面积。

（4）应用案例——变色太阳房

变色太阳房示范工程于 2011 年 1 月在大连建成，该建筑的技术特点是建造一种能让住房的墙体随季节变换颜色，以简单的方式，较低的成本，力求最大限度地利用太阳能集热供暖或反射降温，实现对已有被动式太阳房技术的更新换代。在设计过程中，综合考虑了以下集成设计要素：建筑气候设计、窗与窗间墙设计、保温蓄热应用设计、辅助热源应用设计、变色太阳墙产品应用设计、光伏电池应用设计、太阳能热水器应用设计等。变色太阳墙的工作原理如图 5-16 所示。

变色太阳墙的集热板采用的是由合金铝制成的双色帘片集成的变色金属集热板，冬季集热板深色面朝外，如同集热蓄热墙实现对房间的供暖；夏季集热板浅色面朝外，反射辐射得热，并通过室外排风口将热空气排至室外，以起到降温的作用。变色太阳房示范工程照片如图 5-17 所示。

为了解决传统被动式太阳房无人值守时，风门关闭，不能起到供暖的作用以及不能确保根据天气情况自动启闭风门等弊端，变色太阳房采用了温控式自动风门（图 5-18），通过温包对太阳墙上部出风口设定温度（20℃）的感应，产生向前或向后的位移，并带动上下风口内设置的杠杆力臂带动风门启闭，当太阳墙上部出风口温度大于或等于 20 ℃时，风门开启；当太阳墙上部出风口温度小于 20 ℃时，风门关闭。

通过连续两年的运行实验，结果表明变色太阳墙在 9：50～15：30 期间的平均供热效率为 48.8%。通过对变色太阳墙的进出风口温度以及风速的连续测试，得出单位集热面积变色太阳墙的瞬时平均供热量为 51.8W/m²，日平均供热量为

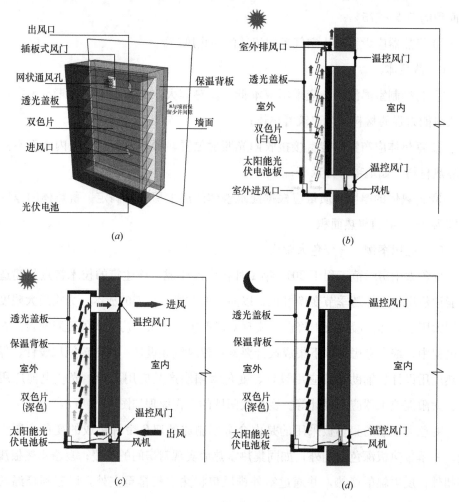

图 5-16 变色太阳墙构造及工作原理

(a) 变色太阳墙构造；(b) 夏季；(c) 冬季白天；(d) 冬季夜晚

图 5-17 变色太阳房示范工程

(a) 冬季；(b) 夏季

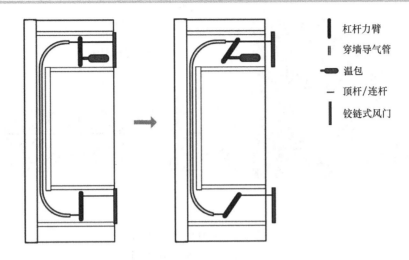

图 5-18 温控风门的工作原理

4.47MJ。在大连地区室外平均温度-1.1℃的计算条件下,计算得变色太阳房的净负荷为 319.3MJ,太阳能供暖保证率为 45.7%。

5.1.3 南方村住宅围护结构设计

在南方地区,夏季炎热潮湿,可以通过对建筑本体热性能的改善来实现被动式的隔热,改善室内热环境。针对不同的围护结构类型,有不同的被动式隔热技术。例如,可以采用外遮阳等方式来实现夏季隔热,通过建筑布局的改善实现夏季自然通风、遮阳等。下面着重针对墙体和屋顶介绍一些被动式隔热技术。

(1) 种植墙体与种植屋面

所谓种植墙体或种植屋面指的是通过种植攀缘植物覆盖墙面或屋面,利用植物叶面的蒸腾及光合作用,吸收太阳的热辐射,同时有效遮挡夏季太阳辐射,降低外墙或屋面温度,进而减少外墙或屋面向室内的传热,达到隔热降温的目的,如图 5-19 所示。

爬山虎是一种绿色攀缘植物,比较适用于种植墙体(图 5-20)。通过实地测试发现,爬山虎可以遮挡 2/3 以上的太阳辐射,可以有效遮挡太阳辐射,降低墙体外表面温度,而且其冠层内风速为冠层外风速的 15%,挡风作用可阻挡白天高温空气向墙面对流传热。佛甲草是一种景天科属植物,具有根系浅,抗性强,耐热、耐旱、耐寒、耐瘠薄、耐强风、耐强光照、抗病虫害能力强等特点,适用于种植屋面。

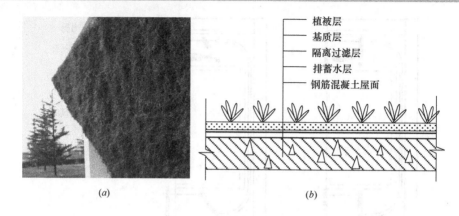

图 5-19 种植墙体与种植屋面
(a) 种植墙体；(b) 种植屋面结构

图 5-20 爬山虎与佛甲草
(a) 爬山虎；(b) 佛甲草

种植屋面较种植墙体来说，更为复杂一些，其构造和做法要保证植物生长条件和屋面安全，一般在屋面防水保护层上铺设种植构造层，由上至下分别为绿化植物层、种植基质层、隔离过滤层、排（蓄）水层等，构造层如图 5-19（b）所示。在施工过程中，必须考虑到种植屋面的结构安全性、防水性以及降温隔热效果。

种植墙体和种植屋面的隔热效果也已经被大量实验以及理论研究所证实。例如，实测数据表明，在室内不采用空调降温的情况下，采用种植屋面的房间空气温度要比采用普通屋面房间的空气温度低3℃左右，而且屋顶内表面温度较普通屋面低4℃，明显改善了室内热环境。

(2) 通风瓦屋面

岭南传统民居屋面通风瓦技术也是南方地区屋顶隔热的一种典型形式。岭南传统民居大部分为双坡硬山屋面，采用木屋架上覆陶瓦（又称素瓦）做法。一般做法为：木屋架上放檩条，檩条上面钉椽板，椽板上覆板瓦，上面再盖筒瓦，筒瓦内外覆灰浆层，用以固定筒瓦和板瓦（图 5-21）。这种屋面具有良好的综合隔热性能，岭南传统建筑屋面材料本身的热工参数并不具有隔热优势，而是这些热工性能普通的瓦片相互组合形成了一种含有活跃空气层，同时兼有通风与遮阳综合效果的隔热结构层，达到建筑隔热与舒适度提高的目的。板瓦的铺设方法一般都为叠七露三的形式，有瓦片铺设层数的差别。铺设的瓦片层数越多，室内的热环境越好，但造价比较高，屋面荷载也大。

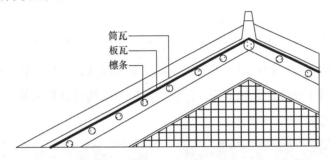

图 5-21 传统民居的双坡覆瓦屋面

筒瓦与普通板瓦屋面的主要不同在于筒瓦中的空气层。在白天，屋面构造中的空气层可以大大提高屋面的热阻，增大屋面结构的热惰性，室外的热量被大量阻隔，增强了屋面的隔热性能。在夜晚，由于空气的热惰性极小，使屋面结构在提高了热阻的同时，并没有使热惰性增加，在夜晚室内的热量可以很快散发出去。

此外，瓦垄与瓦坑高低错落间隔，在高出的瓦垄的遮掩下，瓦坑常常处于阴影中（图 5-22），也许人们在进行此种屋面艺术创作的时候，并没有在意到这种明暗相间的遮挡，起到了改善屋面隔热与室内热环境的效果。

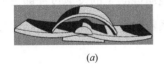 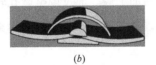 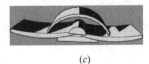

(a) (b) (c)

图 5-22 夏至日瓦垄与瓦坑阴影示意图

(a) 9：00 时的阴影；(b) 12：00 时的阴影；(c) 15：00 时的阴影

通过对岭南地区典型农宅的测量数据分析表明：在白天，屋面内表面的温度远远低于外表面的温度,最大温差可以达到 23.2℃。在夜间,依靠瓦片之间的自然通风,有效降低了室内温度和屋面内表面温度,可以使建筑室内温度与室外温度几乎相当。因此,这种通风瓦屋面可以有效阻隔室外热量的流入,适合南方地区,尤其是夏热冬暖地区。

(3) 被动蒸发围护结构

1) 技术原理

该技术结合陶粒混凝土的自身特点,利用高效轻质混凝土材料的连通与非连通多孔材料的热湿传递特点,研究出具有隔湿保温层和表皮气候层墙体(微孔轻质混凝土)。非连通保温隔热混凝土墙体材料孔隙率为 20%~30%,围护结构具有良好的传热阻和热稳定性。冬季非连通多孔材料具有良好的保温性能,夏季利用高效轻质混凝土材料的连通特性,形成的表皮气候层对热湿气候开放,具有被动蒸发冷却隔热功能,提高了墙体的隔热效果,使建筑围护结构具有自我调节室内外气候的能力。其结构示意如图 5-23 所示。

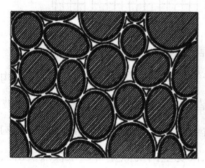 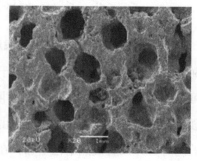

图 5-23　联通、非联通结构示意图

微孔轻质混凝土是由发泡浆体与陶粒搅拌制成的一种节能产品,其生产工艺包括浇筑成型—自然养护—成品加工等。通过调整微孔轻质混凝土的发泡过程即可调整材料整体的保温隔热性能,其联通、非联通的导热系数随材料密度变化的趋势如图 5-24 所示。

2) 技术特点

① 强度高,当密度在 450~800kg/m³ 时,强度范围为 4~10MPa,目前市场使用的加气块强度一般不超过 3.5MPa;

② 绝热性能好,按照不同的密度等级,导热系数可以达到 0.06~0.12 W/

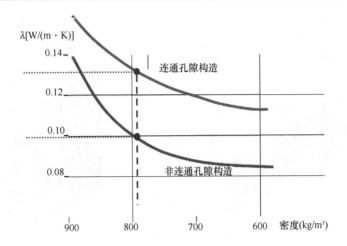

图 5-24 联通、非联通结导热系数随材料密度变化

(m·K)；加气混凝土砌块的导热系数一般超过 0.22 W/(m·K)；

③ 该产品属于无机轻质砌块，耐火等级达到 A1 级，耐火性能与加气混凝土砌块具有相同的效果；

④ 微孔轻质混凝土的养护属于自然养护，其挂灰效果远优于必须采用蒸养方式的加气混凝土砌块，施工过程减少了挂网工序，提高了工作效率，节约了材料及人工成本；

⑤ 该产品不需蒸养，工艺简单，投资小。

3）应用模式

微孔轻质混凝土可以直接做成砌块，也可做成复合挂板使用。

① 砌块

按是否承重，可分为承重砌块和填充砌块。承重砌块可在满足节能要求的同时承受荷载力，主要用于多层砌体结构，与构造柱和圈梁配合作用；填充砌块主要用于框架结构，该砌块施工可节省保温施工这一工序所需要的工期、材料、人工等消耗，如图 5-25，图 5-26 所示。

② 复合挂板

微孔轻质混凝土还可以利用特殊工艺制作成复合挂板，是将普通混凝土和微孔轻质混凝土浇筑在一起而形成的新产品，其中普通混凝土作为持力层和装饰层，轻质混凝土作为保温层，该工艺使传统挂板具有了保温的功能，如图 5-27 所示。根

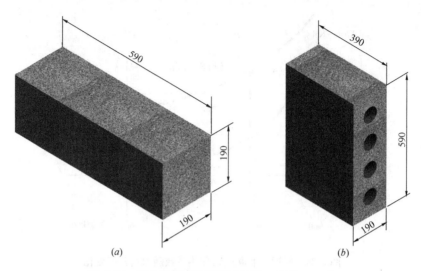

图 5-25　微孔轻质陶粒混凝土砌块（单位：mm）

（a）实体砌块；（b）空芯砌块

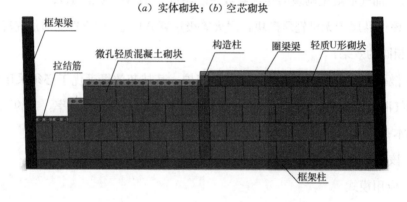

图 5-26　微孔轻质混凝土砌块砌体结构示意图

据装饰需求及龙骨设计，挂板宽度一般为 600mm、1200mm、1800mm；高度一般为 1200mm、1800mm、2700mm、3000mm；依据挂板尺寸，普通混凝土层厚度一般为 50mm、60mm、70mm；依据保温性能要求，轻质混凝土层厚度一般为 50mm、70mm、90mm、100mm。

复合挂板采用特殊成型工艺和材料，结合效果好；其特性满足工业化生产需要；同时具有装饰和保温作用，与微孔轻质混凝土填充砌块配合使用，完全满足各地区的节能要求；如在设计阶段采取此结构形式，框架梁柱设置预埋件，挂板高度按照层高设计，可节省龙骨施工所需资金；受力筋埋设于普通混凝土层内，保护层满足规范要求，解决挂板耐久性问题；同时保温性能好，经计算，50＋100mm 厚复合板传热系数低于 1.0 W/(m²·K)。

4）应用案例

采用被动蒸发围护结构建成的某示范农宅位于成都市郊区浦江县鹤山镇梨山村，总建筑面积 140m²，共两层，建筑包括卧室、客厅、厨房、车库（储藏室）等功能用房。该工程于 2010 年建成入住。通过实测，在自然通风工况下，示范建筑冬季室内温度在 7~10℃ 之间波动；夏季室内温度在 25~30℃ 之间波动。冬季和夏季的室内温度均在人体能够承受的温度范围内，而且建筑内表面温度的波幅在 2℃ 左右，室内热稳定性较好，室内热环境有较大改善。

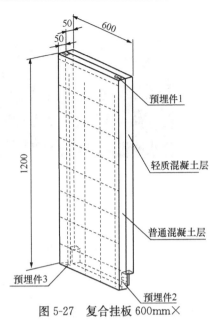

图 5-27　复合挂板 600mm×1200mm×（50+50）mm

总体来讲，该节能围护结构形式对南方地区村镇建筑的建造，具有一定的借鉴意义。建筑平面图及建成后的效果如图 5-28、图 5-29 所示。

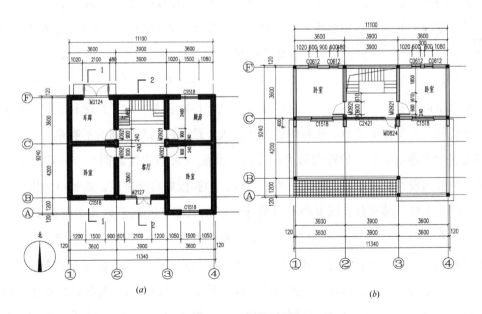

(a)　　　　　　　　　　　　　　(b)

图 5-28　建筑平面图

(a) 一层平面；(b) 二层平面

图 5-29　建筑实景图

5.2　传统用能设备改进技术

5.2.1　内置热水集热一体化柴灶技术

(1) 传统柴灶现存主要问题

传统的炕连灶在我国北方地区有着悠久的历史，是农村建筑炊事和供暖的主要装置，与老百姓的生活息息相关。传统灶连炕系统中的热源为生物质柴灶，利用了农村丰富的秸秆等生物质能源作为燃料，不但解决了农村的炊事用能，还巧妙地利用了烟气的余热，为室内供暖，保障人们的日常生活。

但是，长期以来，柴灶一直是由农村的工匠手工砌筑，没有统一的技术标准，工匠的砌筑经验与技巧不足时，往往导致柴灶热性能较差。为了方便利用秸秆等生物质燃料，减少添柴次数，通常炉膛都比较大，灶膛内的热量利用不够充分，热量都随着烟气排出炉膛；炉膛内吊火高度高，锅底与火焰的接触面积小，影响了传热；炉膛内没有炉箅子，燃料无法架空燃烧；炉膛依靠自然进风，新鲜空气供应不足，燃料燃烧不够充分。以上种种因素导致了传统柴灶的炊事热效率仅在 10%～12% 左右。尽管我国于 20 世纪 80 年代开始推广省柴节煤灶，但调查结果表明普及率并不高，目前大多数农村地区仍以使用传统砌筑式柴灶为主，如图 5-30 所示。

另一方面，由于农村建筑围护结构的保温性能差以及火炕本身散热功率小，导致单纯依靠火炕难以满足室内热舒适要求。为了提高室温，很多农户家中自行安装了"土暖气"，作为室内的辅助供暖手段，其热源为燃煤炉。显然，"土暖气"的使用增加了煤的消耗量，不利于充分利用农村丰富的生物质资源。

为了有效减少农户对煤的依赖及满足人们的室内热舒适要求，提高生物质柴灶的燃料利用率，在分析整理传统砌筑式柴灶的搭建经验和省柴节煤灶的技术条件基础上，研发出了内置热水集热器柴灶，如图 5-31 所示。

图 5-30 传统柴灶图　　　　　　图 5-31 内置热水集热器柴灶

(2) 内置热水集热器柴灶的结构特点

内置热水集热器柴灶通过内部结构设计和定型加工，保证合理的炉膛结构，避免因农村工匠技术经验不足以及手艺差异带来的影响，从而保证炊事效率；以充分利用农村地区丰富的生物质资源为出发点，通过内置热水集热器的设计，使得柴灶可同时与火炕和热水供暖末端装置相连接，形成热水供暖末端装置与火炕共同为室内供暖，替代了燃煤"土暖气"，达到了节能目的。其结构特点如下：

1) 具有热水供热功能，减少煤耗。为了充分利用炉膛以及柴灶排烟口的热量，在柴灶内部设置热水集热器，使得柴灶具有炊事、热水供热和加热火炕多项功能。内置热水集热器柴灶可与散热器、地热盘管等供暖末端相连，形成内置热水集热器柴灶供暖系统，进一步提高燃料综合热利用效率。

图 5-32 为内置热水集热器柴灶的剖面图。在灶膛内部，设有连接灶体上下部分的钢管，称为集热水管。集热水管不仅均匀分布在灶膛内部，还均匀排布在柴灶的出烟口与进炕口之间的烟通道内，可进一步吸收排出的高温烟气的热量。集热水管与灶体的内外夹层均连通，其可作为整体结构的支撑，并以换热循环管来促进集热器内部水的循环，达到强化换热的效果。该内置热水集热器柴灶的内部实物图，如图 5-33 所示。

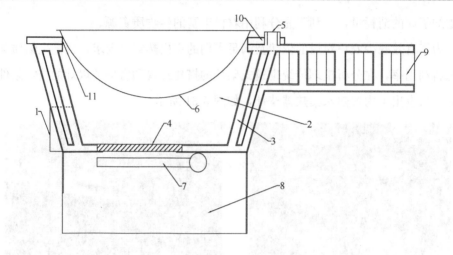

图 5-32　内置热水集热器柴灶剖面图

1—灶口；2—炉膛；3—集热水管；4—铸铁箅子；

5—供水管；6—锅；7—灶内送风管；8—集灰盒；

9—烟通道；10—防热间层；11—泥巴封堵

图 5-33　内置热水集热器柴灶内部实物图

2）结构简单。内置热水集热器柴灶在传统砌筑式柴灶的基础上，适当减小炉膛尺寸，调整吊火高度，减小炉箅子面积，增加钢制拢火圈，这些措施，有效提高了柴灶的炊事效率。在锅台盖板与柴灶上表面之间设置隔热筋板条，可使锅台盖板与柴灶上表面之间形成隔热空气间层，从而防止柴灶上表面过热。柴灶的两侧均可接供暖管道，可以根据柴灶在厨房内的位置，选择使用，更加美观实用。内置热水集热器柴灶有圆台结构和管式结构两种，加工工艺简单，节省材料，造价大幅度降低。管式结构更加适用于旧柴灶改造，只需将管式集热器安装在原有的柴灶炉膛内即可。

3）燃料适应性好，燃烧效率高。柴灶内所填燃料的种类以及燃料量影响着柴灶内的通风和燃料的燃烧效率，而农户经常使用柴草、秸秆、木柴、甚至煤炭等多种能源作为柴灶的燃料，且不同农户的操作习惯以及所需热量均有较大变化。因此，内置热水集热器柴灶在设置炉箅的基础上，在其下方设置相应的机械送风管，可均匀为柴灶提供氧气，保证不同种类的燃料得以充分燃烧，增强了柴灶的燃料适应性以及燃烧效率。

送风管由一根直径为50mm的粗钢管和4根直径为20mm的细钢管连接而成，粗钢管横穿整个灶膛下部，与灶体相连，在距离粗钢管一端190mm的位置焊接四根细钢管，其间隔分别为64mm、48mm、64mm，如图5-34所示。送风管的一端连接鼓风机，另一端用铁片焊接严密。四根细钢管位于炉箅正下方，且分别在细钢管上方均匀开一排小孔，使其能够均匀向灶膛提供适量氧气，解决了传统鼓风机使用过程中的扬灰、跑烟等问题，提高了通风效率以及燃料的燃烧效率，满足了农户使用过程中需提供较大炊事加热功率的需求。

4）具有厨房局部供暖功能。在冬季炊事期间，柴灶表面被加热，可为厨房局部供暖，提高厨房内温度。这一功能解决了农村建筑中的厨房没有供暖设施的问题，改善了厨房内的热舒适条件。特别是在严寒地区，清晨将柴灶生火后，厨房内空气很快得以升温，是改善炊事人员热舒适的有效手段。

(3) 内置热水集热器柴灶与传统柴灶的热工性能对比

根据行业标准，传统生物质柴灶的主要热性能指标包括锅水的升温速度、蒸发速度、升温段供热强度、蒸

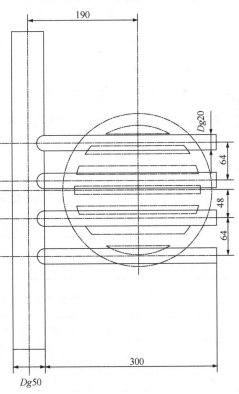

图5-34 内置热水集热器柴灶下部送风管

发段供热强度及热效率。由于内置热水集热器柴灶与传统柴灶的内部结构不同，热量利用的途径也不同，因此需在传统柴灶热性能指标的基础上，将热水集热器所得热量计入升温段供热强度及蒸发段供热强度。

为了对比内置热水集热器柴灶与传统柴灶的热性能，根据我国有关柴灶热性能的测试方法和标准，即农业部《民用柴炉、柴灶热性能测试方法》NY/T 8—2006，分别对内置热水集热器柴灶与传统柴灶进行了热性能指标的相关测试。

1）热性能指标

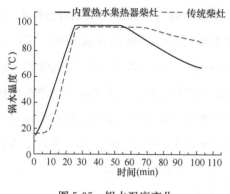

图 5-35 锅水温度变化曲线升温速度及蒸发速度

不同柴灶的锅水温度变化如图 5-35 所示，热性能指标参数值见表 5-4 和表 5-5。在锅水升温段，内置热水集热器柴灶的锅水升温速率及升温供热强度均大于传统柴灶，可见内置热水集热器柴灶在启动性能方面优于传统柴灶。在锅水蒸发段，内置热水集热器柴灶的锅水蒸发速率及蒸发供热强度也大于传统柴灶，且标准中规定柴灶的锅水蒸发速率需大于或等于 0.1 kg/min，内置热水集热器柴灶可以满足这一要求，因此，内置热水集热器柴灶具有更强的持续供热能力。在锅水降温段，停止添柴后，内置热水集热器柴灶的锅水降温速率大于传统柴灶，说明内置热水集热器柴灶的内部传热优于传统柴灶。

升温速度及蒸发速度   表 5-4

柴灶类型	升温速度（℃/min）	蒸发速度（kg/min）
传统柴灶	2.60	0.07
内置热水集热器柴灶	3.40	0.10

升温供热强度及蒸发供热强度   表 5-5

柴灶类型	锅水升温供热强度（kW）	集热器升温供热强度（kW）	总升温供热强度（kW）	锅水蒸发供热强度（kW）	集热器蒸发供热强度（kW）	总蒸发供热强度（kW）
传统柴灶	1.51	0.00	1.51	2.72	0.00	2.72
内置热水集热器柴灶	3.55	4.16	7.71	3.90	4.68	8.58

2) 热效率

由于柴灶的排烟热量直接进入火炕内被利用,因此需将烟气得热归入有效热量中。传统柴灶热效率表示有效利用热量与总燃料低位发热量之比,其中有效利用热量包括锅水升温时吸收的热量、蒸发的锅水吸收的热量以及柴灶出口烟气热量。而内置热水集热器柴灶与传统柴灶相比增加了热水供热功能,则有效热量中需增加集热器得热。因此,通过测试数据分析可得内置热水集热器柴灶的热效率与传统生物质柴灶热效率相比提高了30.79%,如图5-36和图5-37所示。

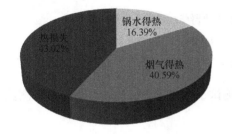 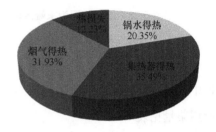

图5-36 传统柴灶热量分配比例　　图5-37 内置热水集热器柴灶热量分配比例

(4) 内置热水集热器柴灶供暖系统应用

燃料在内置热水集热器柴灶内燃烧产生的热量一部分用于炊事,另一部分用于加热集热器内的供热给水,而产生的烟气则进入火炕为室内供暖。柴灶内集热器可与多种供暖末端形式进行组合,如散热器、地热盘管等,在自然循环或者强制循环的作用下,将热水集热器收集的热量供给供暖末端装置,以满足室内热环境需求。下面以散热器供暖末端为例对系统形式及运行效果进行介绍。

将内置热水集热器柴灶上部的供水口和侧面的回水口利用管道与散热器连接,且安装相应的必备附属装置,如膨胀水箱、阀门等,管道内水流动可采用自然循环或强制循环。该内置热水集热器柴灶供暖系统的系统原理如图5-38所示。

该系统的运行原理为:在内置热水集热器柴灶内填入相应的燃料,如玉米芯、秸秆等,燃料燃烧产生的热量同时加热了柴灶上部的锅水以及热水集热器内的水,燃烧产生的热烟气进入炕体内部,加热炕面。集热器内被加热的热水在自然循环或机械循环的作用下进入散热器内,散热器与火炕以对流换热和辐射换热的方式共同向室内提供热量。

该系统已应用于辽宁、吉林和河北的部分农户家中。在大连瓦房店市老虎屯示

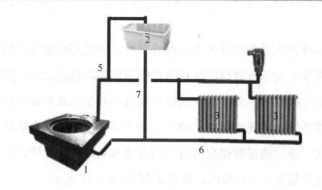

图 5-38 以散热器为末端的内置热水集热器柴灶供暖系统原理图

1—内置热水集热柴灶；2—膨胀水箱；3—散热器；4—排气阀；

5—膨胀管；6—回水管；7—供水管

范工程中，热水供暖系统为自然循环系统。测试于 2014 年 3 月 8～9 日进行，测试期间所用柴量见表 5-6。

测试期间用柴量   表 5-6

序号	日期	起火时间	停火时间	用柴量（kg）
1	2014 年 3 月 8 日	10：32	11.05	4.28
2	2014 年 3 月 8 日	16：15	16：48	6.71
3	2014 年 3 月 9 日	05：42	06：13	4.62
4	2014 年 3 月 9 日	09：20	10：25	7.45

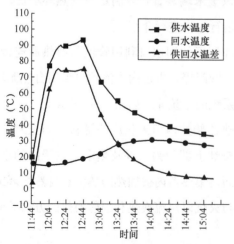

图 5-39 集热器供回水温度变化曲线图

燃料燃烧后，柴灶内集热器迅速得热，使得系统供回水温度开始逐渐升高，如图 5-39 所示，供水温度最高可达 94.5℃，升温速率为 2.375℃/min。因此，以散热器为末端的供热系统具有升温快、温度高的特点。由图 5-40 可得，该示范工程中的内置热水集热器柴灶中，25.05% 的总燃料热量可转移至散热器为室内供暖，仅有 14.07% 的燃料热量未得到利用。室内温度可迅速上升至 20℃，且在整个测试期间，室温基本可保持在 17～20℃ 之间，满足室内热舒适要求,在停火 2~3h 后,室内温度仍保持在热舒适范围内。

根据测试过程中对所用燃料量的统计可得,测试期间总用柴量为 15.61kg/天。大连瓦房店市的供暖期为 151d,整个供暖期间耗柴量为 2357kg,相当于替代了 1487kgce。结合室内温度变化可得,以散热器为供暖末端的内置热水集热柴灶的应用可在满足室内热舒适的前提下,有效降低甚至可避免对煤的使用,从而达到了节能减排的目的。

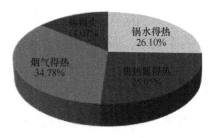

图 5-40 内置热水集热器柴灶的热量分配比例图

(5) 技术小结

内置热水集热器柴灶在传统柴灶的基础上,从柴灶的结构及功能上进行了综合改进并形成具有持续供热能力、综合热利用效率高的内置热水集热器柴灶,并可与供暖末端装置相连。在不降低炊事效率的基础上,显著提高能源利用率并改善室内热环境,减少了农户对煤的消耗。然而,在日常使用以上供暖系统时需注意:集热器不能长时间干烧,夏季可以采取加挡板的方式减少集热器得热量;夏季不应将集热器中的水放空,防止集热器腐蚀;为防止集热器集热量过大,可采取在柴灶内腔抹泥的方式进行处理;在使用过程中,水循环阀门不应截断,以防集热器内过热超压造成的损坏和安全事故;系统供暖循环水泵可以采用柴灶供回温度启停控制,如当供水管表面温度高于 35℃时开启循环水泵,将热量迅速输送至末端,低于该温度时停止水泵达到节能目的。

通过技术改进,内置热水集热器柴灶的单台生产成本可控制在 1000 元以下。在不提高炊事燃料用量的情况下,按照农户每天燃用 10kg 木柴计算可得,该柴灶可减少土暖气供暖系统耗煤量约 5.83kg(土暖气热利用效率按 40% 计算),整个供暖季可节约 0.5~0.8tce,折合人民币约 400~600 元,经济回收期在 2 年内。该技术在严寒和寒冷地区,以及其他具有热水供热需求的广大农村地区都具有良好的推广和应用潜力。

5.2.2 户用生物质颗粒炊事燃烧器技术

根据全国范围内的大规模调研结果,在我国农村地区目前还广泛分布着燃烧秸秆、木柴等生物质燃料的传统柴灶，总数量在1亿台左右，约占农村家庭的55%。传统的炊事柴灶热效率低，一般不超过15%，并且释放大量的污染物，包括颗粒物、一氧化碳、多环芳烃和黑炭等，不仅造成生物质能源的巨大浪费，也严重影响了室内空气品质，给长期暴露在厨房的妇女儿童造成严重的健康影响。我国北方和南方地区的柴灶形式存在很大区别，如图5-41和图5-42所示，北方地区由于冬季供暖需要，一般将柴灶烟气出口与火炕进口相连，俗称炕连灶系统，而由于受到火炕高度的限制，北方地区的柴灶台面高度一般不超过50cm；南方地区的柴灶没有供暖方面的需求和限制，为了炊事活动的方便，将柴灶设置较高，一般为70cm左右，而且往往两口锅共用一个台面和烟囱。

图5-41　中国北方地区常见的普通柴灶　　图5-42　中国南方地区常见的普通柴灶

整体来说，传统柴灶存在以下几个方面的问题：由于吊火高，火的外焰只能燎到锅底，造成锅底与燃烧面的接触面积少，不能有效加热锅体，导致炊事效率低；由于灶膛大，柴草燃烧火力不集中，造成能源浪费；由于灶门大，冷空气直接从灶门进入灶膛而降低灶膛温度并且带走大量有效热量；没有灶箅和通风道，空气就不能从灶箅下进入灶膛与柴草混合，易造成不完全燃烧；有的灶没烟囱，柴草燃烧产生的烟气只能从灶门排出，恶化了室内空气品质。所以，针对我国农村地区的传统柴灶进行科学合理的改善是一项具有现实意义的重要工作。

（1）生物质半气化炉工作原理、分类和特点

户用生物质颗粒燃烧炉具一般采用半气化燃烧方式，可以使用生物质颗粒燃料、薪柴、玉米芯、压块等密度较高的生物质原料，燃料适用范围较广，其原理性结构如图5-43所示。生物质燃料在炉膛里燃烧，为了增加燃烧效率，一次风从炉

排底部进入，在炉具上部出口处增加了二次风喷口，这样将固体生物质燃料和空气的气固两相燃烧转化为单相气体燃烧，这种半气化的燃烧方法使燃料得到充分的燃烧，明显降低了颗粒物和一氧化碳等污染物的排放。从开始点火到燃尽都可以做到不冒黑烟，可以把焦油、生物质炭渣等燃烧殆尽。因此，生物质颗粒燃料炉具具有较高的燃烧效率。

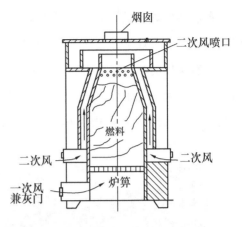

图 5-43　炉具结构原理图

户用生物质颗粒燃料炉具按照功能可主要划分为生物质炊事炉具、生物质供暖炉具以及生物质炊事供暖两用炉具等几种形式；按照进风方式可划分为自然通风炉具和强制通风炉具。自然通风炉具完全靠烟囱的抽力和外界大气自然进风方式为燃烧供氧，该类型炉具的特点是设计简单，操作简便，容易控制，但缺点是火力大小和供氧量不可调。强制通风炉具是使用电机和风扇将外界大气进行强制通风为燃烧供给氧气，该类型炉具的特点是供氧效果好，火力大小可调，但缺点是设计较为复杂，需经一定培训后才能正确操作。对于以颗粒燃料为主的户用炊事炉具，一般采用的是强制通风方式。

目前市场上常见的该类型炊事炉具在使用时，一般采用批次进料方式，一次性将燃料加入到炉膛中，然后从炉子的上部点燃，自上而下进行燃烧，与空气的流动方向相反。这样做的最大缺点是每次点火和重新加料前后都需要将灶具从炉子上移开，这样不仅麻烦而且容易造成烫伤、烧伤等潜在危险，重新加料量不能太多，否则容易把火焰压灭，所以只能用于短时间的烧水、炒菜等轻型炊事。这些炊事炉由于没有充分考虑到农民喜欢用自己原有大锅大灶的炊事习惯，农户觉得使用不方便，结构复杂价格高，难以接受而很快废弃不用。点火时一般要用细木条引燃，普遍存在点火困难、点火阶段污染大等弊端。并且有些炊事炉没有烟囱，所以即使只产生很少量的污染物也会直接排放到室内，增加了农户的人体暴露量和对农户健康的危害。

(2) 改进型技术方案

针对以上不足，提出的改进做法是利用半气化燃烧原理全新设计一款燃烧生物质颗粒燃料的炊事燃烧器，在保证农户传统的炊事操作方式和使用习惯的基础上，继续保留传统柴灶本体、锅具和烟囱等基础设施，将新型生物质颗粒燃料炊事燃烧器从原有柴灶的填料口放置到灶膛中，通过手动进料、简便点火装置和合理的一次风、二次风半气化燃烧方式，实现高效清洁化燃烧和烟气的快速有效排出。还可以将其与北方农村广泛使用的炕相结合，大大提高了燃料的能源利用效率。

图 5-44 给出了该燃烧器的结构原理图。使用时将该装置从柴灶正面填料口或者侧面开口伸入灶膛内部并进行固定，使用时先往料箱内加入一定量生物质颗粒燃料，用手往一个方向旋转手摇柄逐渐将燃料输送进燃烧室上部的炉膛，然后拧开点火开关，点火风机吹出的风经过电阻发热元件后被加热到 500℃ 以上，然后吹到颗粒燃料表面，经过不到 40s 燃料就会被引燃，然后再切换到助燃风机，通过旋转风力调节阀来调节火焰燃烧强度。

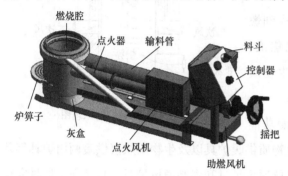

图 5-44　生物质颗粒燃料燃烧器结构原理图

随着燃烧过程的进行，燃烧室内的燃料量越来越少，这时可以继续旋转手摇柄将少量生物质颗粒燃料输送进燃烧室，并根据所需的火焰强度来调节风力调节阀旋钮，不断重复上述过程，直至完成一次炊事活动；想要结束炊事用火时，先提前停止往料箱内加料，然后充分旋转手摇柄，将进料管中残余的颗粒料全部输送进燃烧室，完全停火后翻转燃烧室下部的孔板式炉箅，使燃烧室内的剩余木炭和灰分等全部落入柴灶最下面的灰膛，以便于清理。该生物质颗粒燃料燃烧器运行时只需要功率为 12W 的微型风机，加上点火阶段发热元件的电耗，全年总耗电量仅为 20kWh。

（3）效果测试

测试后发现，该新型燃烧器的热效率能达到普通柴灶的两倍以上，而且各类污染物排放都明显降低，其中在燃烧单位质量燃料的 $PM_{2.5}$ 排放因子不到普通柴灶的 5%，节能减排优势明显。为了进一步分析该新型炊事燃烧器的实际性能，在实验室中开展了普通柴灶和炊事燃烧器的对比性实验。测试地点位于北京市怀柔区的清华大学农村能源与环境科学实验室,该实验室具有两个户型完全相同的实验房,如图5-45所示。

通过模仿北方农户平常所使用的传统柴灶,在两个实验房间内的相同位置分别搭建了一个普通柴灶和一个带有燃烧器的灶,并确保这两个灶的外形尺寸、铁锅、烟囱设置等都完全相同,两者的差别在于一

图 5-45 对比测试实验房外观

个采用普通燃烧炉膛,另一个在炉膛内放置了燃烧器,并且测试时要保证两个房间所有的门窗都保持相同的开度,具体方案如图5-46所示。

专门选择了室外天气状况较好的一天开展实验,以此来消除室外浓度对室内浓度的影响,碳平衡方法和相关仪器同时对室内外的各污染物浓度进行监测。表5-7给出了该新型燃烧器与传统柴灶的性能对比,从中可以看出,使用燃烧器的灶与普

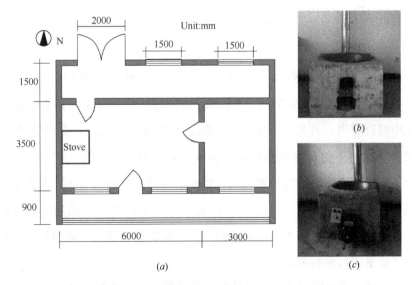

图 5-46 普通柴灶与带燃烧器的柴灶外观及其在测试房间中的位置

(a) 炊事灶在房间中的位置;(b) 普通柴灶;(c) 带燃烧器的灶

通柴灶相比效率提高150%，同时PM$_{2.5}$的排放因子不到普通柴灶的5%。

新型燃烧器与传统柴灶的性能对比　　　　　　　　　　　　表 5-7

设备类型	热效率(%)	排放因子（g/kg 干燃料）				
		CO	CO$_2$	SO$_2$	NO$_x$	PM$_{2.5}$
普通柴灶	14%	38.3	1565.3	0.02	2.2	8.3
带燃烧器的灶	35%	27.6	1623.6	0.01	1.69	0.4

图 5-47 给出了普通柴灶燃烧 1.5kg 木柴时室内污染物浓度变化情况。当普通柴灶开始点火后，室内的 CO 和 PM$_{2.5}$ 浓度迅速上升，分别由 0ppm 和 50μg/m^3 上升到 7ppm 和 4000μg/m^3，CO$_2$ 浓度由 200ppm 上升到将近 400ppm，当木柴明火熄灭后进入炭火燃烧状态时，室内 PM$_{2.5}$ 浓度迅速下降到接近点火前的状态，但 CO 浓度缓慢下降，一直到炭火熄灭后，CO 浓度才下降到接近点火前的状态。

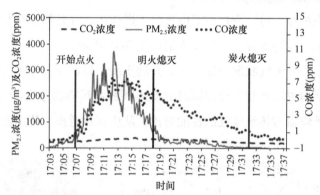

图 5-47　普通柴灶燃烧 1.5kg 木柴时室内污染物浓度变化情况

图 5-48 给出了带燃烧器的灶燃烧 1.5kg 木质颗粒燃料时室内污染物浓度变化情况，从中可以看出，开始点火后只有 PM$_{2.5}$ 的浓度从 50μg/m^3 上升到约 100μg/m^3，主要原因是对生物质颗粒燃料采用热风点火时会有少量烟气产生，而此时炉膛内由于还未形成明火，炉膛温度较低，烟囱自身的拔烟效应较小，所以会有少量烟气从柴灶填料口处泄露出来，但是持续时间只有 2min 左右，随后迅速下降到点火前的状态，后来等炉膛温度升高，烟囱形成较强的拔烟效应，即使往燃烧器中加料也不会造成室内污染物浓度的上升。

表 5-8 给出了该对比测试的汇总情况，普通柴灶在整个炊事期间燃烧木柴时的室内 PM$_{2.5}$ 平均浓度可以达到燃烧器燃烧颗粒燃料时的 20 倍左右，由此可见，将

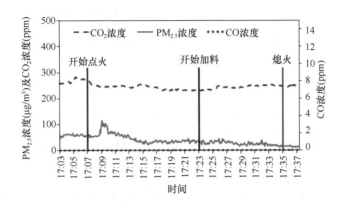

图 5-48 带燃烧器的灶燃烧 1.5kg 木质颗粒
燃料时室内污染物浓度变化情况

燃烧器与灶结合后可以显著改善室内空气污染状况,而室内空气污染状况的改善就意味着人体暴露量的减少。

普通柴灶和燃烧器对室内空气质量的影响 表 5-8

测试对象	CO (ppm)			CO_2 (ppm)			$PM_{2.5}$ (μg/m³)		
	平均	最大	最小	平均	最大	最小	平均	最大	最小
普通柴灶	3.0	7.7	0	296.9	404	214	708.2	3730	16
带燃烧器的灶	0	0	0	246.1	282	229	38.6	114	11
室 外	0	0	0	193.8	200	190	5.5	27	2

图 5-49 给出了四川省某农户一天内使用不同炊事灶时室内 $PM_{2.5}$ 浓度变化情况,从中可以看出,使用普通柴灶时室内 $PM_{2.5}$ 浓度明显高于使用燃烧器和液化气灶,而使用燃烧器时室内 $PM_{2.5}$ 浓度与使用液化气灶基本相当,由于当地做饭以爆炒为主,所以此时室内的一部分 $PM_{2.5}$ 可能来自于锅内炒菜所产生的油烟。经过测算,农户使用燃烧器进行炊事时每小时需要消耗 1.0kg 左右的燃料,这样全年总消耗量在 1t 左右,只

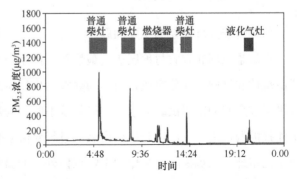

图 5-49 四川某示范户一天内使用不同炊事灶时的室内 $PM_{2.5}$ 浓度变化情况

需要支出 300 元，仅相当于液化气灶两个月的支出费用。后续需要对其他大批量农户的实际能耗数据、室内空气污染和人体暴露情况进行长时间采集。

（4）炉具的推广应用

目前，我国生物质颗粒燃料炉灶生产企业产量规模在 5000 台/a 以上的约有 100 多家，分布在我国北京、河北、山西、河南、湖南、四川、贵州等地，2010 年全国年生产生物质炊事炉具和生物质炊事供暖炉具约 50 万台，截至 2010 年累积推广 100 多万台。单纯生物质炊事炉具的价格一般在 200~800 元，生物质炊事和供暖炉具的价格一般在 700~2000 元。虽然国家已经对此类炉具推广将近 10 年，但是整体上进展缓慢。

对于农村地区来说，生物质颗粒燃料清洁炉具还是新兴技术，现阶段其推广方式主要以政府为主导，有政府完全补贴模式、政府和农户分摊补贴模式和碳交易资金补贴模式，均对生物质颗粒燃烧炉具的普及起到了一定的推动作用。但限制生物质颗粒燃烧炉具广泛使用的主要原因是生物质颗粒燃料的供应。目前生物质颗粒燃料的供应主要采用了商品化运作模式，通过大型加工企业集中收购生物质原料，加工后以商品的形式进行销售，价格可达 600 元/t 以上，折合到单位热值的价格与煤相当，并不具有明显的价格优势，较高的使用费用限制了生物质颗粒燃烧炉具的推广和使用。如果能够实现生物质颗粒燃料的代加工运作模式（参见本书 6.4 节），解决颗粒燃料的供应问题，将能够极大地促进生物质炉具的普及，实现农村地区生物质能源的合理利用。

5.2.3 生物质对流炕末端

（1）传统火炕存在的主要问题

火炕是我国北方农村地区历史最悠久、使用最广泛的一种冬季供暖设备。它一般由炕体和烟囱两部分组成，与作为热源的生物质柴灶连接后可用于满足炕面的局部供暖和房间的空间供暖需求。在进行炊事时，柴灶内大量高温烟气通过柴灶与火炕连接的洞口进入炕体，与炕板内表面进行对流换热，充分换热后的烟气最终从烟囱排到室外。在炕板的导热作用下，炕体外表面温度逐渐升高，满足炕体局部供暖需求的同时，也通过炕板与室内空气的换热实现空间供暖。炕体一般采用热容较大的石材或砌块等材料，因此在炊事停止后的一段时间内，炕体也能在热惯性作用下维持适宜的炕面温度,实现房间的持续供暖。火炕利用炊事的余热满足了农宅冬季的供暖需求,使火炕成为北方农宅中不可或缺的供暖设备。

落地炕和架空炕是目前最常见的两种火炕形式,两者的工作原理基本相同,主要区别为在炕板下部是否有垫土。落地炕下部有垫土,蓄热能力强,但由于散热面积小供能能力也较弱;架空炕下部也是散热面,因此供热能力稍强,但蓄热能力有所下降。两者的结构分别如图 5-50(a)和(b)所示。

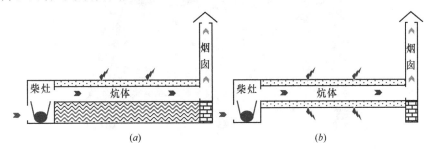

图 5-50　两种不同类型火炕的组成结构

(a) 落地炕结构;(b) 架空炕结构

但是随着农村生活方式的改变和生活质量的提升,传统火炕已经难以满足农宅冬季供暖的需求,主要体现在两个方面:

第一,火炕房间的温度偏低。过去农村居民以务农为主,需要多次进出房间进行生产生活等活动,为避免频繁更换衣服,对农宅冬季室温要求不高。采用火炕进行局部供暖的房间,室内温度达到 10℃ 即可满足需求。而随着农村生活水平的提升,农村居民对室内温度的需求开始趋近于城镇住宅,达到 14~18℃,并且对全空间供暖的需求也更为强烈。此时,传统火炕以局部供暖为主、空间供暖为辅的供热模式,已经难以满足农宅冬季供暖的需求。

第二,农村居民的用能设备和用能习惯变化与火炕不匹配。过去北方农村主要利用生物质进行炊事和供暖,火炕通过炕连灶系统回收和储存高温烟气中的余热来实现农宅供暖。但随着燃煤、液化气和电等商品能源在农村地区的普及,电炊具和土暖气开始替代传统炕连灶,这些新的用能设备不能提供高温烟气,难以与火炕供暖配合,也在一定程度上制约了火炕的使用和发展。

(2) 对流炕供暖末端的开发

1) 对流炕的系统结构

为了满足北方农宅新的供暖需求，开发了一种采用热水作为循环介质的供暖末端——热水式对流炕。其外观与传统架空炕较为类似，但内部结构完全不同，它由九个主要部件组成，分别是承重基础、炕板承重墙、上炕板、炕面抹灰、U形槽底板、隔板、循环风机、送风口和循环水管，具体如图5-51所示。

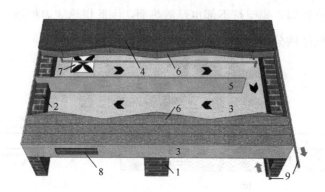

图 5-51　热水式对流炕供暖末端的结构

1—承重基础；2—炕板承重墙；3—U形槽底板；4—炕面抹灰；
5—隔板；6—上炕板；7—循环风机；8—送风口；9—循环水管

对流炕的承重基础由砖砌成，高度约为30cm（5～6层砖）。承重基础上铺设一个高度为20～30cm的预制U形槽镀锌板底板，其两端砌筑两层砖厚度的炕板承重墙，用于上炕板的架设。U形槽底板的中部布置了隔板，高度略高于炕板承重墙，且隔板一端与承重墙紧密连接，另一端保留10～15cm的缺口，将U形槽底板分割为两个相互连通的风道，循环风机置于一侧风道的下部，送风口布置在另一侧风道的侧面，风道、循环风机和送风口三者共同构成了与室内空气连通的开式风循环系统。直管埋管式热水炕板架设在风道两端的炕板承重墙上，炕板由多根预制的炕柱模块组装而成，每根炕柱模块内均预埋了一根U形循环水管，U形管一端埋置在模块内，另一端裸露在循环风道中。不同模块内的埋置水管和裸露水管分别进行并联连接，最后再与循环水泵、热源的进水口和出水口进行连接，构成热水式对流炕的封闭式热水循环系统。

与传统火炕相比，对流炕具有以下五个结构特点，使它能够较好地兼顾农宅的局部供暖和空间供暖需求：

①直管埋管式炕柱模块。炕柱模块内预埋了循环水管，热水均匀地流入不同的

炕柱后，通过导热同时向炕板的上表面和下表面进行传热，维持均匀舒适的炕面温度。而改变埋管的埋置深度，可调节上下表面的温度。此外，因上炕板下表面不与人体直接接触，温度不受人体生理需求限制，因而可以增加换热温差来提高炕板的供热能力。

②裸露散热管道。裸露管道布置在风道内，热水通过管壁直接与循环空气进行强制对流换热，换热温差高于传统火炕中炕体外表面与室内空气之间的温差，有助于提高供热能力。并且裸露管道是额外增加的散热面积，对提高对流炕的空间供热能力具有重要作用。

③强制风循环系统。强制循环风道、循环风机和送风口共同构成了强制风循环系统。循环风机的引入，提高了对流炕的空气循环流量和风道内空气流速，有助于强化空气与上炕板下表面和裸露管道之间的对流换热系数。同时，对流炕采用空气对流进行供暖，具有良好的即热性能。

④可调节风系统。在白天，开启风机，利用对流炕加热循环空气进行全空间供暖；在夜间，可以关闭风机，利用炕体在白天蓄存的热量，满足炕体附近的局部供暖需求。因此，通过风机的开闭可以实现对流炕在空间供暖和局部供暖两种模式之间的切换，满足不同的供暖需求，兼顾了供暖系统的舒适性和节能性。

⑤热水传热介质。利用热水替代高温烟气作为传热介质，从根本上避免了烟气进入房间的可能性，对于防止烟气泄漏和改善室内空气质量具有重要意义。同时，与传统火炕需要的几百摄氏度的高温烟气相比，热水式对流炕需要的热源温度更低，与热源的匹配难度有所降低。

2) 对流炕的供暖特征

对流炕作为一种新型供暖末端，可以与任何能够提供热水的热源（如生物质供暖炉、太阳能热水器、热泵等）进行匹配，与热源和循环水泵连接后即组成了对流炕供暖系统。采用对流炕供暖系统进行供暖，具有三个显著的特征：

①均匀的炕面温度。埋置水管按照较小的间隔均匀布置在上炕板内，当热水流入炕体并通过导热加热上炕板进行局部供暖时，炕面温度分布较为均匀，局部供暖舒适性较好。

②优异的空间供热能力。上炕板下部布置了循环风道，在风机作用下，室内空气被吸入风道内与裸露管道以及上炕板下表面进行对流换热，热空气送入房间后能

够显著改善炕体加热室内空气的能力。

③良好的即热性能。对流炕利用空气作为对流炕散热的介质，热惯性极小，能够快速提升农宅室温，具有良好的即热性能。

(3) 对流炕供暖末端的运行模式

热水式对流炕供暖末端不仅在结构上与传统火炕不同，运行模式和可调节性能也更强。根据不同的供暖需求，通过控制对流炕中循环风机和水泵的启停，可以实现两种不同的供热工作模式，分别称为全空间供暖模式和局部供暖模式。

1) 全空间供暖模式

在全空间供热模式下，风机、循环水泵和热源均正常运行，一般用于白天的房间供暖，其工作原理如图 5-52 (a) 所示。系统运行时，热源产生的热水在水泵的驱动下流入对流炕。热水首先经过风道内的裸露水管，通过强制对流将热量传递给循环空气，同时也通过辐射换热加热风道内的其他壁面从而间接加热室内空气。随后，热水再流入上炕板内的埋置水管从而加热上炕板，在管壁和炕体内部导热作用下，上炕板的温度逐渐升高并维持在适宜的温度，一部分热量储存在炕体内，富余热量则通过炕体外表面传递到室内。充分换热后热水温度降低，再流回炉灶进行升温。在风机的作用下，室内房间里的低温空气被源源不断地抽入风道内，经裸露水管和上炕板下表面加热升温后，再从送风口送入房间进行空间供暖。由此可见，在该模式下，对流炕的空间供热与局部供热发生了分离，前者通过送入房间的高温空气来实现，后者通过维持适宜的炕面温度来实现。因此，可以根据实际需求，合理分配对流炕的空间和局部供热能力，实现兼顾空间供暖和局部供暖的全空间供热需求。

全空间供暖模式的引入，改善了传统火炕供热能力欠佳的现状。与此同时，由于对流炕的供热能力具备良好的可调节性能，有助于实现住户的行为节能，通过"部分时间"供暖，能够显著降低农宅的供暖能耗。

2) 局部供暖模式

在局部供暖模式下，风机处于关闭状态，循环水泵和炉灶可根据负荷需求开启或关闭，一般用于夜间炕体表面的局部供暖，其工作原理与传统火炕类似，如图 5-52 (b) 所示。如果在白天的全空间供暖模式下，炕板已经蓄存了足够的热量，能够满足夜间的供暖需求，此时可关闭循环水泵和热源，上炕板储存的热量缓慢地传递到炕体表面及其附近的空气，即可满足炕面的局部供暖需求。如果炕体未能在全空间供热模式下储存足够的热量，或者需要在较长时间内只进行局部供暖，则打开循环水泵和热源，此时热水带入炕体内的热量会通过炕板上表面不断地传递到炕板附近，满足相应的供暖需求。

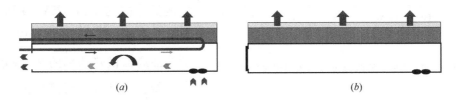

图 5-52　热水式对流炕供暖末端不同运行模式的工作原理
(a) 全空间供暖模式；(b) 局部供暖模式

由于局部供暖模式的存在，对流炕继承了传统火炕维持炕面局部热舒适的优点。在夜间采用"部分空间"供暖运行模式，也有助于降低农宅冬季供暖能耗。

（4）实际应用效果

为了解系统的实际运行效果，于 2013～2014 年供暖季对对流炕供暖系统示范工程进行了实地测试。该示范工程位于北京市延庆区某村，建于 20 世纪 70 年代，是北方地区传统的单层住宅形式，如图 5-53 (a) 所示。农宅总建筑面积为 $70m^2$，包括两间卧室、一间厨房和一间杂物间。对流炕供暖末端 [图 5-53 (c)] 位于房间的西卧室内，热源采用生物质供暖炉 [图 5-53 (b)]，布置于东西卧室之间的厨房内，通过热水管与炕体相连。炕体长 2m，宽 1.8m，约占房间面积的 24%。

如图 5-54 所示，在空间供暖模式测试期间，对流炕的循环风量基本稳定地维

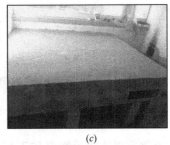

(a)　　　　　　　　　(b)　　　　　　　　　(c)

图 5-53　对流炕供暖末端的示范农宅
(a) 示范农宅全景；(b) 生物质供暖炉；(c) 对流炕供暖末端

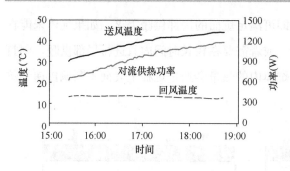

图 5-54 3月2日对流炕送回风温度及供热功率

持在 110.5m³/h,回风温度也保持在约 13℃,而送风温度从最初的 30℃逐渐升高到 45℃,由此可以计算得到对流炕通过热空气向室内供热的功率由 625W 逐渐升高到 1170W,平均值为 950W,约为炕面局部供热功率的 2～3 倍。与传统火炕相比,对流炕供暖末端的供热能力提升显著。

与此同时,对流炕末端在维持炕面温度均匀性上也表现良好。如图 5-55 所示,在 3 月 2 日至 3 日期间,在对流炕的空间供热阶段和局部供热阶段,对流炕各测点位置的炕面温度一致较好。均匀的炕面温度对提升炕体局部供热的舒适性具有重要的意义。

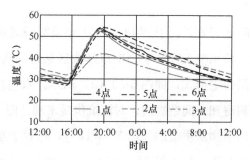

图 5-55 3月2～3日炕板上表面温度分布

5.3 新能源利用技术

5.3.1 生物质固体压缩成型燃料加工技术

(1) 技术原理与产品特点

生物质固体成形燃料加工技术是通过揉切(粉碎)、烘干和压缩等专用设备,将农作物的秸秆、稻壳、树枝、树皮、木屑等农林剩余物挤压成具有特定形状且密度较大的固体成型燃料。

生物质固体压缩成型燃料加工技术是生物质高效利用的关键。不加处理的生物质原料由于结构疏松、分布分散、不便运输及储存、能量密度低、形状不规则等缺点，不方便进行规模化利用。通过压缩成型技术，可大幅度提高生物质的密度，压缩后的能量密度与中热值煤相当，方便运输与储存。压缩成型燃料在专门的炊事或供暖炉燃烧，效率高，污染物释放少，可替代煤、液化气等常规化石能源，满足家庭的炊事、供暖和生活热水等生活用能需求。

(2) 压缩成型燃料的生产

1) 加工原料

压缩成型燃料的原料来源广泛，主要包括农作物秸秆（玉米秸、稻草、麦秸、花生壳、棉花秸、玉米芯、稻壳等）和林业剩余物（树枝、树皮、树叶、灌木、锯末、林产品下脚料等）。但由于不同类型的加工原料在材料结构、组成成分、颗粒粒度和含水率等方面存在很大的差异，因此其加工方法与加工设备存在差别，加工难度也不相同。

2) 加工方法与工艺

根据加工原料与产品的不同，生物质固体压缩成型技术可以分为多种类型。根据物料加温方式可分为常温湿压成型、热压成型和碳化成型；根据是否添加粘接剂可分为加粘接剂和不加粘接剂的成型；根据原料是否预处理可分为干态成型与湿压成型。下面介绍三种不同的加工方法。

常温湿压成型。这种加工方式的工艺流程包括浸泡、压缩和烘干三个步骤。首先将原料在常温下浸泡一段时间，由于纤维发生水解而腐化，从而变得柔软易于压缩成型。然后再通过模具将水解后的生物质进行压缩，脱水后成为低密度的生物质压缩成型燃料。常温湿压成型技术的优点是加工工艺和设备简单，存在的主要问题是由于加工原料含水率高、温度低，导致设备磨损较大，且燃料烘干能耗较高，产品燃烧性能欠佳。

热压成型。热压成型是目前使用较为普遍的生物质压缩成型工艺，其工艺流程包括原料铡切或粉碎、原料（模具）加热、燃料成型和冷却晾干四个步骤。主要通过将生物质加热到较高温度来软化和熔融生物质中的木质素，从而发挥其粘接剂的作用，形成固体压缩燃料。根据加热对象的不同，又分为非预热热压成型和预热热压成型两种方式，前者首先将成型机的模具加热，间接加热生物质以提高其温度；后者在生物质进入成型机之前直接进行预热处理。虽然两者加热方式不同，但都提高了生物质温度，使成型压力有所降低，且得到的固体压缩燃料质量较高、燃烧特性较好。但存在成型机成本较高、预热能耗较大等问题。

冷态压缩成型。在常温下，利用压辊式颗粒成型机将粉碎后的生物质原料挤压成圆柱形或棱柱形，靠物料挤压成型时所产生的摩擦热使生物质中的木质素软化和粘合，然后用切刀切成颗粒状成型燃料，与热压成型相比，不需要原料（模具）加热这个工艺。该工艺具有原料适应性较强、物料含水率使用范围较宽、吨料耗电低、产量高等优点。

3）加工设备

成型燃料的加工设备包括成型机、粉碎机、烘干机及其配套的输运系统和电力控制系统，其中成型机是核心设备。国内外最常见的压缩成型设备主要包括螺旋挤压式成型机、活塞冲压式成型机和压辊式颗粒成型机，如图 5-56 所示。

图 5-56　常见的生物质固体压缩成型机
(a) 螺旋挤压式成型机；(b) 活塞冲压式成型机；(c) 压辊式颗粒成型机

螺旋挤压式成型机是开发应用最早的成型机。它通过加热使成型温度维持在 150～300℃，让生物质中的木质素和纤维素软化，依靠螺杆挤压生物质原料形成致密块状燃料。具有运行平稳、连续生产、成型燃料易燃等优点，加工的成型燃料密度较高，约 1100～1400kg/m³。存在的主要问题是原料含水率要求高，需控制在 8%～12%左右，因此一般要配套烘干机；螺杆磨损严重，成型部件寿命短；生产能耗偏高，每吨成型燃料的生产能耗约 90kWh。

活塞冲压式成型机是靠活塞的往复运动来实现生物质原料的压缩成型，产品包括实心棒状或块状燃料，燃料密度约为 800～1100kg/m³。按驱动力类型，活塞冲压式成型机可分为机械式和液压式两种，前者利用飞轮储存的能量，通过曲柄连杆机构带动冲压活塞将原料压缩成型；后者利用液压油缸所提供的压力，带动冲压活塞使生物质冲压成型。活塞冲压式成型机的成型部件磨损比螺杆式小，寿命相对较长；对原料含水率的要求不高，可以高达20%，通常不需要配备烘干设备，生产能耗约为70kWh/t。但成型燃料密度稍低，冲压设备振动较大，系统稳定性不够，生产噪声较大。

压辊式颗粒成型机的工作部件包括压辊和压模。压辊可绕轴转动，其外侧有齿和槽，可将物料压入，并防止打滑；压模上有一定数量的成型孔。在压辊的作用下，进入压辊和压模之间的生物质原料被压入成型孔内后挤出，在出料口处被切断刀切成一定长度的成型燃料，成型燃料的密度一般为1100～1400kg/m³。按照结构不同，压辊式颗粒成型机可分为平模造粒机和环模造粒机，其中环模造粒机又可分为卧式和立式两种机型。压辊式成型机一般不需要外部加热，依靠原料和机器部件之间的摩擦作用可将原料加热到100℃左右，使原料软化和粘合，加工每吨成型燃料的耗电量约为50kWh，比螺旋挤压和活塞冲压两种方式都低。且对物料的适应性最好，对原料的含水率要求最宽，一般在10%～30%之间均能很好地成型。但压辊式成型机存在的主要问题是易堵塞，设备振动和工作噪声大。

4) 压缩成型燃料

固体成型燃料主要包括块状燃料和颗粒燃料。块状燃料主要以农作物秸秆为原料，生产工艺比较简单，生产成本较低，但使用范围较窄，较多地作为锅炉燃料。颗粒燃料的原料范围较宽，生产工艺比较复杂，生产成本较高，但用途广，适用于户用炊事炉、供暖炉或炊事供暖一体炉。图5-57所示为不同类型的生物质固体压缩成型燃料。根据北京市地方标准《生物质成型燃料》DB11/T 541—2008中规定，颗粒燃料的直径小于25mm，长度小于100mm。块状燃料的直径大于25mm，长度不大于直径的3倍。加工成型的燃料全水分不高于15%，灰分不高于10%，挥发分大于60%，全硫含量低于0.2%，低位热值高于13.4MJ/kg。

生物质在通过压缩成型后，其体积大约可以缩小到原来的1/8～1/6左右，燃料密度为700～1400kg/m³，主要受加工工艺与加工设备的影响。密度在700kg/m³以下的为低密度成型燃料；介于700～1100kg/m³之间的为中密度成型燃料；在1100kg/m³以上的为高密度成型燃料。由于加工原料不同，生物质成型燃料的热值也各不相同，秸秆类的成型燃料热值一般约为15000kJ/kg，木质类的成型燃料热

图 5-57 不同类型的生物质固体压缩成型燃料
(a) 生物质颗粒燃料；(b) 生物质块状燃料

值一般在 16000kJ/kg 以上。同时，由于生物质中所含的硫元素与氮元素比例较小，硫的含量约为干重的 0.1% 左右，远低于煤中硫的含量，氮的含量一般不超过干重的 2%，因此在燃烧过程中产生的 SO_2、NO_x 等污染气体极少，正常燃烧过程中 SO_2 和 NO_x 的排放质量浓度分别约为 $10mg/m^3$ 和 $120mg/m^3$，能够显著减少燃烧对室内外环境的污染。

(3) 技术推广和应用模式总结

生物质固体成型燃料是生物质能利用的最佳方式之一，但是在成型燃料加工过程中，还面临着诸多挑战，具体表现在以下方面：

1）加工工艺较复杂。生物质固体成型燃料的加工需要通过闸切（粉碎）、烘干、压缩等多个步骤，需要配套的厂房、专用的设备和经过培训的工人才能完成生产和加工。

2）技术运行模式欠佳。目前生物质成型燃料主要通过大型企业进行集中加工，需要进行分散收购、集中加工和分散销售三个过程。虽然通过商品化运作模式，一定程度上推动了生物质成型燃料技术的发展，但过高的运输成本和成型燃料价格极大地限制了生物质成型燃料的推广。

3）终端使用设备推广不足。生物质固体成型燃料一般需要配合专用的燃烧设备进行利用，在农村地区推广使用，农民需要付出一定的经济代价，如何让农民接受并购买，以及如何进行技术指导和设备维护都是迫切需要解决的问题。

针对生物质固体成型燃料技术推广所面临的以上问题，需要从以下三个方面进行解决：

在加工工艺和技术层面，需要各企业和研究院所加大科研和产品开发力度，不断改善成型机的生产性能，减少加工能耗，增强加工质量，提高设备寿命，改善加工条件，同时强化系统的自控能力，降低设备操作难度。在技术运行模式上，通过政府的政策倾斜与资金补贴，在农村地区逐步推广生物质固体压缩成型技术的"代加工模式"（详见本书6.2、6.4节），通过建立以村为范围的小型加工点，缩小生物质的收集范围，通过农民自行收集、村内代加工的方式生产生物质成型燃料，并供自家生活使用。由此可以降低生物质收集和运输费用，避免将生物质在农村地区商品化，保留生物质廉价、易得的特点，让农户能够用得了、用得起、用得好这些生物质资源。在终端设备上，由于生物质压缩成型燃料与其他能源形式比较具有明显的性能或经济优势，在解决了燃料加工与供应的问题后，通过国家政策引导和财政补贴能够有效地推动终端设备的普及。同时，各村设立的小型加工点可以为农户解决设备使用指导和设备维护等相关问题，可以使生物质固体成型燃料得到充分、有效和合理的利用。

5.3.2 户用生物质压块供暖技术

近几年在国家节能减排和治理雾霾的大背景下，多地逐渐开始探索利用生物质成型燃料对农村散煤供暖进行有效压减和替代。本书第5.3.1节介绍了生物质成型燃料的小型化加工技术，该技术是将秸秆、稻壳、锯末、木屑等生物质废弃物，用机械加压的方法，使原来松散、无定形的原料压缩成具有一定形状、密度较大的固体成型燃料，其具有体积小、密度大、储运方便；采用与生物质压块成型燃料相匹配的供暖炉，燃烧稳定、周期长；燃烧效率高；灰渣及烟气中污染物含量小等优点，能够为从根本上解决农村能源短缺、燃煤替代和秸秆焚烧等问题提供有效途径。

(1) 生物质压块供暖炉技术原理

生物质成型燃料的结构特征决定了其燃烧炉具的特殊性，图5-58给出了常见的生物质压块户用供暖炉的原理图，其中包括炉体、燃烧膛、炉体保温层、进料口、受热水套、受热水管、排烟口等主要部分。

生物质压块燃料供暖炉一般利用生物质燃料的半气化燃烧原理，一次风从炉排底部进入，与生物质燃料在炉膛里发生化学反应，使炉膛内的生物质燃料从下往上依次形成氧化层、还原层和热解层，下层的燃料边燃烧边释放出一些可燃物质，为了增加燃烧效率，在炉具上部火焰出口处需要增加二次风喷口，将固体生物质燃料

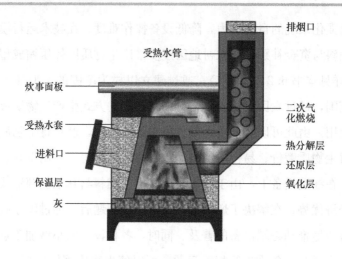

图 5-58 生物质压块户用供暖炉原理图

和空气的气固两相燃烧转化为单相气体燃烧，这种半气化的燃烧方法使燃料得到充分的燃烧，可以做到不冒黑烟，把焦油、生物质炭渣等完全燃烧殆尽，明显地降低颗粒物和一氧化碳等污染物的排放。

这种供暖炉由于采用体积较大的压块燃料，大大降低了挥发分的溢出速度，但是点火温度有所提高，点火性能相对变差。在使用时可采用下引火或上引火的点燃方式。当采用下引火方式时，需要先在燃烧膛的炉箅子上放少量秸秆、细枝条等易燃物，然后将火源从炉箅子底部引燃其上面的易燃物。待易燃物燃烧较为旺盛时，从加料斗口将少许生物质压块燃料倒入，等先加入的生物质压块燃料充分燃着后，再将料箱内加满生物质成型燃料；当采用上引火方式时，需要先在炉膛内填满压块燃料至二次风口下方 5cm 处，再在上面放上引火秸秆、细柴等至二次风孔处，将引火材料引燃，打开一次风门使火焰逐渐向下燃烧。

燃料在燃烧开始时挥发分缓慢分解，燃烧处于动力区，随着挥发分燃烧逐渐进入过渡区与扩散区。供暖炉设计合理时，燃料的燃烧速度始终能够使挥发分放出的热量及时通过辐射和对流的方式传递给受热水套和受热水管，使排烟热损失降低；同时挥发分燃烧所需的氧与外界较好的匹配，减少了气体不完全燃烧损失与排烟热损失；挥发分燃烧后，剩余的焦炭骨架结构紧密，运动的气流不能使骨架解体悬浮，使其保持层状燃烧；此时炭的燃烧所需要的氧与静态渗透扩散的氧相当，燃烧波浪较小，燃烧相对稳定，可以减少固体不完全燃烧与排烟热损失。在整个燃烧过程中，受热面吸收热量后可以使水套里面的循环水得到加温，然后通过自然循环或强制循环的方式把热水输送到室内的暖气片、风机盘管、对流炕（本书5.2.3节）等末端。炉膛内的生物质燃料燃烧殆尽时，料斗内的生物质压块燃料在重力的作用下会自动补充到炉膛内继续燃烧，这样可以实现给房间连续供暖的目的。炉膛底部积灰过多会影响燃烧效果，可不定时抖动活动炉，清理积灰。夜间或者较长时间离开需要封火时，在确保底火良好的情况下，可将储料斗加满燃料，然后尽量关小进风口以降低燃烧速度，当再次使用时，只要炉箅上有火炭，加些易燃物，给底风即可重新引燃。

为了提高炉具利用效率，该供暖炉在冬季供暖的同时还可以增加辅助性炊事功能，进行烧水、炒菜等炊事活动，如图5-59所示。炊事时可将拦火圈放置于通烟道一侧，挡住下部烟气通道，使火苗上行以便更多地与锅的底面相接触。

图5-59 三款生物质压块户用供暖炉产品图

（2）生物质压块供暖炉系统安装及使用

生物质压块供暖炉系统在采用常规暖气片作为末端时的安装方式基本与农村常见的燃煤土暖气类似，安装时要确保散热器具有一定的高度。一般散热器中心高度要高于炉子中心高度35～45cm以上，散热器离炉子越远、弯头越多时，所需高度越大。

供暖炉供水及回水干管的直径要相同，横走要有0.5%～1%的坡度，为了减少系统阻力和确保供暖效果，要做到管线短、直径粗、弯头（包括阀门）少，在热水干管的末端及中间上弯处要安装排水管，其高度要高于补水箱。补水箱也是膨胀水箱，其容积为系统容水的5%左右，最好安装炉子的回水干管且在室内，其高度应高出热水横管10～20cm，补水箱应经常保持1/2水位，不足时应及时填补。

供暖点火前应先将整个系统注满水,气体排净。炉烟囱应按烟囱口外径配置,高度至少不低于4m,烟囱过细、过短会影响供暖效果。

使用期间要经常彻底清理炉膛内的结渣、炉壁的积灰和烟囱的积尘,提升取暖效果;经常清扫、擦拭炉盘炉体,保持干净整洁,防止腐蚀;经常清理灰斗内的积灰,避免烧坏炉箅等。冬季暂停不用或停火时,应放净系统内的水,避免冻坏炉具。

(3) 户用生物质压块供暖炉的推广应用

以生物质成型压块作为户用供暖炉的燃料,可以节约煤炭资源,为解决农村秸秆的野外焚烧及资源化利用等找到了一种就地解决、变废为宝的方案,实现节能、环保等多重效益。

目前生物质压块供暖炉在一些地区(如河北省)已经开始进行较大规模的尝试。但是,通过调研发现在产品及其使用方面也还存在一些问题。厂家由于受成本等原因的限制,往往减少材料用量,缩小了炉具料斗体积、炉膛换热面积等,导致夜间封火时间短、需要频繁加料以及炉具热效率低等问题。测试发现一些炉具的热效率不足40%,与高效炉具60%~80%的热效率相比,还有很大的提升空间。由此,在以后的推广工作中,应选取热效率更高、性能更好的供暖炉具,淘汰一些不合格产品,这样可以大幅度减少生物质燃料消耗量、提升农户体验、减小推广阻力,否则质量差的产品会破坏良好的社会和市场需求,导致农户废弃不用,无法达到预期的目标。

秸秆成型燃料在满足农户使用的同时,对生物质有富余的地区,还鼓励进一步拓宽销售渠道,向附近的小城镇住区、企业、学校、医院、个体工商户等出售,提高经济效益和生存发展能力,最终达到农民使用经济清洁能源、企业获取一定利润、政府得到环境效益的共赢目标。

5.3.3 秸秆天然气集中式生产及分布式供气集成技术

(1) 技术原理

该项技术以秸秆为主原料,原料经过快速化学预处理后与农业有机废物畜禽粪便及城市有机生活垃圾等多元物料进入厌氧发酵罐进行厌氧发酵,产生的沼气经提纯技术后的天然气用于车用,民用和工业用。所产的沼液、沼渣经过固液分离后沼渣做成有机复混肥,沼液作为液面肥施于农作物上。提纯后分离出来的CO_2可以用于生产工业级和食品级 CO_2。该技术包括原料收储运、快速化学预处理、多元混合物料协同厌氧发酵、环境友好的沼气纯化技术、沼渣沼液综合利用和远程在线自动控制六大系统，技术路线如图 5-60 所示。

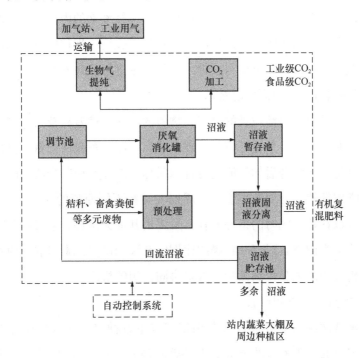

图 5-60 生物天然气技术路线图

1) 原料收储运技术

由于秸秆分布分散、收获季节性强，秸秆收集、储存和运输成为大规模利用的主要瓶颈。现有的分散型和集约型秸秆收储运模式存在利润最大化的竞争因素，导致秸秆收运成本过高，城镇集中供气工程承担不起高昂的原料成本费用。因此，可以根据新型城镇集中供气工程需要的原料量和供气规模来确定原料成本价格范围，采用"农机作业置换"、"农保姆"和"产品置换"等收运模式来控制收运量和收运成本等，以此来解决提高收运效率、降低收运成本以及确定收运量与收运成本条件下的最优收运距离等关键问题。

2) 低成本的快速预处理技术

利用一种常温、固态化学预处理技术，可使秸秆的产气量提高 50%~120%，使得秸秆的单位干物质产气率超过牛粪的产气率。其处理过程如下：用专门的搓揉机对玉米秸进行搓揉处理，以破坏玉米秸的物理结构，并便于化学药剂的浸入和对玉米秸秆中的木质纤维素进行化学作用。把搓揉后的玉米秸与一定量的专门的化学药剂拌合在一起，并堆放到预处理池中。通过化学药剂的浸入和对玉米秸秆中的木质纤维素进行化学作用，破坏木质素与纤维素和半纤维素的内在联系，改变纤维素的结晶度，增大玉米秸与厌氧菌的接触面积，从而提高玉米秸的可生物消化性和产气率。在常温下保持3天即可出料，进入厌氧罐中进行厌氧发酵。

3）多元物料近同步协同发酵技术

由于秸秆、粪便和生活垃圾的等多元物料的理化特性差异较大，在原料特性和原料组成上有明显区别，如秸秆原料的碳含量高，而禽畜粪便的氮含量高，生活垃圾的有机质含量高。混合后如何能让每种原料尽可能地实现同步或近同步发酵，考察如何将发酵周期较长的原料缩短产气周期和寻找不同原料的最佳厌氧消化配比，使各种原料可以在几乎同时的条件下各自发挥出其最大优势，通过相分离方法来实现定向酸化，考察调节碳/氮和碳/磷的比例以及添加微量元素对混合原料产气性能的影响，分析人为添加和控制微量元素来协同作用的机理。

4）环境友好的水洗提纯技术

用压力水洗法脱除CO_2和H_2S是根据沼气中各种组分在水中具有不同的溶解度这一原理进行的。压力水洗技术工艺包括脱CO_2和脱S、冷凝脱水、水的再生系统三部分（图5-61）。原料沼气在常压下由风机增压泵增压、一定温度下进入原料气缓冲罐，保持一定压力，从吸收塔底部进入吸收塔，水从顶部进入进行反向流动吸收，脱除其中的CO_2和H_2S，净化气从塔顶排出，再经冷凝脱水系统脱除其中的游离水，最后获得合格的产品气。富液由吸收塔底部排出，进入再生塔利用减压或空气吹托再生，再生后的水再进入吸收塔，循环往复。压力水洗技术是一种绿色环保技术。水作为吸收剂不仅可以循环使用，而且是零排放，不会对环境产生二次污染。同时，用水吸收CO_2和H_2S，甲烷的损失量小，提纯浓度高，投资运行成本也低。除此之外，水对设备也没有腐蚀，可以减少设备费用。

5）沼渣沼液综合利用系统

由发酵罐排出的沼渣和沼液进行固液分离。沼渣进一步加工成复合有机肥料销售。50.9%的沼液回流用作进料调节用水。剩余20%的沼液排放到沼液池中贮存，作为液态肥直接使用。沼液作为液态有机肥，可直接施用于厂内蔬菜大棚中，多余

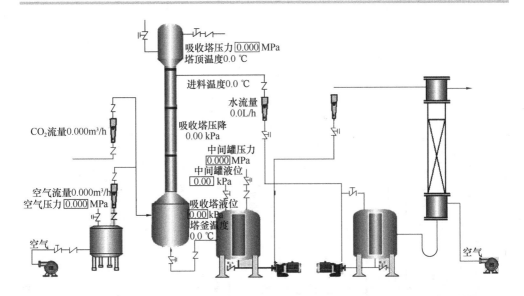

图 5-61　压力水洗工艺流程图

的沼液施用于周边的农田，作为农田土壤改良用。

　　颗粒有机无机复混肥加工成套设备主要由堆肥发酵系统、配料混合系统、制粒系统、烘干系统、冷却筛分系统、打包系统和控制系统等组成，如图 5-62 所示。由发酵罐排出的沼渣和沼液进行固液分离。

　　6）远程在线自动控制

　　生物天然气项目自动化控制系统实现对秸秆厌氧发酵系统和沼气提纯系统过程的工艺参数、电气参数和设备运行状态进行监测、控制、联锁和报警以及报表打印，通过使用一系列通信链，完成整个工艺流程所必需的数据采集、数据通信、顺序控制、时间控制、回路调节及上位监视和管理作用。整个系统主干传输网采用 100Mbps 工业以太网，支持 IEEE802.3 规约和标准的 TCP/IP 协议；也可采用工业级专用控制局域网，该控制网具备确定性和可重复性及 I/O 共享，实现数据的高速传输和实时控制。

　　(2) 技术特点

　　1）提出了低成本快速常温湿式固态化学预处理方法。可显著改善秸秆的可厌氧消化性能，解决秸秆难以厌氧消化、产气率低这一难题。与未处理秸秆相比，经化学处理后，秸秆的产气量可提高 50%～120%；固态化学预处理不产生任何废液，没有任何环境问题，而且在常温下进行，处理方法简单，处理成本低。

156 第5章 农村建筑节能适宜性技术

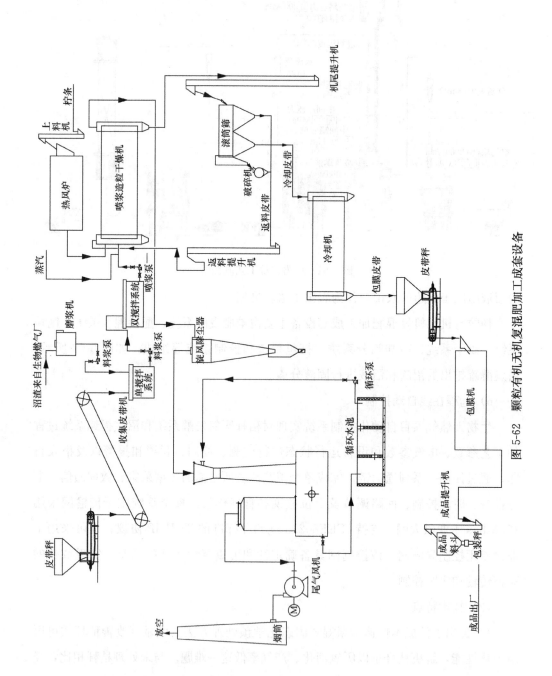

图 5-62　颗粒有机无机复混肥加工成套设备

2) 提出了混合原料近同步协同发酵的方法。采用多种混合原料作为厌氧消化的原料,厌氧发酵之前首先通过各种预处理包括物理、化学预处理方法等分别针对不同特性的原料进行前处理,使其发酵周期缩短或发酵周期可控,从而实现混合原料同步或近同步发酵,并在厌氧发酵过程中产生优势互补,使其产生协同效应。

3) 采用自行研制的压力水洗沼气提纯技术,可高效提纯沼气,把沼气中甲烷的含量提高到96%,达到国际车用燃料的标准。提纯过程只使用水,而且所有用水都可以循环利用,不会产生任何污染,是目前最具环保性的提纯方法。

4) 可实现真正意义上的生态循环和高效利用。厌氧发酵生产出的沼气提纯出 CH_4 注入天然气管网或作为车用。秸秆沼气产生的沼渣呈固态,可直接作为有机肥料使用,也可按照各种不同作物的需求制成复混有机肥料;沼液一部分循环利用,一部分还肥于蔬菜大棚或农田,是一个完全符合循环经济要求的清洁生产过程。与以畜禽粪便为原料生产沼气相比,彻底解决了其沼渣、沼液难以处理和利用,容易造成二次污染的问题;与秸秆热解气化相比,秸秆沼气生产不产生焦油、废水和废气等污染物,产生的沼气热值高、品位好,是一个环境友好的生物加工过程。

(3) 应用模式

生物天然气工程以农作物秸秆为主要原料,混以畜禽粪便及其他有机废物。用快速化学预处理技术将秸秆进行预处理,然后利用多元混合物料协同厌氧发酵技术进行厌氧消化,产生的沼气利用压力水洗提纯技术将沼气进行提纯,沼渣用来生产有机肥,沼液一部分回用于厌氧发酵系统,另一部分作为液体有机肥施用于农作物上,整个系统实现远程自动控制。系统流程图如图5-63所示。

(4) 应用案例

"阿旗生物天然气工程"坐落于内蒙古赤峰市阿鲁科尔沁旗天山镇新能源产业集中区内,由赤峰元易生物科技有限责任公司出资建设,北京化工大学提供技术支持和工程设计。项目占地面积300亩,包括预处理、沼气发酵、分离提纯、有机肥料生产、办公管理区,以及种植、绿化、原料堆放、生物肥堆放区等。目前,项目一期主体工程2万m^3发酵罐已完成建设,项目全部工期预计2016年年底全部建成。项目共有12个发酵罐,单体发酵罐容积$5000m^3$,总发酵容积6万m^3。建后日产沼气可达$60000m^3$、提纯生物天然气3万m^3。沼气提纯后一部分注入城镇天

第 5 章 农村建筑节能适宜性技术

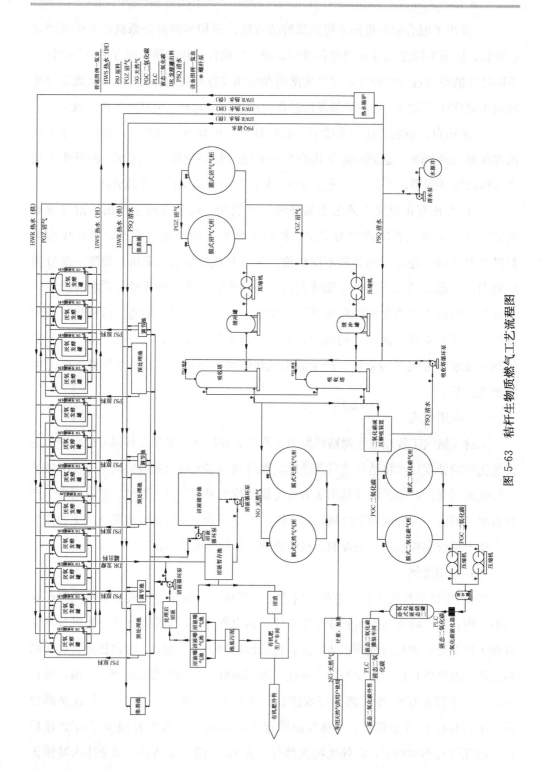

图 5-63 秸秆生物质燃气工艺流程图

然气网管用于民用,供阿旗镇居民使用,一部分压缩罐装进入加气站,用作出租车和公交车的车用燃料。建成后效果如图5-64~图5-67所示,详细介绍请见本书6.3节。

图 5-64　场区全貌

图 5-65　厌氧发酵系统　　　　　图 5-66　提纯系统

图 5-67　加气站

(5) 技术小结

该项技术利用农业及其他有机废物生产生物天然气,将低品位的沼气利用提纯技术将其变成具有高附加值的高品位能源——生物天然气。将其做大,使其具有规模效益,实现专业化管理,效率高,具有广阔的利用前景。同时将沼渣沼液回用于农作物,使整个系统形成闭合循环,实现了可循环的持续性全产业链式发展。

厌氧消化产生的沼气的成分是 50%～65% CH_4,30%～38% CO_2,0～5% N_2,<1% H_2,<0.4% O_2,500 PPM H_2S,此外还含有一定量的水分。经提纯后的沼气需满足国家车用天然气标准《车用压缩天然气》GB 18047—2000,高位发热量 >31.4 MJ/m³,硫化氢≤15mg/m³,二氧化碳≤3.0%,氧气≤0.5%。

5.3.4 太阳能空气集热供暖系统

(1) 系统组成和运行原理

太阳能空气集热供暖系统是一种利用太阳能集热器吸收太阳辐射加热空气,送入房间进行热风供暖的系统。系统主要由太阳能空气集热器、风机、风管、风口、温度控制器等构成。图 5-68 为典型的太阳能空气集热供暖系统示意图。集热器朝南安装在屋顶或南墙上,通过风管将集热器和进出风口连接,风机软接在集热器入口管段,温度控制器通过检测集热器出口监测点的温度控制风机启停,实现系统的自动运行。当白天太阳辐照较好时,空气集热器吸热板温度不断升高,其内部的空气通过自然对流加热并在浮升力驱动下流至集热器出口,当出口监测点监测到的空气温度超过 30～35℃(监测点控制温度根据实际工况确定)时,温控器控制风机开启,室内空气由风机送入集热器,被加热后再送入室内,进行热风供暖。当太阳辐照不足时,若监测温度低于 25～30℃(可根据实际工况调整),温控器控制风机停止工作,系统循环停止。

(2) 系统应用要点

1) 集热器设计

太阳能空气集热器是太阳能空气集热供暖系统的核心部件,开发低成本、高效的太阳能空气集热器,是保证太阳能空气系统具有良好的技术经济性的关键技术之一。提升集热器热性能的途径有:①集热器对太阳辐射的吸收能力;②空气集热器

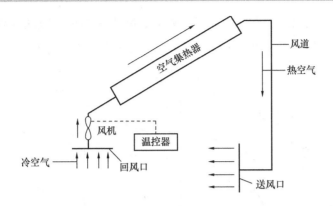

图 5-68 太阳能空气集热供暖系统示意图

内部的流动空气与吸热板之间的换热热阻;③吸热板沿着保温背板和玻璃盖板的热损失。

基于采光面积的集热器稳态效率曲线:

$$\eta_a = \frac{Q_u}{A_a G_g} = F_R(\tau\alpha)_{en} - F_R U_L \frac{T_{fi} - T_a}{G_g} = \eta_0 - U_1 \frac{T_{fi} - T_a}{G_g}$$

式中 η_a——基于采光面积的集热效率;

η_0——集热器所能达到的最高效率,即效率曲线的截距;

Q_u——集热器的有用得热功率,W;

A_a——集热器采光面积,m^2;

G_g——落在集热器斜面上的单位面积太阳总辐照,W/m^2;

F_R——集热器的对流热转移因子;

$(\tau\alpha)_{en}$——集热器的光学效率;

U_L——集热器的总热损失系数,$W/(m^2 \cdot ℃)$;

T_a——环境温度,℃;

T_{fi}——集热器进口空气温度,℃;

U_1——集热器的综合热损失系数,$W/(m^2 \cdot ℃)$。

图 5-69 给出了两种结构的集热器的效率优化过程示意图。点"1"和点"2"分别代表两种轮廓面积为 $2m^2$ 的平板空气集热器模块在 $140m^3/h$ 风量下的热性能测试结果。集热器空气侧的对流传热系数低于 $50W/(m^2 \cdot K)$ 时,达到较高的效率截距更困难,"1"点优化至"1'"点的截距只有 0.75 左右;而"2"点优化至"2'"点后其截

距在 0.8 以上。优化过程需要提高保温效果、减小吸热板与玻璃盖板之间的热损失。优化后的空气集热器的集热性能,达到平板热水集热器的水平。

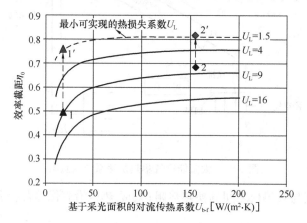

图 5-69　效率曲线截距与基于采光面积的空气侧对流传热系数之间的关系

2) 安装方式

太阳能空气系统的初投资主要由集热器模块和系统安装费用构成,集热器模块价格约 500 元/m^2,系统安装费用包括风管、风管保温、人工费用等,根据工程经验约为每安装延米 70～100 元。太阳能空气系统在农村地区推广的优势是初投资低,为保证其推广价值,安装费用需控制在集热器模块价格的 50% 以内,系统风管总长度宜控制在 10m 以内,否则系统安装费用和管路热损失都将增加。

对典型的坡屋顶和平屋顶农宅给出太阳能空气系统的推荐安装方式,分别如图 5-70 和图 5-71 所示。对坡屋顶住宅,优先采用侧墙送回风方式(图 5-70(a)),其次是南墙顶送方式(图 5-70(b))。对平屋顶住宅,侧墙送回风(图 5-71(a))和北墙送回风(图 5-71(b))方式安装费用基本一致。为降低系统的安装费用,系统的安装旨在减少风管的长度,集热器朝南,紧靠风管入户的墙体安装,进、出风口均设置在距吊顶 500mm 左右,气流组织通过可调百叶风口控制。

根据上述典型的安装方式,厂家生产模块化的风管,系统风管铺设时,直接购买模块化的风管,在施工现场直接进行拼接,降低系统安装费用和时间。

3) 应用区域

我国幅员辽阔,太阳能资源分布不均,在不同的地区采用太阳能供暖具有不同

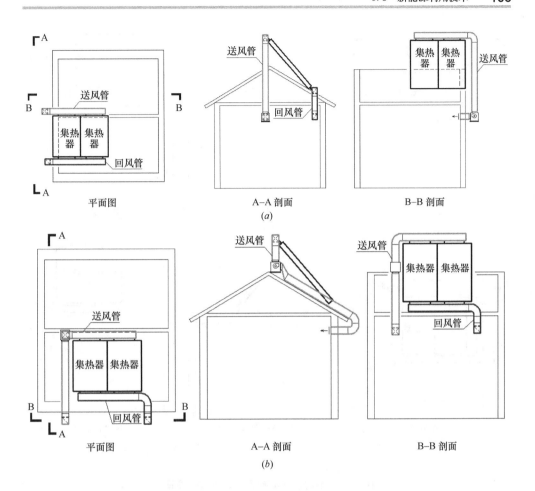

图 5-70 坡屋顶住宅推荐安装方式示意图
(a) 侧墙送回风安装；(b) 南墙顶送回风安装

的经济性。经估算，太阳能空气供暖系统的成本若控制在 700 元/m²，北京市典型年供暖期，集热器 55°斜面上太阳辐照量大于 400W/m² 的天数有 121d，供暖期有效太阳辐照量累计为 1266.7 MJ/m²，有效时长 483h，时间段内平均太阳辐照 728.5W/m²。空气集热器的平均集热效率按 30% 计，集热器供暖期有效集热量为 380.0MJ/m²；风机运行功率为 20W，电价 0.5 元/kWh，系统供暖季平均运行费用约 5 元/m²；空气集热器系统的初投资按 20 年寿命周期折算成费用年值为 35 元/(m²·a)。则北京地区太阳能空气集热器供暖系统的热价为(35+5)元/m²/380.1kWh/m²/3.6MJ/kWh=0.379 元/kWh，与北京地区中小集热规模太阳能热水系统的热价 0.839 元/kWh

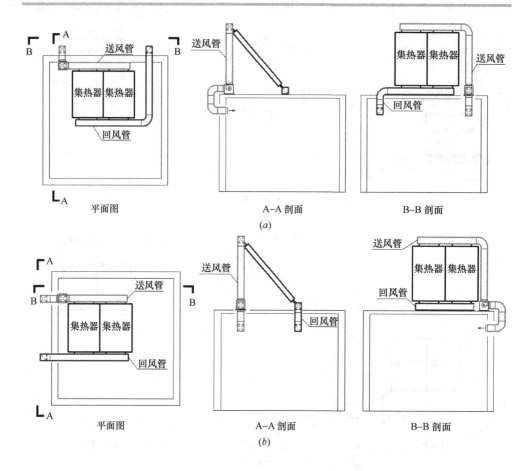

图 5-71　平屋顶住宅推荐安装方式示意图
(a) 侧墙送回风安装；(b) 北墙送回风安装

相比,具有良好的经济性。集热器节省的能源费用折合电为 380.0MJ/m²/3.6MJ/kWh·0.5元/kWh=52.8元/m²,按静态投资回收法计算,投资回收期为 700元/m²/(52.8−5)元/m²=14.64a。

参照上述估算过程,北京、拉萨、敦煌、兰州地区采用小型集热规模太阳能空气供暖系统的热价和投资回收期估算如表 5-9 所示。可见,从经济性角度,应优先在拉萨、敦煌等太阳能资源丰富的地区推广使用。

4) 工程细节

根据课题组的工程经验,总结出太阳能空气系统实际应用中易出现的问题及相应的改进措施,以指导系统的推广应用：

北方不同地区的小型太阳能空气供暖系统成本及热价初步估算　　　表 5-9

地　点	北　京	拉　萨	敦　煌	兰　州
供暖期太阳能资源 （辐照强度在 400W/m² 以上）	55°斜面供暖期 有效辐照量 1267MJ/m²	50°斜面供暖期 有效辐照量 2917MJ/m²	敦煌 60°斜面供暖期 有效辐照量 2221MJ/m²	兰州 55°斜面供暖期 有效辐照量 1244MJ/m²
太阳能空气供暖 热价（元/kWh）	0.379	0.176	0.229	0.383
投资回收期 （a）	14.64	6.01	7.99	14.83

注：各地区的集热器安装倾角根据典型年气象数据优化后，取最优斜面辐照对应倾角。

①系统漏风。集热器模块翅片焊接工艺有待提高，吸热板易被焊穿，导致集热器模块漏风；现阶段系统安装未做到模块化，风管连接处往往咬合不紧密，导致系统漏风。前者要求厂家提高焊接工艺，后者对系统的模块化安装提出需求。

②夜间冷风倒灌。夜间风管系统由于温差引起压差，造成供暖期内冷风向室内回灌。虽然采用电动控制风口开关的风阀能够很好地解决该问题，但成本过高，推荐的解决问题的办法是，风口选用可手动关闭的可调百叶风口。

③风机噪声。系统安装时，选的风机过大或者风机安装未做隔振、减振都容易为农户带来不可接受的噪声，故需对风机进行合理的选型，安装时进行减振，且与风管软接。

④送风有异味。该现象通常是由于空气集热器内部空气侧使用一定量的胶粘接吸热板与翅片扩展表面等结构引起的，集热器加工应尽量避免使用胶粘连接。

⑤夏季闷晒。平板空气集热器在天气晴好空晒时，温度较高，对集热器的热性能及密封性都会产生恶劣的影响，同时夏季的集热量不能有效利用。为此课题组针对性地设计了一款能加热空气和热水的太阳能空气—热水两用集热器，供暖季加热空气进行热风供暖，非供暖季加热热水提供生活热水。

（3）太阳能空气供暖—生活热水两用集热器

根据调研，北方农户不同季节洗澡地点和频率差别较大，冬季农户洗澡频率很低，且大都愿意去村中集中浴室，对生活热水基本没有需求；夏季农户洗澡频率很高，且都偏向在家中洗澡，对生活热水需求较高。农宅供暖和生活热水需求刚好错开。北方农村典型农宅，客厅一般兼作厨房，仅做饭时在此逗留；两个卧室中一个为常住房间，另一个为客房，平时用作储物间，来客时使用，使用率低，故更适合的方案是为仅为常住房间安装太阳能供暖系统，解决常住房间的供暖需求，非常住房间考虑局部供暖措施。随着生活水平的提高，农户对生活热水的需求有所提高，考虑一户三口之家，每人每天需50℃热水40L，共计120L。据此计算出不同地区满足供暖和生活热水所需的集器面积如图5-72所示。可见满足供暖和生活热水所需集热面积较为匹配，即使严寒地区的哈尔滨，二者之比亦在2∶1左右。

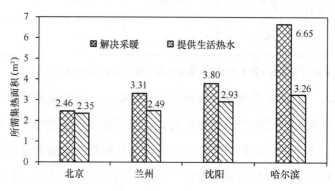

图 5-72　满足供暖和生活热水所需集器面积

据此提出适用于北方农村的供暖和生活热水方案是，研发一款太阳能空气—热水两用集热器，供暖季加热空气进行热风供暖，非供暖季加热热水为用户提供生活热水，解决供暖和生活热水的不同需求，避免系统闲置，提高集热器的全年使用率，降低用户的初投资，节省系统所占空间。

1）两用集热器设计

上述应用方案对两用集热器加热空气和热水的热性能提出了较高的要求，下面介绍一种针对北方农宅应用太阳能空气—热水两用集热器，其结构如图5-73所示，由玻璃盖板、吸热板、保温板、封闭空气层、空气流通通道和热水流通通道等部件构成。

太阳能空气—热水两用集热器的结构设计有以下特点：

① 加热空气通道和加热热水通道彼此独立，应用时可便捷切换；

② 吸热板下焊接8组条形翅片和进出口导流结构设计，兼顾集热器加热空气的效率和阻力损失；

③ 7根水管支管和位于集热器两端的水管集管构成加热热水通道，兼顾加热热水的性能和经济性。

分别对这种太阳能空气—热水两用集热器加热空气和热水的热性能进行实验室

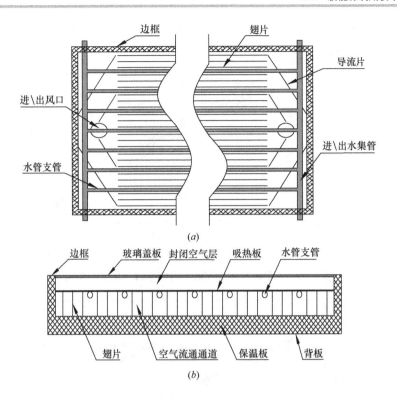

图 5-73 太阳能空气—热水两用集热器结构示意图
(a) 集热器平面结构示意图；(b) 集热器截面结构示意图

测试。加热空气工况：空气流量分别为 $80m^3/h$，$100m^3/h$ 及 $120m^3/h$ 时的集热效率与归一化温差曲线，如图 5-74 所示。当空气流量从 $80m^3/h$ 增加到 $120m^3/h$，集热器归一化温度为 0 时的效率从 51.48% 增加到 55.91%，热损失系数从 5.51 $(W·m^2)/K$ 降低到 5.69 $(W·m^2)/K$。

加热热水工况：质量流量为 0.096kg/s 时的集热效率与归一化温差曲线测试结果如图 5-75 所示。集热器最大热效率为 65.06%，热损失系数为 4.67$(W·m^2)/K$。

2）应用模式

太阳能空气—热水两用系统主要由太阳能空气—热水两用集热器、太阳能空气集热器、风机、温度控制器、风管、风口、储热水箱及水管等构成。图 5-76 给出了典型农宅的太阳能空气—热水两用系统示意图。

根据负荷匹配特性，系统一般包括一块两用集热器和一块空气集热器。冬季，集热器均用以加热空气进行热风供暖；夏季，两用集热器用以加热热水提供生活热

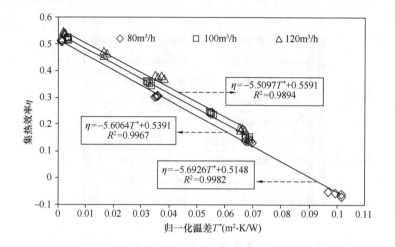

图 5-74　太阳辐射垂直入射时的效率归一化温差曲线

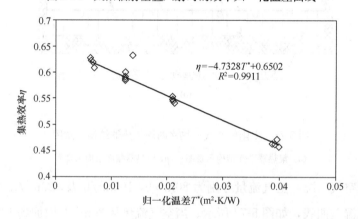

图 5-75　太阳辐射垂直入射时的效率归一化温差曲线

水,空气集热器闲置;过渡季,两用集热器加热热水提供生活热水,空气集热器加热空气进行热风供暖。

太阳能空气—热水两用集热器通过进出水管与储热水箱连接,构成系统加热热水循环,加热热水时,储热水箱底部的冷水依靠重力经冷水管进入集热器,在集热器中被吸热板吸收的太阳辐射加热,温度升高,密度降低,在热压作用下进入储热水箱上部。用户采用顶水法取用热水,当用户需要热水时,打开位于上水管路的上水阀,将冷水送入储热水箱下部,把水箱上部的热水顶出,通过热水管到达农户需水处,维持水箱内的温度分层,实现热水从高温到低温的梯级利用。系统加热空气供暖的运行方式与上述空气系统一致。

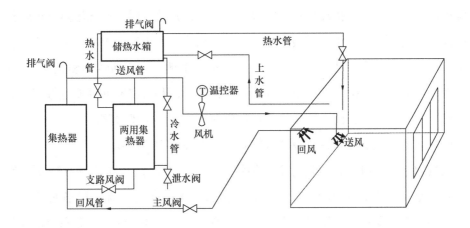

图 5-76 太阳能空气—热水两用系统运行原理图

3）应用案例

课题组于 2014 年在北京市通州区建成了一个示范农宅并进行了实际测试。示范房间供暖面积 $18m^2$，考虑农宅围护结构热工性能较差，系统配置 3 块两用集热器，供暖季 3 块均用以热风供暖，因农宅仅一人居住，夏季只需一块提供生活热水，其余两块闲置。

典型日全天热性能测试结果表明，供暖季热风供暖工况，即使在北京最冷的 1 月，系统运行阶段，室内温度维持在 10~15℃，满足农户供暖的需求，集热器的日均集热效率均在 35% 以上，系统日均效率在 31% 以上，系统加热空气进行热风供暖的集热和系统效率较高，与热水供暖系统全供暖季系统平均效率的 40% 左右相差不大。夏季提供生活热水工况，系统集热效率在 54.2%~59.5%，热量能满足农户生活热水的需求。

根据工程实施情况，系统搭建的初投资，每平方米集热器约 800 元，共计 4800 元，附属材料和安装费等约 1200 元，共计 6000 元；系统每天运行电耗约 0.25kWh，全供暖季共计 30kWh，运行费用约 15 元，系统初投资和运行费用较低。系统加热空气工况，可由温控器控制系统自动运行，加热热水工况，每年只需为储热水箱上水和泄水一次，运行维护方便，用户反馈良好。

5.3.5 小型低温空气源热风热泵供暖技术

小型空气源热泵通过电能驱动，吸收室外空气中的低品位热能，将其转化为较高温度的热能，并以直接加热室内空气的形式，向建筑供暖。空气源热泵供暖作为一种高效、清洁、无污染的供暖方式，具有价格合理、系统简单易维护，适应农村住宅分散分布、单户安装使用等特点，正越来越多地被人们所认识和接受。其中，基于双级增焓变频压缩机的低温空气源热泵技术的产品可将室外温度运行范围下限拓展到-25℃，满足我国大部分北方地区农村住宅的冬季供暖需求。

(1) 普通空气源热泵在寒冷地区供暖应用存在的主要问题

空气源热泵机组在我国暖通空调领域中应用十分广泛。在20世纪90年代中期，我国空气源热泵机组的应用范围开始由长江流域向黄河流域和华北等地区扩展。然而，由于受室外环境温度影响较大，空气源热泵在黄河以北等寒冷地区冬季供热运行时受到很大限制，主要存在以下问题[1~3]。

1) 热量需求较大时，制热量不足

随着室外环境温度的下降，建筑热负荷逐渐增加，而空气源热泵的制热量却随着室外气温的降低而逐渐减少。这是因为，当热泵系统冷凝温度不变时，室外气温降低将使系统蒸发温度下降，引起循环工质的吸气比容增大，导致机组吸气量降低，系统工质循环量减少，机组的制热量会急剧下降。以常规3HP（匹）空气源热泵空调为例，在室外环境温度为-7℃下的制热量仅为其额定工况（室外温度7℃）下制热量的78%左右。在室外温度更低的情况下，系统制热量衰减更加明显，并且往往需要电辅热来提高出风温度，导致机组制热效率（COP）大幅下降。

2) 低温环境下运行可靠性差

随着环境温度的降低，循环工质的吸气压力降低，导致压缩机压缩比不断增大，排气温度迅速升高。随着压缩机排气温度的升高，润滑剂受热后黏度急剧下降，润滑性能变差，排气温度过高最终会引起系统内制冷剂和润滑油的分解，以上这些因素均会影响压缩机的可靠性。当室外温度降到一定值时，压缩机排气温度会超过允许的工作范围，压缩机会启动自动停机保护，从而出现系统短时间频繁启停或者长时间停止工作的状况。另外，从热力学的角度来看，系统在高压缩比下运行时，会使实际压缩过程更偏离等熵压缩过程，系统的不可逆损失增加，压缩机效率降低，COP明显下降。

3) 热舒适性不佳

普通的小型（壁挂式）空气源热泵多采用侧送风方式，热空气聚积在顶部，难以送达低处的人员活动区域,导致送风口附近及上部区域温度较高,而下部人员活动区温度显著低于上部,最终导致室内温度在垂直方向上产生明显的温度分层现象,影响人员的舒适性。

此外,目前在北方农村地区,农户家中现有空调大部分是常规的定频空调,低温环境下制热量较低,供热能力不足。加上一些农村地区电网不稳定,在极低电压条件下定频空调无法正常运转。再加之农村地区房屋空间和层高相比城镇商品住宅更大,采用常规的定频空调供暖温升速度相对缓慢,这些都是导致热舒适体验不佳的原因。

(2) 技术原理

为满足北方农村地区低温环境下的制热需要,空气源热泵压缩比往往需要达到甚至超过 10 以上。而对于目前的单级压缩系统,其压缩比一般为 3～4,显然无法满足北方供暖的需要。因此,降低机组的压缩比和排气温度是实现空气源热泵系统在寒冷地区正常运行的主要途径。

与单级压缩系统相比,双级压缩系统具有压缩比小、排气温度低、运行效率高等特点。可克服在寒冷地区空气源热泵系统效率低、可靠性差等缺点,实现低环境温度下正常制热,使热泵的使用范围延伸到更广的区域。

基于双级增焓变频压缩机[4,5]的空气源热泵[6]供暖技术可有效解决低环境温度下空气源热泵制热量衰减的问题。如图 5-77、图 5-78 所示,该技术通过单压缩机双级压缩喷气增焓变排量比运行,将压缩过程从一级压缩变为两级压缩,减小每一级的压差,降低压缩腔内部泄漏,提高了容积效率;

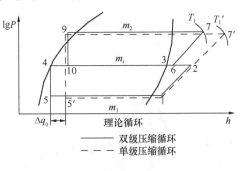

图 5-77 制冷循环图

通过中间闪发补气降低排气温度,提高了容积制热量;系统同时采用 SD 双级变容技术,实现变排量和变排量比的两种双级压缩运行模式,从而实现热泵制热环境下制热量和能效的大幅提升。为了使系统原理图表示更加直观,在图 5-78 左侧双级压缩循环原理图中,将系统单压缩机双级压缩结构表示为图中中上部所示的两个压缩机图形,它们并非表示系统有两个压缩机,而是分别代表一个压缩机的高压腔和

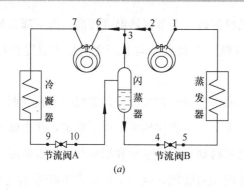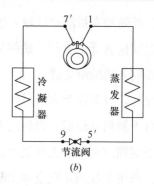

图 5-78 双级增焓变频压缩机系统原理示意图

(a) 双级压缩循环；(b) 单级压缩循环

低压腔，这一点需要引起读者注意。

(3) 系统特点与性能

实际测试结果表明，小型低温空气源热泵机组在实际测试中运行稳定、可靠，在低温环境下制热性能良好。

1) 系统特点

与普通空气源热泵技术相比，小型低温空气源热泵机组在制热方面具有以下主要特点。

可实现在额定制热（室外 7℃）工况下能效提高 5%~10%；室外环境 -20℃ 时制热量提高 50%~100%，能效提高 20%左右。

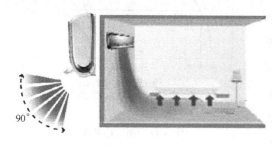

图 5-79 系统送风示意图

拓宽空气源热泵使用范围，实现在室外 -25℃ 的低温环境下正常运行。

实现更好的气流组织和热舒适性。如图 5-79 所示，通过增大导风板上下旋转角度，对气流进行多方位导向，可在冬季实现机组垂直向下送风并最终在房间内形成地毯式送风，使较轻的暖空气自然上升；同时系统制热全程防冷风设计，有效防止冷风吹出，保证出风均是舒适暖风，提高制热热舒适性。

2) 典型产品性能

以一款 3HP（匹）双级增焓变频热泵空调的性能与一款 3HP（匹）普通热泵空调进行对比，制热性能详见表 5-10。

从表 5-10 中可看出，采用基于双级增焓变频压缩机的空气源热泵技术的空调产品，在制热工况下有明显的优势，在相同工况下，制热量和 COP 都有不同程度的提升。尤其是在低温工况下，制热量相对提升率为 26.7%～55.7%，而且室外温度越低，制热量提升率越高。另一方面，相对于额定工况（室外 7℃），双级增焓变频热泵在室外环境 -7℃ 和 -20℃ 下制热量衰减分别为 8.9% 和 27.0%，仅是普通热泵的 21.7% 和 47.0% 的一半左右。也就是说，低环境温度下热泵制热量衰减的问题得到较好解决，为空气源热泵技术在北方地区的供暖应用奠定了技术基础。

3HP（匹）普通热泵和双级增焓变频热泵性能对比　　　　表 5-10

室外干球/湿球温度（℃）	普通热泵		双级热泵		提升比率	
	制热量（kW）	COP	制热量（kW）	COP	制热量相对提升率	COP 相对提升率
7/6	8.747	2.88	9.880	3.09	12.9%	7.3%
2/1	7.579	2.33	9.605	2.43	26.7%	4.3%
-7/-8	6.846	2.02	9.002	2.12	31.5%	5.0%
-15	5.345	1.84	7.919	2.01	48.2%	9.2%
-20	4.632	1.52	7.211	1.95	55.7%	28.3%

（4）应用案例

1）案例简介

2014 年 12 月，北京市房山区二合庄村和延庆区火烧营村共安装了 200 套普及型家用变频壁挂式低温空气源热泵（型号为 KFR-35GW/(35583)FNAb-A2），经过一个冬季的实地运行和验证，运行效果良好。实际测得热泵空调供暖季平均 COP 达到 3.26；-15℃时 COP 达 2.2 以上。

2）测试数据

如图 5-80 所示，热泵开启后，室内温度可以维持在 16～28℃ 之间，满足用户不同程度的供暖需求。在热泵开启运行过程中，室外环境最低温度为 -15℃，系统运转正常。

由功率曲线可以看出热泵并不是全天候运行。由于室内机辅助电加热功率为 1000W，默认开启，除去电辅助加热功率，热泵机组的运行功率均在 1500W 之内。

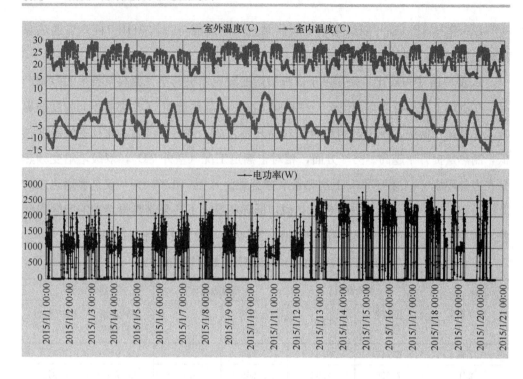

图 5-80 某热风型热泵供暖运行数据（2015 年 1 月 1～20 日）

3）使用效果与问题

壁挂式空气源热泵可以单独控制，方便实现分布运行，仅在需要供暖的房间和时段开启运行，实现部分空间和部分时间的供暖。跟踪调研发现，在完全使用热泵供暖且常有人的 16 个房间中，仅有 1 间卧室是采用昼夜连续运行的方式，3 间卧室是夜间连续运行，其余 9 间卧室和 3 间客厅均采用随用随开的运行模式，体现出了极大的行为节能优势。此外，热泵机组电辅助加热可以由用户设定关闭，这样会更加节能，但调研发现大部分用户并不了解这一点，在给他们进行讲解后，绝大部分用户已主动将电辅助加热设定为关闭状态。

跟踪调研发现，在使用热泵供暖时，用户总体感觉热泵出热较快，房间暖和，噪声不大。目前用户反映最为集中的是热泵供暖设备初始投资问题。以北京一户供暖面积约 70m² 的农村住宅为例，采用普通燃煤供暖方式，供暖设备初始投资为 3100 元；采用热泵供暖，需要安装 2～3 台热泵，初始投资约为 7000～10000 元，这对于普通农村家庭而言是一项不小的负担。原本热泵供暖运行费用较低，设备增量投资可以很快回收，但由于目前相关政策失衡，导致现在的投资回收期很不合理。仍然以之前供暖面积为 70m² 的农宅为例，该农户一个供暖季需要烧煤 3t，由于有政府每吨 600 元左右的优质燃煤补贴，燃料花费仅需 1440～1800 元。使用热泵供暖，农户一个供暖季热泵耗电约 2100kWh。由于目前农村居民用电执行阶梯电价政策，热泵用电电价平均按 0.54 元/kWh 计算，则热泵供暖电费约为 1164 元。依据这样计算，热泵供暖较燃煤供暖每年节约运行费 276～636 元，投资回收期较长。可喜的是，目前北京市已经出台政策，"煤改电"用户将执行峰谷电价政策，并享受供暖季谷段电价优惠。若执行此政策，该用户一个供暖季电费将降至 668 元，若同时政府取消优质燃煤补贴，此时热泵供暖投资回收期仅为 2.5～3.9 年，农户进行燃煤供暖替代的积极性会大大增加。因此，建议政府尽快调整相关政策，对类似高效、清洁、无污染的供暖技术相关设备和运行费用进行适当补贴，同时取消对能耗高、污染大的供暖方式的各类补贴，形成用户"愿意买，买得起，愿意用，用得起"的良性循环。

需要注意的是，若农户卧室、客厅等主要房间采用热泵供暖，则厨房、盥洗室等辅助房间应根据实际情况，采取适当措施，如安装电伴热带或添加移动式电暖器等方式，以满足水管防冻和临时供暖需求。

此外，单台热泵制热最大输入功率为 2780kW（含 1000kW 电辅热），若一个农户家安装 3 台以上的热泵，考虑到热泵之间以及与其他用电器一定的同时使用概率，一般农户现有外电源容量不能满足使用需求，需要进行扩容。同样，若一个村整村实行热泵供暖，则需要对现有进村电网容量进行评估，并按照实际需求进行扩容。

（5）总结

小型低温空气源热风热泵供暖技术具有能效高、可靠性好、应用范围广的特点，相关产品通过应用双级增焓变频等一系列技术，保证压缩机的性能及可靠性。同时，该技术可实现 −25℃下稳定高效运行，拓宽了空气源热泵产品的使用范围，加上运行费用低、出热快等特点，适合在寒冷地区且缺乏生物质资源的农村地区进行供暖应用，暂不建议在生物质资源丰富的地区应用此种供暖技术。

5.3.6 小型风力致热技术

风力致热技术是一种将风轮吸收的机械能直接转化为热能的风能利用方式。热转换可以利用油泵、压缩机、搅拌机等设备，在一定条件下，这些设备的扭矩与转速的二次方成正比，可以较好地与风力机匹配，在较宽的风速范围内可取得高效率。同时，风能致热技术还兼具投入成本低、维护方便、清洁环保等一系列优点，在风力资源较好的地区具有一定的应用前景。

目前，直接致热模式主要有搅拌液体致热以及液压式致热两种方式。液压式致热装置是由液压和阻尼孔组合起来直接进行风能—热能能量转换的致热装置。风力机输出轴驱动液压泵旋转，使液压油从狭小的阻尼孔高速喷出，高速喷出的油和尾流管中的低速油相冲击。油液高速通过阻尼孔时，由于分子间互相冲击、摩擦而加速分子运动，使油液的动能变成热能，导致油温上升。这种致热方式由于是液体间的冲击和摩擦，故不会因磨损、烧损等问题损坏致热装置，其可靠性较高。

液体搅拌式风力致热技术是将机械能直接输入转换为热能的方法。它是通过风力机驱动搅拌器转子转动，转子叶片搅拌液体容器中的致热工质，使之与转子叶片及容器之间摩擦、冲击，液体分子间产生不规则碰撞及摩擦，提高液体分子温度，将机械能转化为热能。该致热方式的装置具有不需要任何辅助设备，相比于液压式致热装置，结构更加简单，价格便宜，容易制造，无易磨损件，对致热工质无严格要求等优点。

(1) 系统组成

液体搅拌式风力致热系统可以划分为能量吸收、能量传递与转换、能量储存和控制系统三个子系统，其原理如图 5-81 所示。

1) 能量吸收系统

能量吸收系统是把风能转换为机械能的系统，该系统主要包括：风轮、塔架等部件。通过理论分析和实验，依照安全、经济耐用的原则，

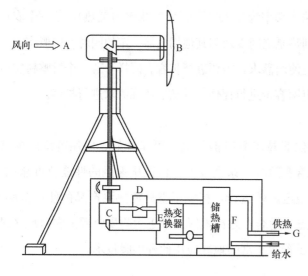

图 5-81　风能热利用系统原理示意图

并结合我国农村地区的技术应用水平，现已设计出一些结构简单、维护方便、一次性投资少的风能吸收装置。

2) 能量传递与转换系统

能量传递与转换系统就是把风轮吸收的机械能传递到搅拌装置，然后通过搅拌装置转换为热能的系统，该系统主要包括：变速变向齿轮箱、传动轴、搅拌轮和搅拌槽等部件。风轮输出轴通过齿轮箱与传动轴将机械转动传递到搅拌轴，驱动搅拌轮转动，搅拌轮带动搅拌槽中的致热工质转动，使之与搅拌轮以及搅拌槽之间摩擦、冲击，液体分子间产生不规则碰撞及摩擦，提高液体分子温度，将机械能转化为热能。液体搅拌式风力致热技术相比于间接致热方式由于不需要通过风力发电，减少了能量转化环节，使得其效率更高、结构更简单、成本更低。相比于液压式致热方式，液体搅拌式风力致热由于不需要辅助设备，减少了中间的机械传递过程，也有着结构简单、效率高、成本低而且更加可靠的优势。

3) 能量储存和控制系统

能量储存和控制系统是风力致热系统必不可少的组成部分，否则可能出现低速风能无法利用、高速风能导致致热装置过热的问题。由于风力致热技术主要用于供暖和生活热水，使用储热水箱来进行热量的存储既可以降低系统成本，又便于系统对于热量使用和存储的控制和分配。

(2) 设计要点

液体搅拌式风力致热装置是风力致热系统的核心部件，其性能以及效率的优劣决定了风力致热系统的热利用效率的高低。

下面介绍一种自动调节风向的水平轴搅拌式风力制热装置，其结构如图 5-82 所

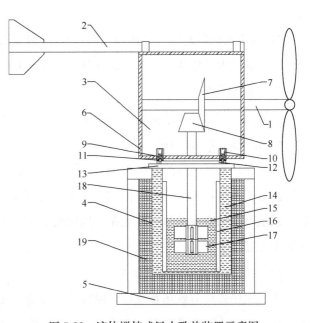

图 5-82 液体搅拌式风力致热装置示意图

1—带叶片的水平传动轴；2—带尾翼的固定轴；3—自动调向装置；4—套桶；5—支架；6—传动箱体；7—第一锥齿轮；8—第二锥齿轮；9—弹簧；10—弹簧卡座；11—钢珠；12—支撑盘；13—法兰盘；14—取热水套层；15—发热油桶层；16—阻流静叶片；17—搅拌动叶轮；18—竖直传动轴；19—保温材料

示,该装置的主要结构有风轮、齿轮箱、搅拌轮与搅拌槽。当风速达到启动风速以后,风轮开始转动,将风能吸收转化为转动轴的机械能,然后通过齿轮箱传递到搅拌轴,最后搅拌轴带动搅拌轮搅拌致热工质,将机械能完全转化为热能。由于机械能转化为热能的效率是100%,因此装置的效率主要取决于风轮对风能的吸收,另外齿轮箱的机械传递的效率也会对装置的效率有一定影响。

该液体搅拌式风力致热装置的技术要点如下:

1) 传动箱体的设计与选择。传动箱体及其以上的部分的重量会影响到调向装置对风向变化的灵敏度,从而影响到装置的整体效率。

2) 叶片传动轴与尾翼的设计与选择。整个装置上半部分的重心会影响到装置的整体平衡,应将上半部分的重心保持在传动箱体的中心。

3) 风力机输出特性与搅拌装置的匹配。搅拌装置的负载特性会影响到风力机的输出,搅拌装置的设计与传动比的选择会影响风力机叶片对风能的吸收效率。

4) 取热水套层的设计与选择。取热水套层的厚度会影响到搅拌装置中的搅拌油与水套层中水的传热,从而影响到整个系统的取热。

(3) 系统特点

液体搅拌式风力致热供暖系统在安装与使用时具有以下特点:

1) 系统周围尽量空旷

液体搅拌式风力致热系统对风力资源的要求较高,因而在安装架设系统时应尽量选择空旷地带,减少遮挡。同时,综合考虑塔架强度时尽量增加系统的架设高度。系统不要架设在屋顶,以免在大风的情况下,系统受力太大有被掀翻的危险,从而引发安全事故。

2) 系统需要良好的保温措施

虽然搅拌式风力致热系统在风使得风轮转动时就能工作,但是由于风的不可控性,在无风和小风的情况下一定要做好保温措施,以免系统产生的热量还未得到利用就已散失。另外,如果没有良好的保温措施,一定风速下即使风轮能够转动,也会由于散热太大而导致在大多数风速情况下系统无法产生热量。

3) 需要补热措施或其他辅助供暖措施

由于风的不稳定性,需要配备相应的储能系统和其他的辅助供暖措施,以实现热量的连续供应。

(4) 系统效果

采取仿真实验的方法,用电机替代风力机来驱动搅拌装置来进行发热实验。在输入功率为 1kW 时,经过 1h 的时间,能将搅拌装置中的工质温度由 60℃升至 120℃,温升曲线如图 5-83 所示。可见,在保证能量输入的情况下,搅拌发热的方式是能够使工质温度达到供暖需求的;另外,在实际应用中为防止工质温度过高应注意及时将产出的热量带走。

图 5-84 为某实验工况下,一定时间内不同转速对应的制热装置中工质所能达到的温度。其中转速决定着输入制热装置的能量。因此,转速越高,一定时间内制热装置内工质的温度也就越高。

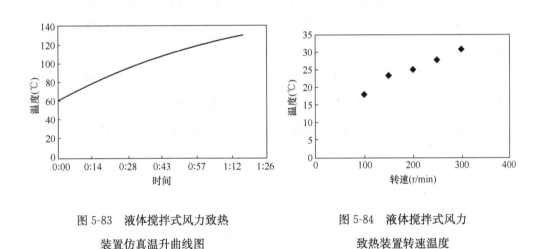

图 5-83 液体搅拌式风力致热装置仿真温升曲线图

图 5-84 液体搅拌式风力致热装置转速温度

风力致热系统的系统效率 $\eta = C_P \cdot \eta_1 \cdot \eta_2$,其中 C_P 为风力机的风能利用系数,表示风力机将风能转化为机械能的效率,根据贝茨极限 C_P 的理论最大值为 0.593,目前市场上的中小型的风力机的 C_P 可以达到 0.45;η_1 为机械传动效率;η_2 为机械能转化为热能的效率,该效率为 100%。假设机械传动效率为 0.9(好的加工可以使该效率达到更高),则风力致热系统的系统效率 η 为 0.405。

风力致热系统的实际致热效果除了受到系统效率的影响之外,还取决于系统的风轮大小以及系统应用地区的风力资源情况。以风轮直径为 3m 的微型风力致热系统为例,其在不同风力资源条件下的致热效果如表 5-11 所示。

风轮直径 3m 的风力致热系统致热功率表 表 5-11

风力等级	风速（m/s）	平均风速（m/s）	系统致热功率（W）
1	0.3～1.5	0.9	1.35
2	1.6～3.3	2.5	28.85
3	3.4～5.4	4.4	157.29
4	5.5～7.9	6.7	555.36
5	8.0～10.7	9.4	1533.67
6	10.8～13.8	12.3	3436.07

(5) 应用领域及发展趋势

风力直接致热系统可以应用于风力资源丰富地区如内蒙和东南沿海农宅供暖、制备生活热水、农副产品加工、水产养殖、沼气池的增温加热等农村用能领域。但目前我国风力致热技术仍处于研究阶段，主要产品尚未定型，距离规模化推广还有较大的距离。

搅拌致热装置具有结构简单、价格便宜、容易制造、体积小、无易磨损件、对载热介质无严格要求等特点，是适合于风力致热系统的理想选择，但应进一步研究如何提高单位时间致热装置内的油液温升，如何与风力机输出功率特性相匹配等关键问题。

本章参考文献

[1] 马最良，杨自强，姚杨，喻银平. 空气源热泵冷热水机组在寒冷地区应用的分析[J]. 暖通空调，2001，03：28-31.

[2] 饶荣水，谷波，周泽，申建军，孔波. 寒冷地区用空气源热泵技术进展[J]. 建筑热能通风空调，2005，04：24-28.

[3] 沈明，宋之平. 空气源热泵应用范围北扩的可能性分析及其技术措施述评[J]. 暖通空调，2002，06：37-39.

[4] 黄辉，胡余生，魏会军，邹鹏，李万涛. 旋转式双转子压缩机. 中国，CN102374167A[P]. 2012-03-14.

[5] 邹鹏. 旋转压缩机. 中国，CN102691661A[P]. 2012-09-26.

[6] 邹鹏. 双级增焓压缩机及具有其的空调器和热泵热水器. 中国，CN103147986A[P]. 2013-06-12.

第6章 农村建筑节能最佳实践案例

6.1 宁夏银川碱富桥村低能耗草砖住宅示范项目

6.1.1 示范项目概况

(1) 项目背景

改革开放以来,宁夏地区村镇建筑快速发展。伴随着人均建筑面积增加,建筑用能类型正在发生着转变,建筑能耗指标也在迅速增加,导致宁夏地区建筑能耗与环境压力日趋严重。与此同时,居住建筑在使用功能的便利性、室内环境热舒适性和建筑结构的安全性、住区环境的品质等方面的性能指标并没有同步提高和改善,形势严峻。

银川平原传统居住建筑多为生土结构,平屋顶形式,一字形平面,后墙基本不开窗(图6-1、图6-2)。由于重质围护结构热惰性和生土材料的调温调湿作用,夏季室内热工性能和舒适性优越,但是由于墙、窗等围护结构构造措施差,导致冷风渗透引起的冬季能耗高,热舒适性差。此外,受传统生土民居墙体材料力学性能和人们观念的限制,窗洞开口往往较小,一方面导致室内自然光线较弱;另一方面也不利于窗口直接接受太阳辐射能量、提高室内温度。因此,室内冬季热环境质量较差,通风采光不良,难以满足现代农村居民对生活质量的要求。

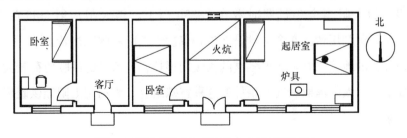

图6-1 银川平原典型传统生土民居平面图

图 6-2 传统生土民居平屋顶形式

近年来，一些经济条件改善的村民开始盲目模仿砖混结构建筑式样，但是没有考虑建筑能耗问题。不合理的布局与空间组织、不合理的材料使用和构造措施等，都造成了室内热环境质量恶化，只能通过加大供暖的方式满足冬季需求，使得建筑能耗同步增加。

国家"十一五"科技支撑计划重大项目子课题"宁夏村镇住宅可再生能源利用技术开发"选择了最具西北地区代表性的银川平原作为示范工程所在地，利用农村地区常见的秸秆压制成草砖，作为墙体保温材料，改善围护结构的热工性能，并利用太阳能降低供暖能耗，实现农村建筑的节能减排。

草砖的利用改变了农村秸秆就地焚烧的习惯，而且与传统的砖房相比，草砖房具有保温节能、透气性能好、减少二氧化碳排放、降低对大气污染和保护耕地等优点。此外，普通砖混房造价为 400 元/m^2 左右，而草砖房仅为 290~300 元/m^2，在我国北方农村有广阔的发展前景。

（2）自然环境状况

宁夏地区属于太阳能较富集地区，这里大陆性气候特征明显，干旱少雨，气温日较差、年较差较大。以银川为例，冬季寒冷，夏秋温凉，12 月平均气温 −6.7℃，7 月平均气温 23.4℃，年平均气温 8.5℃，其中供暖期长达 144d。

与此同时，宁夏地区由于空气中尘埃和水气含量少，透明度高，太阳辐射穿过大气层时损失量小，地面辐射强度远远高于同纬度东部地区，太阳能资源较丰富，年日照时数 3000h，年辐射总量可达 5900MJ/m^2 以上，5~9 月平均日照在 10h 以上，属长日照区域，境内平均日照时数为 8.3h，日照 6h 以上的年平均天数在 250d 以上。银川的太阳能全年日照时数在 2835h 以上，年太阳辐射总量在 5781~6100MJ/m^2，可利用状况在全国排第 3 位，仅次于拉萨和呼和浩特。

银川独特的地域气候，使得冬季的供暖期很长，且每日的供暖负荷较大；但夏季不需要空调。太阳辐射和气象条件的这种特殊组合，为利用太阳能供暖提供了极为便利的条件。

示范项目所在地掌政镇距银川市市区约 9km，南北分别与永宁、贺兰两县接壤，东靠黄河，全镇土地总面积约 125.2km²。碱富桥村位于掌政镇东部，西北邻接惠农渠。场地内鱼池水系颇多，自然形态优美，景色宜人。

（3）建设概况

建设场地原为碱富桥村四、五组几户居民宅基地和耕地。这几户农宅为生土结构，由于建成时间较长且受地下水和盐碱的破坏，在拆除前几乎成为危房，居住质量很差。为配合宁夏地区危房改造、新农村建设的行动，选用了该地块采用新建的方式，合并附近自然村，提高生活配套标准。规划用地共征地 22.45hm²，规划建设 261 户，建筑面积约 4.9 万 m²。一期采用了草砖房等示范技术，规划面积 11.2hm²，规划用地 5.64hm²，安排 86 户人家，范围在惠农渠、银横公路、排水沟三面为界的区域内，向西南方向至鱼池边界。

6.1.2 设计实施方案

（1）整体规划

规划设计立足于完善住区系统配置合住区功能，强化基础设施建设。场地原有水系形态优美，景色宜人，设计充分利用有利的自然条件，大力发展农家乐产业，力图营建具有时代气息的田园式新农村（图 6-3、图 6-4）。

图 6-3　示范项目鸟瞰效果图

图 6-4　示范项目建成外景

村庄道路系统规划力求人车分流、构架清晰，既要保证农家乐游客有便捷的交通，又要确保村庄内部的路线通畅自如，户户都能通车。为提升住区功能，规划中安排了中心戏台、广场、村委会、卫生所、户外集市、小超市、托儿所等基础服务设施。

规划设计中还考虑了对气候的适应性。为避开冬季寒冷的北风，村庄道路避免南北对开形成风口；建筑布局减少场地北向迎风面，同时在北向利用成片成丛的绿化阻挡或者引导气流，改善建筑组群气流状况；户外活动区域北向布置景观和附属结构避风，以减少住宅建筑的热损失；在考虑空间与体型变化的同时，村庄内的室外场地及园地集中设置，力求平面规整，住区的广场、活动场、庭院等室外活动区域均朝阳。

(2) 单体设计

单体设计的原则是立足于当代西北农村生活，结合当地气候条件，提高农宅的安全性、舒适性、便利性和生态性。

根据家庭构成和经济状况的不同，分为六种户型，每户建筑面积 56～200m²。在平面布局方面，将农村常用的条形布局改变成方形平面（图 6-5），将一个进深的空间层次增加到两个，在建筑热负荷最大的北面布置卫生间、厨房或储藏室等辅助房间，形成"温度缓冲区"，保护了南向主要起居空间——客厅和卧室，从根本上减小了体形系数,降低了这些房间的供暖负荷及供暖能耗。

南向采用双层塑钢窗,窗墙面积比接近0.5,以收集更多的太阳热能;北向房间仅开小面积的高窗,满足基本采光与通风要求的同时,减少冬季的热损失,并避免前后户之间的视线干扰。阳光间和直接受益窗均配有厚窗帘或保温板,夜间关闭以利保温。在建筑物南向设置的主入口与附加阳光间相结合形成门斗有利节能。入口空间的设置既实现了被动式太阳能供暖,又为住户提供了舒适的劳作空间,同时也减小了由开关门引起的冷空气渗透(图6-6)。

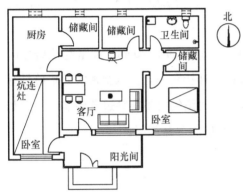 

图6-5 示范农宅平面图　　　　图6-6 示范农宅外观

鉴于农村老年人钟爱火炕,每种户型均考虑了布置"灶连炕"的可能性,厨房的炉灶与卧室的火炕一墙之隔,用烟道相连,冬季做饭的同时可充分利用灶下余热热炕、暖房,节省燃料,而到了夏季此烟道被封闭,另有烟囱直接从厨房通往室外。

院落内考虑车库或杂物间一个,沼气池、牲畜圈一个,以满足农民的日常生活需要。出于对沼气利用的考虑,卫生间紧靠外墙,邻接院中的沼气池和牲畜圈舍,产生的沼气通过管道与厨房相连。

6.1.3 节能技术策略

(1) 草砖外保温

草砖是将干燥麦草秸秆以机械压力捆扎而成。草砖的导热系数非常低,可达到 $0.13 \sim 0.17 W/(m \cdot K)$,远低于黏土实心砖的导热系数。

图 6-7 草砖外墙保温

根据草砖房的结构体系不同,可以分为以下几种:草砖墙承重体系、框架承重体系和草砖保温体系三种。该示范项目采用的是第三种做法,在240mm砖墙外加设250mm厚草砖作为外保温层(图6-7),传热系数为0.49W/(m²·K)。应注意的问题是加强草砖和墙体之间的连接,砖墙砌筑时埋入间距为500mm的预埋卡件。

草砖房的地基必须挖到冻土线以下,并延伸到地面上20cm,地基与草砖之间必须有防潮层。地震区的地基必须用钢筋加固,连接在一起。压制密实的草砖具有良好的防火性能,但是仍应注意金属烟囱和炉灶管道绝对不能穿过草砖墙,至少和草砖保持500mm的距离,如果是砖石烟囱,则应加厚抹灰层。

(2)围护结构非平衡保温

银川属于太阳能资源富集地区,由于太阳辐射强烈,居住建筑各朝向外墙,尤其是南北向外墙接收的太阳辐射量差异巨大,不同朝向外墙的传热过程并不相同。为了更有效地利用太阳能及降低保温成本,示范住宅的各朝向围护结构采用了不同的构造做法(表6-1),即"非平衡保温"做法:一方面通过加大屋面和除南墙外的其他三面墙的热阻(图6-8),提高保温性能;另一方面,通过采取南墙不设保温层的技术方案,使它变成得热构件,成为"辅助热源",充分考虑南向墙体太阳得热对室内温度的影响。该技术的应用提高了冬季室内舒

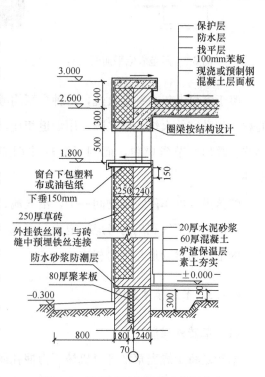

图 6-8 示范民居北墙草砖保温构造

适度和稳定性，同时也有效降低了供暖能耗指标，节约了费用。

示范住宅围护结构构造做法 表 6-1

部位	围护结构构造做法
外墙	东西北向外墙为 490mm 厚复合墙体：250mm 厚草砖＋240mm 厚空心砖。外抹石灰 20mm，墙角处瓷砖贴面。 南面为 370mm 厚空心砖外墙
外窗	塑钢窗（普通双层玻璃）。南向起居室床尺寸 2100mm×1700mm，窗台高 900mm，带亮子，外设纱窗窗扇，无外遮阳设施
屋顶	100mm 厚现浇钢筋混凝土板，上覆盖 100mm 厚 EPS 保温板
地面	混凝土垫层上铺地砖面层
阳光间	铝合金框双层玻璃

（3）冬季供暖

基于银川得天独厚的太阳辐射条件，项目考虑了主被动式太阳能利用相结合，在示范建筑中，集成应用了附加阳光间被动式供暖技术、直接受益窗供暖技术、太阳能集热热水器等，最大限度地利用可再生能源来满足提高生活质量的需求（图 6-9、图 6-10）。

图 6-9 附加阳光间

图 6-10 真空管太阳能热水器

（4）夏季防热

银川地区夏季凉爽，通常不用采取降温措施，但由于示范项目采取了被动式太阳能供暖，加大了南向的得热面积，必须考虑太阳房的夏季防热问题。

屋面檐口略有出挑，在夏季太阳高度角较高时，可以为直接受益窗遮阳。附加阳光间上部留有气窗，方便在夏季打开，排出热空气。此外，住宅北侧房间均设有高窗，改变了传统民居后墙不开窗的习惯，与南向窗户可组织起穿堂风，降低室内温度，改善室内空气品质。

（5）景观调节

碱富桥村根据西北地区的气候条件进行户外景物植物的配置，以抵御恶劣气候的侵袭，同时在过渡季节天气良好时，能充分享受阳光和其他有利的气候因素。

首先，在活动场地与院落的南侧，种植树冠较大的白杨树、国槐、法桐等树种，遮荫效果显著，夏天通过蒸发作用调节气温，并用树冠挡风遮荫，同时可以抵御西北地区的冬季的风沙。其次，在住宅南侧外墙种植爬藤植物，能为室外环境减少尘土飞扬，吸收环境噪声，调节空气质量；在住宅北侧种植常绿灌木，阻挡冬季寒风，降低住宅的冷风渗透；在建筑外围种植落叶乔木，夏季树冠遮阳，避免烈日的曝晒，冬季落叶，不会遮挡阳光。同时，在居住建筑门前栽植低矮灌木绿篱，分隔空间和围合空间，形成一个美观绿色的屏障，冬季可以阻挡风寒，夏季亦可庇护阴凉。

6.1.4 实际效果测评

选取传统生土民居和新建草砖生态民居各一栋，于2008年12月11日8:00到12月12日8:00，进行了24h的建筑热工测试和室内热舒适性测试。两栋建筑南北相距小于1km，周边自然环境相近。传统民居为单层土坯建筑，五开间，南向窗墙面积比仅为0.27。测试房屋均为使用率最高的起居室和较少使用的储藏室，起居室均为白天间歇式供暖，储藏室均不供暖。测试期间为晴天。

（1）室内空气温度

测试期室外平均气温为2.4℃，最低气温为−7℃，最高气温仅5℃。旧民居各房间平均温度全天都维持在5℃以上，新民居都高于10℃。

新民居起居室空气温度为12.0～17.1℃，平均气温为14.6℃，高于室外气温12.2℃，高于传统民居起居室3.2℃。两者夜间温度差距不大，主要原因在于新民居起居室与降温迅速的阳光间由大面积普通玻璃窗分隔，未作保温处理，且夜晚不供暖，因此气温下降明显。

新旧民居储藏室均不供暖，面积小，朝北，人员活动极少，其气温主要受太阳辐射和围护结构影响。比较之下，新民居储藏室温度波幅较小，平均气温虽低于南向房间，但显著高于传统民居储藏室平均气温 6.1℃。室内空气温度对比数据见图 6-11，可见新民居围护结构热稳定性、保温性能较好。

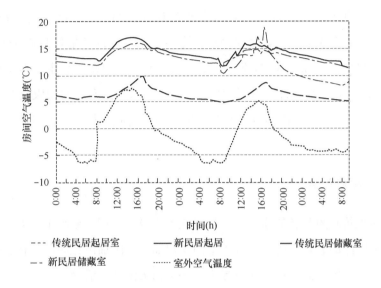

图 6-11 测试期新旧民居空气温度对比

（2）热舒适情况对比

热舒适情况可用 PMV（Predicted Mean Vote，预测平均投票数）作为评价指标。该指标以满足人体热平衡方程为条件，通过主观感觉试验确定出的绝大多数人的冷暖感觉等级，综合考虑了人体活动程度、衣服热阻（衣着情况）、空气温度、空气湿度、平均辐射温度、空气流动速度等因素。

通过室内热舒适仪在现场的实测发现，新民居的室内热舒适感明显优于传统生土民居（图 6-12），特别是在上午和凌晨，两者热舒适感差距较大，在下午 16:00～18:00 之间，两者热舒适感基本相同。这和上面分析到的新民居在室内空

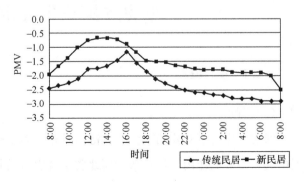

图 6-12 测试期新旧民居客厅的 PMV 对比

气温度、室内壁面温度高于传统生土民居相应参数的结果是相一致的。

(3) 能耗与成本对比

首先从理论上对新旧民居进行了能耗测试的评价，示范草砖民居的耗煤量指标约为 15.01kg/m² (室温 14~16℃)，而传统生土民居的耗煤量指标约为 74.59kg/m²，其他自建民居冬季供暖平均单位面积的耗煤量约 45kg/m² (室温 8~10℃)。由此可见，与自建民居相比，新建民居在室温高出 6℃ 的情况下仍能节能约 60%。按照每户供暖面积 80m²、优质供暖无烟煤 1000 元/t 计算，新建民居每年可节约 2000 元供暖费用。一期示范工程每套民居总造价 6.4 万元，同期农民自建砖混住宅总造价 4.8 万元，8 年内即可回收初投资差额，由此可见，示范草砖民居节能效果明显。

6.1.5 项目总结

新民居建筑较为节能的原因：一是建筑布局设计合理，减小了体形系数，综合考虑了对太阳能的有效利用，增大了南向窗户面积，附加阳光间的存在也提高了白天室内的空气温度，而且也为住户提供了一个白天温暖的活动空间。

二是新民居建筑的构造合理科学。利用草砖作为建筑材料，既极大地改善了建筑墙体的热工性能，又降低了房屋造价，为农民节约了建造费用。同时更为重要的是，改变了以往造成严重环境污染的燃烧秸秆的不良习惯，变废为宝，化害为利，加强了生态建设和环境保护，是对秸秆综合利用道路的探索。

6.2 河北丰宁满族自治县云雾山村生物质压块供暖示范村

6.2.1 项目概况

(1) 背景

河北省作为京津冀的重要组成链以及京津冀生态环境支撑区，在京津冀协同发展中起着重要的作用。近年来，河北省结合农村面貌改造提升行动、大气污染防治行动和节能减排行动，在全省大力推进农村能源清洁开发利用工作，进行了大量尝试和探索，其中承德市丰宁满族自治县南关蒙古族乡云雾山村作为全省新能源推广利用示范村就是该项工作中的典型。

（2）示范村基本情况介绍

云雾山村位于承德市丰宁满族自治县县城东南，距县城 18km，村庄位于云雾山脚下，潮河岸边，总面积 13.5km²，位于北纬 41.16°，东经 116.74°附近（图6-13）。云雾山村的建筑气候分区位于寒冷气候区，冬季气温较低，近 4 年最冷月（1月）平均气温约为−10℃，农户的供暖期多在 150d 左右。

截至 2015 年，全村共 9 个居民组，283 户，1053 口人。其中，蒙古族、满族人口占总人口 84.5%。村内农户多以种地、养殖或外出打工等作为主业。调研发现，该村农户家庭年收入主要集中在 1 万～7 万元之间。

全村现有耕地 2085 亩，普通农户每户耕地约 3～5 亩，年秸秆产量约 1.5～2.5t。全村共有林地 11000 亩，且全为生态保护林，每年修剪树枝由当地木业公司集中收运处理加工。

图 6-13 云雾山村鸟瞰图

云雾山村产业规划主要涉及发展种植业、养殖业以及农家旅游业。其中，规划发展果园 1000 亩（目前已种植 700 亩），主要以苹果梨、黄冠梨、桃、杏、李子为主，未来果园修剪剩余物也是该村重要的生物质燃料来源。

6.2.2 示范村生物质供暖运行模式及农宅节能改造

（1）秸秆压块加工厂及运行模式

云雾山村利用本村玉米秸秆等生物质资源，将其压块后，作为农户供暖、炊事的燃料。在当地政府的帮助下，云雾山村在村内自建了一个秸秆压块加工厂（图

6-14)。加工厂占地面积约 160m²,安装有粉碎机、压块机各 1 台,额定产量为每小时 0.5t。加工时,现场一般有技术人员(电工)1 人,上料人员 2 人,出料收集人员 1 人。加工费用方面,技术人员(电工)为村干部属于义务劳动,上料、出料人员均为农户间相互帮工,无需付费。加工厂每加工 1t 成品耗电 100kWh,目前电费由村委会支出,未向农户收取。但根据当地经济发展水平和电价估算,加工 1t 成品,人工费和电费成本约为 150~200 元。

(a) (b)

图 6-14 示范村秸秆加工厂设备

(a) 秸秆压块机;(b) 秸秆粉碎机

在燃料方面,玉米秸秆是该村压块的最主要原料,如图 6-15 (a) 所示,农户间通过相互帮工将各家各户地里的秸秆进行打捆收集,利用机动三轮车运到村加工

(a) (b)

图 6-15 生物质原料和成型燃料

(a) 秸秆原料;(b) 秸秆棍状压块

厂进行加工。加工出的秸秆压块如图6-15（b）所示。加工完成后，农户再使用机动三轮车运回自家储存、使用。

（2）炉具改造

2014年全村推广供暖炊事一体炉100套、炊事炉94套，其中大部分用于满足新民居供暖、炊事需求，另一部分用于村民中心（800m²）、村红白理事厅（650m²）等村内公共部分供暖（图6-16）。

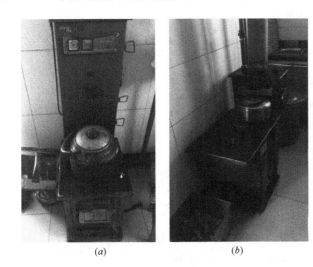

图6-16 改造前后的供暖炉具

(a) 改造前煤炉；(b) 改造后生物质炉1；(c) 改造后生物质炉2

（3）补贴政策

在推进生物质压块供暖过程中，云雾山村得到了各级政府的补贴扶持。生物质炊事供暖炉具每户补贴1100元，其中省级补贴800元，市级补贴100元，县级补贴200元。该村根据不同户型供暖面积需求，分大小两种炉具，小炉具设备费1000元/台，大炉具设备费1200元/台，大小炉具安装费均为100元/台。也就是说，在炉具改造中，小炉具用户无需农户出钱，大炉具用户每户仅需出200元。

村自建加工厂机械购置费约15万元，获国家农机具补贴2万元，获县农牧局补贴3万，其余费用由村委会自筹。

燃料方面，每吨生物质压块燃料补贴150元，每户实际费用最多不超过250元。但是，村里为了不增加村民的经济负担，采用由村委会承担了全部费用的做法。同时期，型煤原价每吨 1000 元，每吨财政补贴 400 元。这样，生物质压块的实际成本低于补贴后的散煤价格。

(4) 新民居建设与节能改造

2010 年该村启动了美丽乡村建设，生态移民整体搬迁 6 个居民组，搬迁 640 人，高标准建成新民居 178 户。户型分为两种，如图 6-17 所示。96m² 的房型为主要房型，约占新民居总数的 83%，72m² 的房型约占 17%。每户厨、卫、浴配套，并统一规划建设了吊炕、节柴灶等。

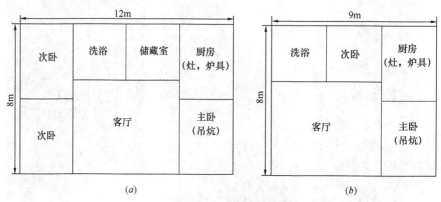

图 6-17 云雾山村新民居房屋平面示意图

(a) 96m² 户型；(b) 72m² 户型

1) 南向外窗改造

新民居南向窗墙比约为 0.7，北向窗墙比约为 0.1，房屋建成时，窗户为单层玻璃。部分居民自发将南向外窗添加为双层窗或将单层玻璃窗更换为双层中空玻璃窗，使得保温效果更佳（图 6-18）。

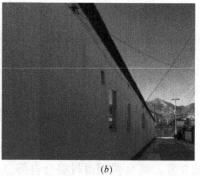

图 6-18 云雾山村新民居房屋外立面

(a) 南向；(b) 北向

2) 外墙保温改造

2014年，该村统一对所有178户新民居进行了外墙保温改造。绝大部分房屋保温材料选用当地产的6cm膨胀聚苯板（EPS）；作为试点示范，少数房屋选用6cm岩棉保温板。如图6-19所示，外墙保温基本构造由内向外依次为：墙体、基层处理、聚合物粘结砂浆、膨胀聚苯板（或岩棉保温板）、耐碱网格布、外墙柔性耐水腻子、浮雕饰面层。

(a) (b)

图6-19 云雾山村新民居外墙保温构造

(a) 膨胀聚苯板外墙保温构造；(b) 岩棉保温板外墙保温构造

6.2.3 使用效果

(1) 室温状况

由于房屋主要的活动区域客厅、主卧等均朝阳，天气晴朗时，部分农户选择白天不生火，依靠南向太阳直射得热，此时实测室内温度（客厅高度1m的避阳处）在10~16℃之间，中位值为12.4℃。在阴天时，大多数农户白天都会供暖，室内温度因用户个体需求而有所差异，实测生火农户白天室内温度（客厅高度1m的避阳处）在12~19℃之间，中位值为13.0℃。

(2) 农户反馈

全村农户对更换后的秸秆压块炉总体评价良好。农户反映其主要优点有：着火快、火力旺,与柴灶相比炒菜做饭更方便,而且不倒烟,使用时比烧煤干净,填火后屋内温度上升速度比烧煤快,同时室温也比烧煤时更高。

调研发现,农户对压块炉具反映比较集中的问题是燃料不经烧,夜晚或长时间封火需要煤辅助;现在村中生产燃料较少,不能满足全村农户整个冬天炊事和供暖燃料需求。

(3) 秸秆示范农户的供暖能耗

如图 6-20 所示,采用秸秆压块供暖的农户(96m² 户型)年均秸秆压块消耗量约 2.5~3.5t,均值为 3t;作为辅助能源,年均散煤使用量约 0.25t,柴火约为 0.375t。根据燃料的平均低位发热量进行折算,使用秸秆压块的农户的年均供暖能耗为 1.55tce。

作为对比,村内主要使用散煤供暖农户(96m² 户型)同时使用少量秸秆压块和少量柴火(暖炕),其年均散煤消耗量约 1.5~3t,均值为 2.0t。根据其使用各类燃料的平均低位发热量进行折算,使用散煤的农户年均供暖能耗为 1.54tce。

如表 6-2 所示,秸秆压块示范户的供暖能耗与散煤供暖户年能耗量大致相当,平均单位面积耗能量为 16.0kgce/m²。由此可估算,若全村 178 户全部采用秸秆压块供暖,则在目前的炉具水平下每年总共需要压块燃料 552t。

农户年户均能耗 表 6-2

项 目	单位	散煤供暖户	秸秆压块示范户
散煤	t	2.0	0.3
压块	t	0.2	2.8
柴火量(炊事及供暖)	t	0.622	0.656
液化气	罐	1.7	1.8
电量	kWh	1021	1485
户均年供暖能耗量	tce	1.54	1.55
户均年总能耗量	tce	2.31	2.51

折算方法:1kWh 电 = 0.35kgce,1kg 煤炭 = 0.71kgce;1kg 液化石油气 = 1.71kgce;1kg 木柴 = 0.6kgce;1kg 秸秆 = 0.5kgce。1 罐液化石油气取 14kg/罐。

(4) 存在的问题

1) 炉具

总结云雾山村农户反映最为集中的燃料不够烧、不经烧的问题。调研发现问题

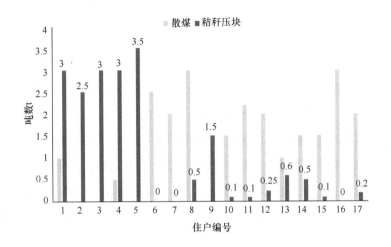

图 6-20 农户主要供暖能耗

主要出在炉具 [图 6-16（b）、图 6-16（c）] 上，一是炉具料箱偏小，由于生物质压块的燃烧速度比较快，导致需要频繁加料，尤其是夜间，一般很难做到一次加料封火至天亮。因此这需要炉具厂家针对夜间封火工况对料箱容量、料箱入口坡度大小以及炉膛大小等问题对炉具进行改良。

另一方面是现有炉具的热效率不高。生物质炉具的烟气与水换热的面积较小，烟道上没有余热回收利用装置。根据对常见类似燃煤炉的测试发现，通常和水管对流换热后直接排放的烟气温度都较高，大多在 200℃ 以上。测试还发现类似炉具的热效率多在 30% 左右，与高效炉具 60%~80% 的热效率相比，还有很大的提升空间。由此，在以后的推广工作中，尤其需要注意选取热效率更高的炉具，这样可以大幅度减少用户对生物质燃料的需求量。

2) 运行模式

在运行模式上，云雾山村为了不增加居民负担，在加工过程中不收取费用这点，必须承认村委会的出发点是好的，但建厂的投资、设备的日常维护费用、加工时的能耗费用等全由村委会承担，村委会的压力势必会很大，最终很可能会导致这种模式不能持续、不可复制。若每吨收取农户 150~200 元左右的加工费，或农户用按一定比例用秸秆换压块，将原本"免费"的秸秆、加工、压块实现合理的置换，不仅不会损害农户的利益，反而因为有了经济效益会提高他们参与整件事情的积极性。

6.2.4 项目总结

从节约能源、改善环境出发，为改变传统生活习惯，推广使用新型清洁燃料，云雾山村利用当地玉米秸秆等生物质资源，将其压块后，作为农户供暖、炊事的燃料。该村通过推广供暖炊事一体炉，提高燃料燃烧效率；通过自建加工厂，实现燃料的自产自用；通过墙体保温改造，提升了农居室内热环境，同时降低了农户供暖能耗。

云雾山村规模化应用生物质压块供暖经一年多的实际运行，让很多农户感受到了生物质压块供暖带来的清洁、便利和实惠。他们的经验以及在推广过程中所出现的问题也为生物质压块供暖设备的改进以及后续大规模复制、推广提供了不可多得的典型资料。

6.3 内蒙古阿鲁科尔沁旗特大型生物天然气与有机肥循环化综合利用项目

6.3.1 项目背景

我国每年农作物种植和畜禽养殖业会产生大量的农作物秸秆和禽畜粪污。长期以来，由于缺乏合理化的循环利用方式，导致大量秸秆的露天焚烧和禽畜粪污的直接排放，造成严重的环境污染和人民群众身体健康隐患问题。秸秆和禽畜粪污的高效资源化处理与利用已成为我国急需解决的主要环境问题之一。

实际上，农作物秸秆和禽畜粪污均是生产生物天然气（生物天然气由沼气提纯获得）的良好原料，为此，赤峰元易生物质科技有限责任公司提出了一种主要依靠秸秆并辅助以少量禽畜粪便来生产高纯度生物天然气的系统化技术方案，并在内蒙古阿鲁科尔沁旗建成了国内首个特大型生物天然气与有机肥循环化综合利用项目，其对于解决我国农村广泛存在的农业和畜牧业固体废弃物所带来的一系列问题具有重要示范意义。

6.3.2 项目实施方案

(1) 项目设计方案

该项目考虑到玉米秸秆是当地最为丰富的一种秸秆资源，且玉米秸秆在同等条件下与其他农作物秸秆相比产气率最高,故选择以玉米秸秆为基础原料,同时可灵活配比禽畜粪污等其他有机废弃物。项目以生物天然气和有机肥为切入点开展建设,下设原料收储运系统、生物天然气转化与纯化系统、沼渣沼液肥料转化系统、村镇分布式能源站及燃气管网系统四个部分,由专业化企业对四个系统进行全产业链的整合,最终实现废弃物资源综合利用、生产过程节能环保、产品市场化竞争的完整循环经济产业链的目的。整个项目全产业链运营路线如图6-21所示。

该项目总投资约3亿元,主体工程包括12个单体容积5000m^3的厌氧发酵罐及相应的配套工程;一条年产5万t有机肥生产线;汽车加气站、供气站与燃气输配管网等配套工程,年可消纳玉米秸秆约5.5万t或相当于等量的其他有机废弃物(均以干物质计算)。项目设计生产能力为日产沼气6万m^3,可提纯生物天然气3万m^3,质量完全达到GB 17820—2012中一类气的标准,合计年产沼气2200万m^3以上,可提纯生物天然气1100万m^3,能够基本满足阿旗30万人口规模的县域内全部城乡居民生活用气和出租/公交车用气。该项目年生产有机肥5万t,基本能够满足6万亩设施农田的肥料使用。另外,该项目还在致力于将沼气提纯后的尾气(二氧化碳)资源化利用,将其生产成工业级二氧化碳产品与农用气态有机肥。

(2)原料收储运子系统

公司成立了专业化的原料收储公司及合作社对原材料收储运,并且具有自己成套的收储运体系,可保障项目所需原材料的稳定与安全供应。

1)收集方式

该项目所需原料的供应以公司自行收储为主,经纪人收储为辅。公司以自有农业机械为基础,组建更大的农机合作社联盟,将社会中分散的农机整合为联盟,结合公司合理的"农保姆"、"能保姆"和产品置换运作模式完全可以保障原料收储运系统稳定。

"农保姆":"农保姆"模式即合同农业管理。公司以平等、自愿的原则与农户、种植大户、农民专业合作社开展"农保姆"种植模式,即农户、种植大户、农民专业合作社将自有土地集中整合与公司合作,在不改变土地承包权的前提下,由公司提供主要农机设备,并牵头以契约方式联合农业种植所需的生产资料供应商(种子公司、肥料公司、农药公司)、生产服务商(其他农机服务公司、农机合作社、农机户、获得土地承包人认可的田间管理人员)、生产保障商(商业保险公司、金融

第6章 农村建筑节能最佳实践案例

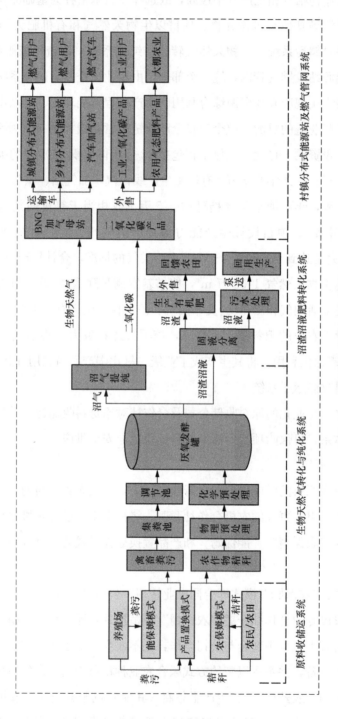

图 6-21 项目全产业链运营路线图

机构），为农户、种植大户、农民专业合作社垫付种植所需的种子、化肥、农药等农业物资，提供整地、播种、收割等农机服务及田间管理、风险保障和资金支持。供应商、服务商、保障商在秋收回收投资，扣除种植成本后的粮食全部归农户、种植大户、农民专业合作社所有。

"农保姆"模式机械作业情况如图6-22～图6-25所示。

图6-22　打捆田间作业

图6-23　旋耕机田间作业

图6-24　农业收割机

图6-25　原料储存场

"能保姆"："能保姆"模式即合同能源管理。针对规模化的畜禽养殖企业、合作社采取的第三方治理模式，既可在其生产区附近配套建设生物天然气和有机肥生产厂，也可与其签订畜禽粪污处理协议，收集产生的畜禽粪污。

产品置换模式：产品置换模式即以生物天然气及有机肥产品置换该项目所需生产原料。针对农村周边分散放置且难以收集的秸秆或畜禽粪污，采取在村镇建设分布式能源站及燃气管网的方式，向农户供应生物天然气，以生物天然气换取秸秆或畜禽粪污。在该系统未覆盖地区，使用有机肥料置换。同时，通过农村分布式能源站及燃气管网的建设还可以促进"农保姆"模式的推广。

2）原料的运输

农作物玉米秸秆运输体积较大，重量轻，畜禽粪污含水率高、干物质比重小，故运输成本是原料成本的主要组成部分。为此公司采取社会化承包的方式进行原料的运输，同时成立农机合作社联盟，以自有农机带动农机联社及其他农机散户共同进行市场化作业，通过农机作业的收入平衡运输成本，最大限度地降低原料成本。

3）原料的储存

由于农作物秸秆的收储有季节性，而项目厂区内部原料储存场地有限，不能将全年所需的秸秆完全储存。为满足项目所需农作物秸秆的供应和储存，以"农保姆"模式为纽带，项目厂区储存不开的秸秆分散存储在"农保姆"模式开展的各村落。

对于畜禽废物，养殖场依据合同约定将短时间内产生的畜禽粪污临时存放，公司负责定期清运；对于分散养殖户则约定由养殖户进行集中短期堆放，以有机肥料或生物天然气进行统一置换，随时清运。

(3) 生物天然气转化与纯化子系统

该系统包括生物天然气生产全过程，公司成立了专业化的生产运营公司进行生物天然气生产工作。通过对玉米秸秆的机械粉碎加化学预处理后，再与禽畜粪污按一定比例混配，然后进行恒温全混合高效厌氧发酵，发酵罐装置设有搅拌与加热系统，可以将运行状态控制在最优。该项目建设规模为总发酵容积 6 万 m^3（即单体 5000m^3 发酵罐 12 座），沼气提纯生产线两条（一条提纯功率 2 万 m^3/d，一条提纯功率 4 万m^3/d）。

该系统的相关照片如图 6-26 和图 6-27 所示。

图 6-26 厌氧发酵罐

图 6-27 提纯车间

(4) 沼渣沼液肥料转化子系统

公司对该系统成立了专业化的有机肥生产公司进行生产运营，将厌氧发酵剩余物质进行固液分离，沼渣经进一步破碎后与腐殖质、有机酸和膨润土等辅料进行元素配比，然后经过喷浆造粒、烘干、冷却、筛分、包装等环节生产为商品化固态有机肥。沼液经过处理后回用于生产，由于沼液是良好的天然液态有机肥，也可根据农业客户需要，加工为液态有机肥料进行销售（图6-28）。

图6-28　有机肥生产车间

（5）城镇分布式能源站与燃气管网子系统

公司对下游生物天然气产品的输配与销售成立了专业化能源公司，保障将项目所产的生物天然气进行安全稳定的销售。该系统包括：

BNG（生物天然气）母站：为CNG管束车加气以便于远距离运输；

BNG子站及配套燃气管网：为城镇居民和公服用户供气；

汽车加气站：为天然气车加气；

瓶组站及配套燃气输配管网：为农村或社区居民供气。

各部分实际情况如图6-29～图6-32所示。

图6-29　BNG母站

图6-30　BNG子站

图6-31　BNG汽车加气站

图6-32　农村瓶组站

6.3.3 项目运行效果

目前，该项目已完成一期投资 2.3 亿元，包括成立原料收储公司（负责推广"农保姆"模式）和农机合作社（年可收储运秸秆 6 万 t）、生物天然气转化与纯化系统一期工程（四个厌氧发酵罐及其配套工程）、天山镇 BNG 母站 1 座、BNG 子站 1 座及燃气输配管网、汽车加气站 1 座、农村瓶组站 6 座（双胜村、岗台村、巴彦包特农场 1 队、2 队、5 队和 6 队）及输配管网工程，现已接通城乡居民用户约 1 万户。

项目一期共建设 4 个单体 $5000m^3$ 发酵罐，设计日生产沼气能力为 2 万 m^3。目前二期工程正在建设中，预计 2016 年能够全部投产运营。自 2013 年 11 月开始，一期项目 4 个厌氧发酵罐陆续投产运行，1 号厌氧发酵罐于 2013 年 12 月 18 日开始投产运行，其他 3 个罐产气时间分别为：2014 年 5 月 18 日、2014 年 7 月 26 日、2014 年 11 月 16 日。排除存在问题的两个罐体（2 号罐 2014 年 8 月至 10 月间流量计设备故障、4 号罐体长期检修），经对项目运行相对稳定的 1 号、3 号罐体生产期运行数据监测，统计得出：运行期间两罐总投料量为 4279t（TS）（TS 指可用于生产生物天然气的纯干物质量，秸秆平均含水、杂率为 15%，牛粪平均含水、杂率为 80%），其中：秸秆 3250.9t（TS）、粪便 1028.2t（TS），合计产沼气 $1776742m^3$，可提纯生物天然气约 $887892m^3$，原料干物质产气率约达 $415.2m^3/t$（实验室理论原料干物质产气率约达 $450m^3/t$）。由于在国内、国际生物天然气技术和市场领域，以干秸秆为基础原料，如此大规模生态高效转化项目再无他家，因此项目的施工建设、运行控制、生产管理等方面均无成功案例可做参考，仍处在探索阶段，因此在整个运转期存在设备故障频发、罐体检修频繁、原料预处理程度不足、人员运行经验不够等问题，致使工程数据较实验室数据和设计规模相差较大。

最终该项目年需要玉米秸秆约 5 万 t，根据元易公司多年来农业作业经验，北方地区平均每亩可用于生产生物天然气的秸秆原料约为 0.33t。为保障整个项目的原材料需求，需要按照"农保姆"的模式推广 15 万亩农田，再加上与农户的产品置换模式，可以保障整个项目所需原料的充足稳定供应。目前，元易公司在阿旗已按照"农保姆"的模式统筹管理了 5 万亩农田，秸秆原料的成本价格约为 200 元/t，保障了项目一期的原材料需求，且运营效果良好，并计划到 2016 年累计推广"农保姆"15万亩农田。

经一年多的运行经验，项目生物天然气产品单位综合生产成本为 2.99 元/m^3，其中秸秆等原材料成本为 1.13 元/m^3、燃料及动力成本为 0.78 元/m^3、药剂 0.01 元/m^3、运行成本 1.07 元/m^3（包含人员工资及固定资产折旧等），城镇加气站与管网系统运行成本 1.2 元/m^3、汽车加气站运行成本 0.5 元/m^3，因此折算后居民供气成本为 4.19 元/m^3，汽车供气成本为 3.49 元/m^3。目前赤峰地区民用天然气价格为 6.6 元/m^3，车用天然气价格为 4.61 元/m^3，因此每售出 1m^3 民用天然气可以盈利 2.41 元，每售出 1m^3 车用天然气可以盈利 1.12 元，待项目完全建成投产后，每年燃气出售业务的总利润额为 1232 万元～2651 万元。项目有机肥产品单位综合成本 857 元/t，其中原材料成本 665 元/t，燃料及动力成本 106 元/t，包装费 60 元/t，运行成本 26 元/t（包含人员工资及固定资产折旧等）。目前赤峰地区有机肥价格为 1050 元/t，每售出 1t 有机肥可以盈利 193 元，待项目完全建成投产后，每年有机肥出售业务的总利润额为 965 万元。综上，项目年产品销售业务的利润总额为：2197 万元～3616 万元。

6.3.4 项目总结

综上所述，以农作物秸秆和禽畜粪污为原料，通过厌氧发酵生产生物天然气和有机肥，不仅能够解决环境污染问题，还可以有效助力城乡可再生能源供应，在此过程中生产的剩余物沼渣沼液还可以作为有机肥反哺农田，减少化肥施用量，改善土壤结构，遏制土壤退化，防止地下水污染，提高农产品品质，促使"粮田"嬗变为"良田＋气田"。

6.4 四川省北川羌族自治县石椅村基于生物质清洁燃烧技术的生态示范村

6.4.1 项目概况

（1）项目背景

2008 年 5 月 12 日汶川大地震后，四川省北川羌族自治县作为地震重灾区，面临着民居重建及农户生活条件改善的艰巨任务。在重建的同时,如何探索南方地区低碳生态与民居建设相结合,切实改善村镇居民生活环境,实现农村地区快速可持续发展是摆在课题组面前的难题。课题组成员从可持续民生的思路出发,按照与北川县总体规划相结合的原则,经过前期充分调研,在尊重群众意愿,并认真考虑当地的自然资源特点和现有工作条件的基础上,选取北川羌族自治县曲山镇石椅村作为示范地,提出了基于生物质清洁燃烧技术的生态化和可持续化改造理念,希望为政府大规模重建和后续发展工作以及国内其他类似地区提供参考和示范。

石椅村(东经104°26′,北纬31°53′)位于曲山镇南部,紧临安北公路。距北川老县城 3.5km,距新县城约 10km。目前全村有三个自然村,93 户,共计 328 人,大部分为羌族。该村的优势是具有丰富的生物质资源,据初步统计,全村秸秆年产量约为 50t(主要为玉米秸秆),果树枝产量约为 300t,平均每户有相当于 1.5tce 的可再生资源量,如果实现高效利用,完全可以满足生活用能需求。石椅村的地理位置如图 6-33 所示。在实施过程中,石椅村附近的几个村落也都作为一个整体改造项目加入进来,目前共覆盖 11 个自然村包括约 200 户农户。

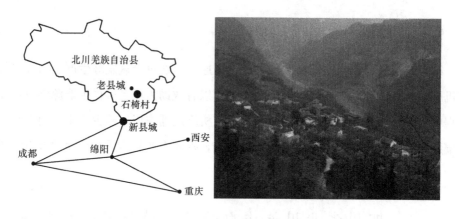

图 6-33　示范村地理位置及整体风貌图

(2) 示范村用能情况

该地区长期以来的能源收集和利用方式一直是靠人工上山捡柴、背柴,然后采用带有烟囱的大柴灶直接燃烧,而且这些炉灶都有一个开敞式填料口,污染物可以从填料口直接扩散到厨房里,大部分的厨房都没有排风设施,即使有也很少使用,如图 6-34 所示。

图 6-34　石椅村传统的能源收集和利用方式

通过对所有农户的调研发现，平均有超过 80% 的农户都把木柴作为第一燃料，其中有 4 个自然村的比例高达 100%，如图 6-35 所示。对村中三户典型农户的实地测试发现，所使用的传统柴灶的炊事热效率仅为 11% 左右，单位时间烧柴量为 2.9kg/h，全年烧柴总量为 2060kg，由于燃烧效率低下，造成了大量能源和人力、物力的浪费。

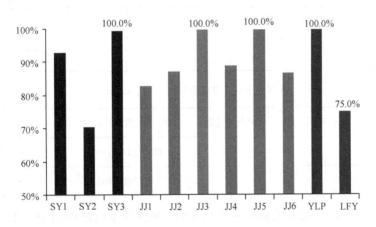

图 6-35　11 个自然村农户选择木柴为第一炊事燃料的分布情况

(3) 示范村室内空气污染情况

通过对该地区室外空气 $PM_{2.5}$ 污染情况的监测发现（表 6-3），该地区由于地处青藏高原东部边缘地带山区，室外空气质量整体情况较好，在两个自然村的室外测点，$PM_{2.5}$ 平均浓度均低于我国环境空气中的 $PM_{2.5}$ 控制浓度二级标准（$75\mu g/m^3$），除了 5 月和 6 月外，其他月份的浓度也低于世界卫生组织的准则值（$25\mu g/m^3$）。

通过对 200 户农户厨房内污染物浓度的测试发现，不论夏季还是冬季，厨房内

PM$_{2.5}$浓度都相当高,如表6-4所示。冬季厨房内PM$_{2.5}$的平均浓度是夏季的3.5倍,在冬季,传统的用能模式(厨房内炊事和取暖)直接导致了厨房内PM$_{2.5}$有较高的释放。夏季,监测的48h内,平均有25.1h厨房内PM$_{2.5}$的浓度超过25μg/m³;冬季,监测的48h内,平均有39.9h厨房内PM$_{2.5}$的浓度超过25μg/m³。

该区域室外PM$_{2.5}$浓度(μg/m³)　　　　　　　　表6-3

月份	有效测试天数	平均值(±标准差)	中值	5%～95%浓度区间	25%～75%浓度区间
夏天浓度					
五月	3	48.0±18.5	40.5	30.9～99.1	37.4～54.9
六月	19	27.6±26.0	15.6	1.4～86.5	8.7～42.4
七月	27	18.1±12.2	16.1	1.9～40.4	8.3～26.8
八月	15	13.1±8.7	10.5	2.5～28.4	7.0～19.8
冬季浓度					
月份	有效测试天数	平均值(±标准差)	中值	5%～95%浓度区间	25%～75%浓度区间
十二月	21	15.6±14.1	12.3	3.5～37.5	7.0～19.4
一月	24	23.8±34.5	17.0	8.0～54.7	11.5～23.7
二月	5	17.6±10.0	17.1	5.1～31.0	9.7～24.2

厨房内PM$_{2.5}$浓度现状(单位:μg/m³)　　　　　　　　表6-4

季节	有效样品数	几何平均数	算数平均数(95%CI)	范围
夏季	217	101	150 (117, 183)	8～2414
冬季	188	255	520 (395, 645)	16～6331

由室内空气污染所导致的夏季人体PM$_{2.5}$暴露的浓度范围为16～1125μg/m³,平均浓度为100μg/m³($n=216$);冬季,人体PM$_{2.5}$暴露的浓度范围为14～1593μg/m³,平均浓度分别为238μg/m³($n=190$),由此给人员健康也带来潜在危害。

6.4.2 项目实施方案

为了对上述情况加以改善,项目组分别从燃料和炉具两方面入手,提出了综合性的技术解决方案。

(1) 清洁燃料技术方案

由于当地家家户户都种植果树,每年都会剪枝,项目组充分利用其木柴资源丰富的特点,提出采用木质颗粒燃料代替传统木柴作为炊事燃料的方案。生物质颗粒燃料加工技术是通过揉切(粉碎)、烘干和压缩等专用设备,将农作物的秸秆、稻壳、树枝、树皮、木屑等农林剩余物挤压成具有特定形状且密度较大的固体成型燃料。压缩成型燃料在专门的炊事或供暖炉燃烧,效率高,污染物释放少,可替代煤、液化气等常规化石能源,满足家庭的炊事、供暖和生活热水等生活用能需求。在常温下,利用压辊式颗粒成型机将粉碎后的生物质原料挤压成圆柱形或棱柱形,靠物料挤压成型时所产生的摩擦热使生物质中的木质素软化和粘合,然后用切刀切成颗粒状成型燃料,与热压成型相比,不需要原料(模具)加热这个工艺。该工艺具有原料适应性较强、物料含水率使用范围较宽、吨料耗电低、产量高等优点。

考虑到当地的实际特点和需求,项目组给村里统一安装了一套小型生物质固体燃料成型加工设备,其生产流程是首先利用削片机将果树剪枝切成较小的木屑,然后利用粉碎机将木屑进行进一步粉碎,再利用压缩成型设备将粉碎后的粉末挤压成形状规则的颗粒燃料供炊事炉燃烧使用。图 6-36 给出了该村生物质颗粒燃料生产厂房和内部设备情况,该加工厂的生产能力约为 200～300kg/h,年产量约 200t 木质生物质颗粒燃料。

(a)

(b)

图 6-36 石椅村生物质颗粒燃料生产加工厂
(a) 燃料加工厂房外观;(b) 燃料加工厂房内部

为了避免目前国内已有的大型生物质集中加工运行模式存在的诸多弊端,如原材料价格不可控、收集半径大造成的运输成本高、流通环节多造成的成品价格高等,该项目采用"一村一厂"的生物质颗粒燃料生产加工新模式,运行方式是由村委会对生物质颗粒生产厂统一负责和管理,从当地雇佣2人进行生产运行和维护,在每年农户进行果树剪枝的秋冬季节,由农户将各自家中的果树枝送到加工厂进行代加工,燃料加工好之后再由农户将成品运回各自家里,在此过程中,农户仅需支付少量加工费用,用于补贴生产工人的基本工资(约占40%)、设备电费(约占50%)和维修费用(约占10%)等必要支出,工厂每天运行6~8h左右,集中加工3~4个月时间,共计可以生产燃料200t,提供这11个自然村全年的炊事燃料需求。如果农户原料较多,可以考虑以一定价格卖给村委会,然后由村委会统一将燃料销售给本村需求量较大或邻村用户,这样不仅能增加设备的利用效率,有助于维持厂房的正常运转,还能进一步带动当地周边村落在可再生能源利用方面的发展,扩大宣传效果。

(2) 清洁炉具改善方案

生物质半气化炉由于有一次风从炉排底部进入,在炉具上部出口处增加了二次风喷口,可以将固体生物质燃料和空气的气固两相燃烧转化为单相气体燃烧,具有供氧效果好、火力强,能使燃料得到充分的燃烧,并减少颗粒物和一氧化碳等污染物排放的优势。但是目前国内市场上的生物质半气化炉使用时,一般采用批次进料方式,一次性将燃料加入到炉膛中,然后从炉子的上部点燃,自上而下进行燃烧,与空气的流动方向相反。这样存在的最大缺点是每次点火和重新加料前后都需要将灶具从炉子上移开,不仅麻烦而且容易造成烫伤、烧伤等潜在危险,重新加料量不能太多,否则容易把火焰压灭,所以只能用于短时间的烧水、炒菜等轻型炊事。另外,这种半气化炉具一般要用细木条引燃,普遍存在点火困难、点火阶段污染大等弊端,而且由于没有充分考虑到农民喜欢用自己原有大锅大灶的炊事习惯,农户觉得使用不方便,结构复杂、价格高,难以接受而很快废弃不用。虽然国家已经推广此类炉具将近10年,但是很少有让农户一直使用的成功案例。

针对上述不足,该项目提出的创新做法是利用半气化燃烧原理设计一款全新的燃烧生物质颗粒燃料的炊事燃烧器,在保证农户传统的炊事操作方式和使用习惯的基础上,继续保留传统柴灶本体、锅具和烟囱等基础设施,将新型生物质颗粒燃料炊事燃烧器从原有柴灶的填料口放置到灶膛中,通过手动进料、简便点火装置和合理的一次风、二次风半气化燃烧方式,实现高效清洁化燃烧和烟气的快速有效排出，如图 6-37 所示。

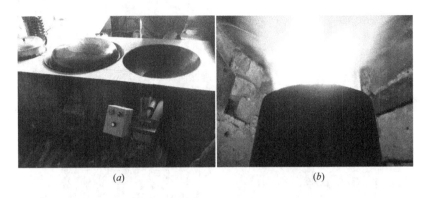

图 6-37 新型炊事燃烧器原型机照片
(a) 燃烧器与传统柴灶结合图；(b) 柴灶内部燃烧火焰

安装时将该装置从柴灶正面填料口或者侧面开口伸入灶膛内部并进行固定，使用时先往料箱内加入一定量生物质颗粒燃料，用手往一个方向旋转手摇柄逐渐将燃料输送进燃烧室上部的炉膛，然后拧开点火开关，点火风机吹出的风经过电阻发热元件后被加热到 500℃ 以上，然后吹到颗粒燃料表面，经过约 40s 后燃料就会被引燃，然后后再切换到助燃风机，通过旋转风力调节阀来调节火焰燃烧强度；随着燃烧过程的进行，燃烧室内的燃料量越来越少，这时可以继续旋转手摇柄将少量生物质颗粒燃料输送进燃烧室，并根据所需的火焰强度来调节风力调节阀旋钮，不断重复上述过程，直至完成一次炊事活动；想要结束炊事用火时，先提前停止往料箱内加料，然后充分旋转手摇柄，将进料管中残余的颗粒料全部输送进燃烧室，完全停火后翻转燃烧室下部的孔板式炉箅，使燃烧室内的剩余木炭和灰分等全部落入柴灶最下面的灰膛，以便于清理。该生物质颗粒燃料燃烧器运行时只需要功率为 12W 的微型风机，加上点火阶段发热元件的电耗，全年总耗电量仅为 20kWh。

对于没有传统柴灶的农户、新建农宅等不具备增加燃烧器条件的农户，项目组又基于该燃烧器开发出一款独立型炊事炉，如图 6-38 所示。该炊事炉的使用方式与上述结合了燃烧器的传统柴灶完全相同，区别在于灶体材料由传统柴灶的砖石换成了金属材料，而且在灶膛烟气出口处增加了水套，用于回收烟气中的部分热量，从而给农户提供洗手、洗菜、洗锅用的生活热水。

图 6-38 基于生物质颗粒燃料燃烧器的独立型炊事炉实物图

6.4.3 改善效果

从 2015 年 7 月开始已经陆续给该示范地安装了 120 台清洁炊事炉,经过调研发现,有 70% 的农户持续使用该炉具,其余 30% 农户由于经常到城里打工不在家里做饭,所以使用不频繁,按计划 2016 年将继续安装 80 台。采用这种方式的优势在于可以充分利用农户原有的炊事设施,完全不改变农户的原有炊事习惯,而且炊事热效率可以达到 35% 以上,另烟气热回收余热占总热量的 10% 以上,用于提供生活热水,大大提高了能源的综合利用效率,同时使用更加方便。此外,该炊事炉是一种可以显著减少污染排放的可靠炊事方式,燃烧单位质量燃料的 CO 和 $PM_{2.5}$ 排放量与传统柴灶相比优势明显,可以使燃烧所产生的污染物排放量减少 90% 以上,如表 6-5 所示。

新型炊事炉与传统柴灶的性能测试对比　　　　表 6-5

设备类型	热效率(%)	排放因子(g/kg干燃料)				
		CO	CO_2	SO_2	NO_x	$PM_{2.5}$
普通柴灶	11.2%	38.3	1565.3	0.02	2.2	8.3
新型炊事炉	38.8%(总计 50.4%)	27.6	1623.6	0.01	1.69	0.4

图 6-39 给出了某农户夏季使用传统柴灶和新型炊事炉时厨房内的 $PM_{2.5}$ 浓度变

化情况，测试户由于厨房开窗通风，使用传统柴灶时厨房内 48h 平均浓度为 31μg/m³（最高浓度可接近 200μg/m³），而使用新型炊事炉时厨房内 48h 平均浓度仅为 7.5μg/m³（最高浓度仅为 80μg/m³），改善效果明显。

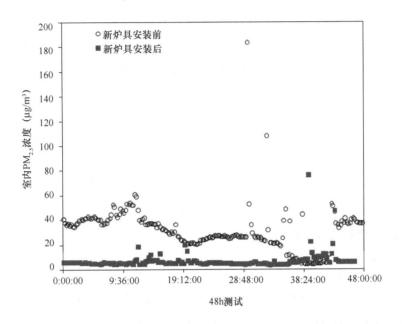

图 6-39　农户使用新型炊事炉前后的厨房 $PM_{2.5}$ 浓度对比

通过对农户实际使用情况监测发现，农户每天做 3 顿饭的生物质颗粒燃料消耗总量不超过 1kg，单户全年炊事总用量不超过 0.5t，与之前传统柴灶的燃料消耗量相比节省了 80% 以上，这意味着可以为农户节省大量上山捡柴的时间，农户非常喜欢。该小型厂房目前的生产能力为 1~2t/d，单月总产量为 50t 左右，给农户的代加工收费标准定为 300 元/t，其中包括工人工资 100 元/t、设备电费 120 元/t、设备磨损费 30 元/t 和利润 50 元/t。由于采用这种"一村一厂"的代加工模式，农户全年用于炊事的生物质颗粒燃料花费不会超过 200 元，仅相当于 1~2 罐 LPG 的花费（每天使用的话，仅能持续一个月），所以农户完全可以承受，村里已经有一些原来使用 LPG 的农户在看到示范农户使用该新型炊事炉后也主动要求安装。

目前正在对该项目开展后续研究，包括更大范围的室内空气质量测试以及对人体健康改善效果测量等。

6.4.4 项目总结

该项目基于生物质清洁燃烧器技术，从改善农户生活用能条件、降低室内外空气污染水平等角度出发，在我国南方地区建成了首个依托"一村一厂"生物质成型燃料加工的生态示范村，技术路线和产品受到了当地农户的广泛认可和接受，能够充分实现节能、减排、环境污染降低和人体健康改善等多重效益，对未来在类似地区大规模推广该模式具有重要的借鉴意义。

6.5 四川省凉山彝族自治州摩梭家园洼夸村传统民居试点工程

6.5.1 示范项目概况

(1) 建设背景

摩梭文化是世界上保存最完整的母系文化形态之一，是摩梭民众在长期生产生活实践中积淀形成的智慧结晶。摩梭文化遗产主要包括物质文化遗产和非物质文化遗产两类，其中物质遗产主要包括历史与民族文物以及摩梭村落与传统民居。非物质文化遗产主要包括民族文学以及摩梭传统技艺，如农耕文化和木楞房的建造技艺等，是摩梭文化遗产的重要组成部分。摩梭人集中聚居的滇西北高原地处多种文化边缘处的交汇点，受到青藏文化、羌族文化和百濮文化的共同影响，再加上物质技术条件的制约，逐渐形成了较为固定的建筑形态和独特的居住文化。在家庭、宗教和走婚等多重文化的影响下，形成了摩梭民居独特的院落布局形式。

由于多年风蚀雨侵的影响，村内现存夯土围墙中大部分出现了外立面开裂、角塌等现象，建筑整体显得非常破旧。且大部分民居建筑的底部墙裙多采用廉价的现代砖砌墙面加以简陋的水泥抹面，缺乏装饰性，丧失了传统摩梭民居的特色。除此之外，民居亦存在采光不足、外窗气密性能差等问题（图 6-40）。特别是室内热舒适性差：冬天室内阴冷潮湿、室温不到 8℃。

为了保留摩梭民居独特的民居特色，更是为了提高传统民居的人居环境，在洼夸村内选取一个典型摩梭族传统民居作为节能示范和改造效果模拟的试点建筑。

摩梭家园作为课题的试点工程，具有良好的影响力度，不仅对当地建筑的修建具有一定的指导意义，同时对其他村落的改造起到推动作用，最终将会带来巨大的经济效益、社会效益及环境效益，意义深远。

图 6-40　洼夸村现状

(2) 自然环境状况

洼夸村位于四川省凉山彝族自治州泸沽湖旅游北线中部，距达祖 2.76km，距泸沽湖镇 3.9km，外部交通便利。洼夸村落建设区总用地面积为 15.92hm^2，从东南方向看洼夸村，地势由湖面向北面山脊逐渐升高，坡度平缓。从西南方向看洼夸村用地，地块依山傍水，自然环境优越。上位规划对洼夸村的用地性质做出了界定，其中包括村内新增建设用地，以及文化娱乐、广场、公园绿地、旅游接待等性质的用地。该地区地处西南季风气候区域，光照充足、降水适中。全年日照时数为 2260h，日照率 57%，全年有近 10 个月的时间蓝天如洗，丽日高照，气候条件可参照九龙县地区。

(3) 建筑概况

洼夸村内大部分现有民居建筑墙面上部保持了摩梭民居特色的木楞墙，但底部墙裙则多直接采用廉价的生土或砖石砌墙面加以简陋的水泥抹面，装饰简单。随着现代砖混结构的大量使用，村内新建的民居仅仅保留了传统的门窗形式，丧失了传统摩梭民居的特色。

传统民居示范地基本情况：建筑平面为传统摩梭族民居四合院形式，由祖母屋、经堂、花楼和草楼四部分组成，如图 6-41 所示。

建筑面积：840m^2。

结构类型：一层为生土、砖混结构；二层为木复合结构。

该地区属于青藏板块与杨子板块的结合地带，是我国地震多发地带，房屋结构和结构构件必须满足安全性和抗震性能要求。

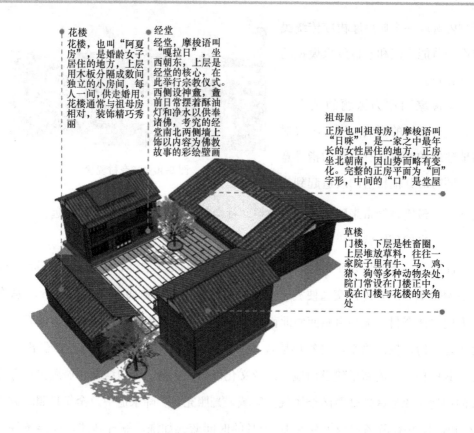

图 6-41　传统摩梭族民居四合院改造方案

6.5.2　改造实施方案

本着节约、经济合理的原则，对建筑局部某些房间、节点等进行节能改造，以改善建筑室内环境状况，洼夸村试点工程技术示范内容见表 6-6。

工程技术示范内容　　　　　　　　　　　表 6-6

序号	示范技术内容	构造特点、技术指标
1	被动式太阳房供暖技术	冬季室内平均温度 $t \geqslant 10.0℃$，最低温度 $\geqslant 5.0℃$
2	木框中空玻璃(6+12A+6)窗	传热系数 $K \leqslant 3.0W/(m^2 \cdot K)$
	铝塑复合中空玻璃(6+12A+6)窗	传热系数 $K \leqslant 3.2W/(m^2 \cdot K)$
3	木楞复合生土墙	木楞构造平均厚度 85mm，200mm 生土墙；传热系数 $K \leqslant 0.7W/(m^2 \cdot K)$
4	生土砂浆修复加固与防潮技术	生土砂浆强度 $\geqslant 2.5MP$

续表

序号	示范技术内容	构造特点、技术指标
5	组合木骨架结构技术[传热系数 $K \leqslant 0.7 \text{W}/(\text{m}^2 \cdot \text{K})$，结构抗震$\geqslant$8度]	构造层次为：12mm厚木板外饰面；40mm厚空气间层；60mm厚岩棉保温材料；12mm厚木板内饰面
6	木结构保温防潮屋面技术[传热系数 $K \leqslant 0.65 \text{W}/(\text{m}^2 \cdot \text{K})$]	构造层次为：空气层；防水透气膜；80mm厚岩棉保温材料；12mm厚木板内饰面
7	采光通风屋面	屋脊与屋面架空通风；屋面瓦和亮瓦交接处，留出空隙，引导室内烟气通过缝隙排出

6.5.3 重点节能技术介绍

(1) 被动式太阳房供暖技术

考虑到示范项目的投资成本和技术可行性，确定采用直接受益式太阳房（图6-42）。具体改造方法为南向供暖房间开设大面积玻璃窗，将原来的窗户加大，窗墙面积比达到0.8；外窗采用6+12A+6的透明中空玻璃，太阳能总透射比 $g_g =$ 0.71。冬天使得晴天时阳光直接射入室内，室温上升，射入室内的阳光照到地面、墙面上，使其吸收并储存一部分热量，当夜晚室外降温时，将保温帘或保温窗扇关闭，同时蓄存在地板和墙内的热量开始释放，使室温维持在一定水平；夏天通过窗户开启扇的开启解决过热问题。

图6-42 被动式太阳房施工现场

(2) 生土砂浆修复加固与防潮技术

既有建筑历经多年风蚀雨侵，大部分外墙立面出现了开裂、角塌，甚至局部变薄等影响使用寿命的质量问题，即使进行外墙面粉刷修复，也无法实现长期有效维持的目的。

洼夸村示范工程利用生土砂浆修复、防潮、加固技术对外墙外立面进行维修，可以以较低的经济成本和简单的施工工艺解决生土材料抗腐蚀和防雨、防水的问题，极大地提高生土建筑的使用寿命。

生土砂浆修复是将工厂化生产的添加剂、耐蚀纤维（也可以用稻壳、植物秸杆制品，麻质纤维等替代）、少量水泥、土质材料（黏土、砂土、页岩土等选其一种）、砂等按配方比例搅拌均匀后加水拌为浆膏状，涂抹于建筑表面。利用添加剂与水的水化反应，使得各组分与原始墙体紧密地结合在一起，而耐蚀纤维可以起到加强连接的作用。通过该技术可以同时起到夯土墙体修护和防水的作用。

同时，施工中在防护层材料中增加保温材料组分（如珍珠岩），可达到强化墙体保温隔热性能的目的。该项技术通过大量实验调试验证，效果理想，能够应用于实际工程，是一种简便易行、造价低廉的既有建筑改造技术。图 6-43 为施工现场外墙改造前后实际效果的照片。

图 6-43　改造前后生土建筑外立面效果

（3）组合木骨架结构技术

川西地区森林丰富，民居大量采用木结构形式，但正在修建的木结构建筑对木材浪费太大，对森林砍伐影响很大。针对该问题研发的轻型复合木骨架组合墙体构造，提出了轻型复合木骨架组合墙体构造连接方法、墙体高效保温，防水汽渗透空气层构造技术。

木结构房屋中，承重木材的强度等级不应低于 TC11（针叶树种）或 TB11（阔叶树种），其设计指标应考虑含水率的不利影响；承重结构用胶的胶合强度不应低于木材顺纹抗剪强度和横纹抗拉强度。房屋木结构件应采取有效的防火、防潮、防腐、防虫措施。

四川传统民居中木屋架常用的是井干式和穿斗式，如图 6-44 所示。组合木骨架外墙是装配式建筑围护结构，墙体内填充的是岩棉作为保温隔热材料，为防止热

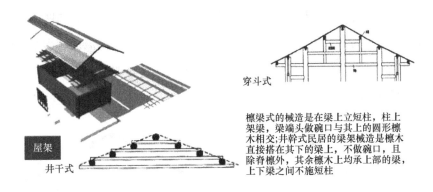

图 6-44 四川传统民居井干式和穿斗式木屋架结构

桥、间隙、孔洞造成空气和水气渗透，在墙体内部产生凝结、受潮现象和热量损失，保证墙体的保温隔热性能和质量，对组合木骨架外墙与地面、楼板、其他墙体连接部位应进行防潮、防止空气和水气渗透的处理。

（4）采光通风屋面

祖母屋作为摩梭民族中最重要的房间，在传统模式中，功能集家庭起居、会客、厨房、餐厅以及祖母居住为一体，房间核心的火塘具有不可替代的文化与宗教涵义。但传统的摩梭民居由于社会经济环境的制约以及受到外墙开窗方式与房间平面布局的影响，居住的舒适性，特别是室内光、热环境比较恶劣，火塘产生的烟气又会影响室内空气质量。为解决这些问题，采用了采光通风屋面这一改造措施，图 6-45 为改造方案示意图。

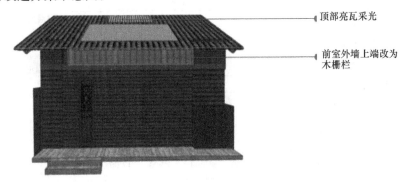

图 6-45 改造方案示意图

屋顶部分采用亮瓦，改善室内的采光条件。同时，在屋面瓦和亮瓦交接处，留出空隙，引导室内烟气通过缝隙排出，改善室内空气质量。根据摩梭人生活习惯，交接处留有气孔，用以排出室内燃烧火盆产生的烟气，如图6-46和图6-47所示。此外，在维持原有祖母屋平面布局形式的基础上，将前室外墙上端改为木格栅，并且在前室内墙开窗，屋内可以通过光的漫反射采光。这种改造的方式，最大程度上保留了传统祖母屋的外观形式。

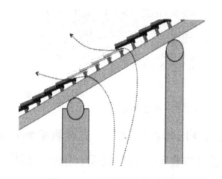
图6-46　通风效果的改善

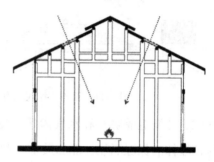
图6-47　采光效果的改善

6.5.4　实际效果测评

试点建筑通过以上技术改造以后，冬季室内温度得到了明显提升，在不采用任何供暖设施情况下，冬季室内平均温度可达11℃以上；生土墙经过砂浆修复加固以后，整体达到预取效果，墙体不再受潮脱落；建筑采光、通风效果得到了很好的改善。为保护当地传统建筑提供了改造范本，为打造泸沽湖特色旅游做出了贡献。

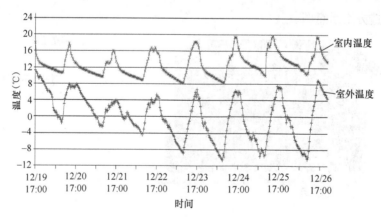

图6-48　室内外空气温度（℃）

2014年12月19~26日对示范建筑二层中间的房屋进行了现场测试。图6-48是室内外温度分布情况。20日为晴天，21~23日为多云，白天室外最高温度逐渐降低到 4℃，夜间最低温度为 -5.2℃时，室内平均温度仍高达 10℃以上；24~26 日为标准晴天，由于太阳辐射作用，白天最高温度逐渐升高到 9℃，夜间由于高原长波辐射作用，室外温度降低到 -9℃以下，昼夜温差很大，室内平均温度达到 11.6℃以上，最低温度也高于 6.2℃。

被动式太阳能建筑"温室效应"的特性决定了其室内温度会受室外气候波动的影响较大，建筑白天和夜间室温波动大约 8℃。但根据对建筑使用者的调研，绝大多数人认为被动式太阳能建筑的室温基本能够满足需求。

6.5.5 项目总结

摩梭家园作为课题试点工程，在尊重当地居民的生活习惯及风俗特征的基础上，充分考虑经济性、适用性等综合因素，针对传统民居自然采光、通风、风貌等方面，对现有建筑进行改造：

（1）建筑南向采用直接受益式被动窗，利用 6+12A+6 的透明中空玻璃作为被动式太阳能低技术措施的典型应用，在太阳能资源丰富的地区可有效提高冬季建筑室内的热舒适度。

（2）建筑应用了课题组自主研发的生土砂浆，对夯土外墙外立面进行修复、加固及防潮处理，提高了既有生土建筑的使用寿命。同时，增加保温措施，提高了建筑的保温隔热效果。在采用了上述两种措施后，冬季室内热环境得到极大改善。

（3）采用利用复合木结构的建筑构造方法，可减少对混凝土、钢筋、砌块等建材的消耗，同时也减少了对周围环境的破坏，具有良好的经济和环境效益。

6.6 广西南宁市大林新村示范项目

6.6.1 项目概况

大林新村是南宁市西乡塘区金陵镇金陵村管辖的一个自然村，位于南宁市西郊，距南宁市西乡塘 28km，南百高速公路和二级公路贯穿境内（图 6-49）。现有住户 78 户，人口 418 人，全村耕地面积 900 亩，以种植香蕉为主要产业，香蕉面积达850亩，仅香蕉单项年收入就达280万元，是该村群众的主要收入来源。规划建设形式一致、占地面积123m²的建筑78栋。

图6-49 广西壮族自治区南宁市金陵镇金陵村大林新村示范项目

该项目是国家"十二五"科技支撑计划课题"村镇建筑节能关键技术集成与示范"（2011BAJ08B10）示范项目之一，总示范建筑面积为4300m²。项目从规划建设到运营使用主要立足于我国南方地区建筑节能与低成本策略相结合的理念，研究并采用符合实际、经济实用、施工简易、更能为广大农民所接受的建筑节能适用技术，具有向全区推广的示范意义。选用的技术措施包括：体现节能的建筑规划布局设计、自然通风与采光等被动式节能技术、新型墙体材料应用、太阳能、沼气等可再生能源利用等。本节首先简述建筑规划布局及简介节能技术，然后重点介绍通过以废弃香蕉作为沼气发酵原料的户用沼气在广西南宁大林新村示范及应用，结合项目实测数据，为其他地区应用提供一定的参考。

6.6.2 建筑规划和节能技术

（1）规划布局及绿化

1）建筑形式、间距与朝向

充分考虑建筑的日照、采光与通风，建筑朝向与道路走向顺应主导风向，建筑南偏东，道路走向也向东倾斜，以引导主导风进入村内，使后排建筑也有良好的通风条件。控制建筑间距，横排建筑间最小间距为13m，前后间距8m以上，以避免相互遮挡（图6-50）。

2）环境复层绿化

建筑环境设计重视绿化设置，每个住宅门前屋后都种植有大株乔灌木，村内设

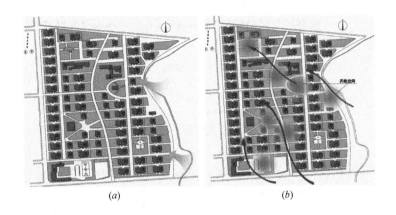

图 6-50 规划及布局

(a) 选址与主导风；(b) 布局与通风示意

置有绿化道和小型公共庭院，充分利用绿化遮挡对阳光进行控制，较大程度地避免直晒，节约夏季空调、风扇等能耗（图 6-51）。

图 6-51 大林新村绿化景观

（2）功能布局

建筑布置在向阳地段，为南北朝向。建筑平面布局合理，卧室和客厅等主要房间布置在南侧，厨房、卫生间、储藏室等辅助房间布置在北侧或外部，房间的面积大小适中（图 6-52、图 6-53）。外门设置在南侧，一楼为活动空间，主要居室在二楼以上，外门没有直通室温要求较高的卧室等主要居室，避免外界温度直接进入主要居室，引起室温波动。

（3）自然通风与自然采光

建筑设计对平面布局进行了优化，设计内部畅通风路，改善室内潮湿闷热的环境，也大大减少了夏季空调的使用时间。针对示范项目所在地常年盛行东南偏东风

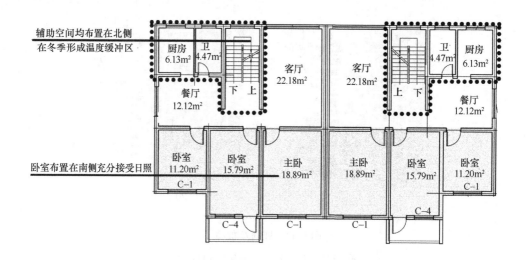

图 6-52 房型 1 布局示意图

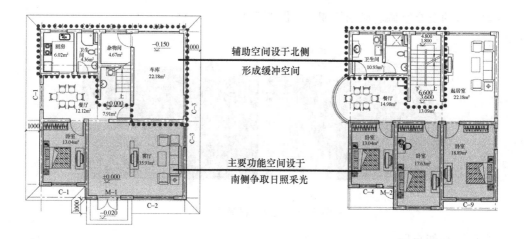

图 6-53 房型 2 平面布局示意图

的气候条件,在东向侧墙也开设外窗,以引入自然风。示范项目两个房型的通风示意见图 6-54 南北各房间之间开门设置考虑预留风路,形成穿堂风。厨房和卫生间排风口的设置考虑了主导风向和对邻室的不利影响,位置设于下风向。

外窗设置较大的开启面,有利于自然通风。厨房和卫生间排风口的设置考虑主导风向和对邻室的不利影响,位置设于下风向。经模拟分析房型 1 一层房间换气次数达到 $3.81h^{-1}$,二层房间换气次数达到 $8.96h^{-1}$。房型 2 一层房间换气次数达到 $9.16h^{-1}$,二层房间换气次数达到 $14.54h^{-1}$。

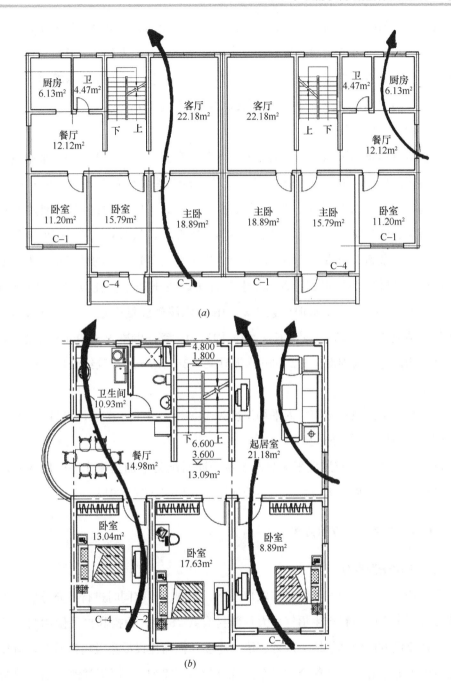

图 6-54 两个房型通风示意

(a) 房型 1；(b) 房型 2

对开窗进行优化，适当增加开窗面积，各个房间都有直接对外的采光，门窗洞口尽量设置在居室外墙居中的位置，使室内采光效果得到改善。经模拟优化，各个房间的平均采光系数都在2%以上，室内采光效果良好，白天基本不需要开灯。夏季开启空调时间明显减少，全年开启空调的时间不到15d。

（4）围护结构节能设计

大林新村建筑均采用统一的构造形式，整体框架为砖混结构；外墙采用烧结多孔页岩砖兼作保温与填充墙。烧结多孔页岩砖导热系数约为0.81W/(m·K)，保温性能远好于普通混凝土砌块［导热系数为1.2W/(m·K)］，而且作为夏热冬暖地区的外墙保温隔热材料，足以满足舒适性与节能要求，从而减少了进行外墙外保温而需进行的复杂施工与造价的增长，适合应用于夏热冬暖地区的村镇建筑中。该项目外墙从内到外的构造形式：20mm水泥石灰砂浆＋烧结多孔页岩砖(240mm×115mm×90mm)＋15mm水泥砂浆＋3～4mm水泥砂胶结合层＋8～10mm面砖，实测传热系数约为1.3W/(m²·K)；楼面构造为：钢筋混凝土＋20mm水泥砂浆抹面；地面构造为：为混凝土＋20mm水泥砂浆＋3～4mm水泥胶结合层＋8～10mm面砖。

通过测试示范项目冬季室内平均温度为18.9℃，比非示范项目提高1.6℃。

（5）太阳能热水系统

78户居民均安装家用太阳能热水系统，同时配备电加热棒作为辅助热源，采用强制循环间接加热单水箱系统，实现太阳能入户率达到100%。

6.6.3 户用沼气应用方案

（1）应用情况落实

大林新村把农村沼气池建设与农户改厕、改圈、改院同时进行，充分利用丰富的废弃香蕉为发酵原料产生沼气。大林新村有共78户，为提高村民使用沼气的积极性，在建设方面做到了统一规划、统一建设，提高建设质量及施工质量，避免各自建设带来的不统一，在整个村子东侧统一建造了78座户用沼气池，沼气池布置及沼气管道走向见图6-55。为考虑便于管理，每户建立自己独立的沼气发酵间，便于村民自己管理，管理和运行较为方便（图6-56和图6-57）。

每户建造容积为8m³水压式沼气池，平面布置及剖面见图6-58，规格尺寸见表

6.6 广西南宁市大林新村示范项目

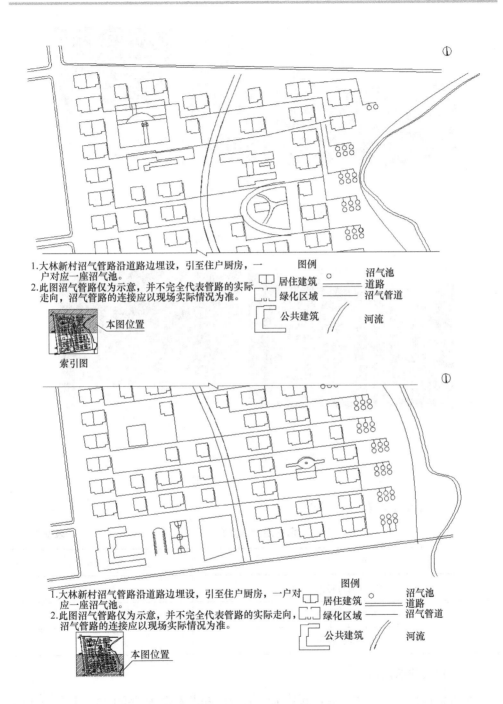

图 6-55 沼气池布置及管线走向规划图

图 6-56 沼气发酵主要原料

（a）香蕉树；（b）废弃香蕉发酵原料

图 6-57 沼气池外观图

（a）沼气房外观图；（b）沼气池进料口

6-7。沼气主要用于炊事，见图 6-59。

沼气池物理参数 表 6-7

项　　目	参数（m³）
沼气池总容积	8
发酵部分容积	6
贮气部分容积	2

（2）沼气建造成本

沼气池造价约 3000 元/池，新建沼气池每户补助资金为 2450 元，中央补助标准为每户 2000 元，自治区补助标准为每户 450 元。

（3）沼气节能效果测试

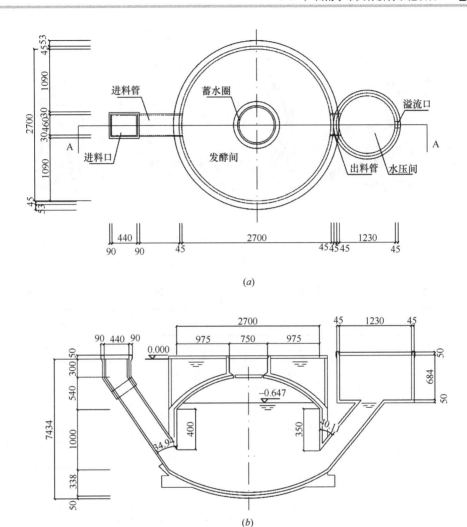

图 6-58 沼气池平面及剖面图

(a) 沼气池平面布置图；(b) A-A 剖面图

项目组对以香蕉杆及废弃香蕉为主沼气发酵的实际应用效果进行了测试。由于大林新村每户配备的沼气池规格参数均相同，因此抽取一户的沼气池进行能效测评，主要检测沼气组分、热值、产气量。

1) 产气量

通过现场实际计量，大林新村 97 号住户从 2013 年 5 月至 2014 年 4 月期间，其产气量如表 6-8 所示。

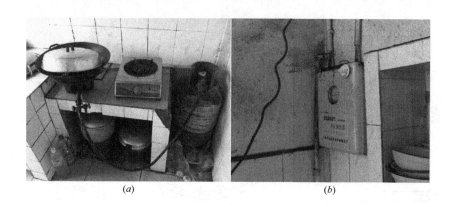

图 6-59 沼气器具外观图

(a) 沼气灶外观图；(b) 净化调控器

2013 年 5 月～2014 年 4 月用气量 表 6-8

月 份	用气量（m³）	月份	用气量（m³）
2013 年 5 月	24.128	2013 年 12 月	21.239
2013 年 6 月	26.785	2014 年 1 月	15.264
2013 年 7 月	28.694	2014 年 2 月	17.214
2013 年 8 月	31.325	2014 年 3 月	20.657
2013 年 9 月	30.026	2014 年 4 月	25.364
2013 年 10 月	29.652	合计	296.672
2013 年 11 月	26.324	平均	24.723

该住户 2013 年 5 月～2014 年 4 月，总计用气 296.672m³，每月平均产气 24.723m³。同时，气温对产气量有一定的影响，冬季（1 月份）最低，为平均值的 60%，实际应用时应考虑冬季产气对使用的影响，可以在冬季室外气温较低时增加投料量。

大林新村平均每次发酵原料投放时间间隔为 7～10d(生废弃香蕉)/20～25d(干废弃香蕉片)，平均每次发酵原料投入量约为 10kg(生废弃香蕉)/15kg(干废弃香蕉片)。按时间间隔 9d，原料投入量 10kg(生废弃香蕉)计算，则一年所投入的原料约为 405kg；一座沼气池年产气量约 296.672m³，则 1kg 香蕉可以产生沼气 0.732m³。

2) 沼气主要组分

通过现场测试，得出大林新村沼气主要组分如表 6-9 所示，其中 CH_4 含量为 61.24%。

沼气主要组分实验结果　　　　　表 6-9

检测对象	组分（%）(v/v)				组分（mg/m³）	
	CH_4	O_2	N_2	CO_2	S	H_2S
沼气	61.24	0.19	0.75	37.84	34.89	34.00

3) 沼气热值及烟气中 CO 含量

根据测试结果，计算得到大林新村沼气热值：高位 22.68MJ/m³（5425kcal/m³）、低位 20.44MJ/m³（4887kcal/m³）。沼气燃烧过程中，烟气中 CO 含量为 0.104%，满足家用沼气灶相关标准规定的烟气中 CO 含量要求，安全达标。

6.6.4 项目应用总结

该项目通过采用建筑规划布局设计、自然通风、采光等被动式技术、新型墙体材料、太阳能热水技术、户用沼气技术进行综合示范：1) 首先结合广西地区夏季通风降温需求，通过优化设计保证每个房间都有外窗，各房间通过门洞设计，有利于形成自然通风风路。给个房间都设置直接对外的采光，门窗洞口设置在外墙居中的位置，减少照明用电。考虑当地村民经济承受能力，结合需求，外墙采用烧结多孔页岩砖兼作保温与填充墙，减少夏季室内得热；2) 结合当地以香蕉种植产业为主及全年气温有利于提高沼气产气率的特点，选择以废弃香蕉为发酵原料，在村庄规划设计阶段，统一规划沼气池，为每户配置一个 8m³ 的水压式沼气池。结合当地太阳能资源条件，每户配置一套太阳能热水系统，解决全年淋浴用热需求。通过沼气及太阳能热水系统解决当地村民炊事及生活热水用能需求，最大限度提高可再生能源利用率。

经过近三年的运行，示范项目取得了较好的效果：1) 在可再生能源利用方面，每户沼气池年产量约 295m³，年节约炊事费用约 800 元，全村 78 户每年产生的沼气量相当于 16.52tce，可节省薪柴 28.94t。采用太阳能热水提供淋浴，平均每户节约 1470 元；2) 结合被动式技术示范，示范项目冬季室内温度可以达到 18.9℃，比当地常规建筑提高 1.6℃。在夏季开启空调的时间明显减少，全年开启空调时间不到15d。室内采光效果较好，白天一般很少开灯，空调和照明费用明显降低；3) 通过太阳能热水系统、沼气、自然通风、自然采光、围护结构保温等技术集成，平均每户年节约运行费约2720元。

通过该项目的示范及取得的效果，特别是在沼气建设方面，通过统一建设、分户管理的方式，在建设方面做到了统一规划、统一建设，提高建设质量及施工质量，避免各自建设带来的不统一。另外在管理方面，为考虑便于管理，每户建立自己独立的沼气发酵间，便于村民自己管理，管理和运行较为方便。另外，原材料取自村民自己种植的废弃香蕉，原料充足，在不足时可以投放牲畜粪便等，能够保障系统稳定运行。

附录

《民用建筑能耗标准》（报批稿）摘录

3 基 本 规 定

3.0.1 严寒和寒冷地区民用建筑能耗由建筑供暖能耗、居住建筑非供暖能耗、公共建筑非供暖能耗组成。其他气候区民用建筑能耗由居住建筑非供暖能耗和公共建筑非供暖能耗组成。

3.0.2 建筑实际使用的电力、燃气和其他化石能源应按照实际使用的能源种类分别按照电力、燃气和标准煤统计计算，并应符合下列规定：

1 标准煤应为由建筑所消耗的除燃气之外的各种化石能源按照燃料的热值折算得到；

2 对于由集中供热、集中供冷系统输入到建筑物内的热量和冷量，应根据实际集中供热、供冷系统冷热源及输配系统所消耗的能源种类，按所提供的热量和冷量及系统实际能效折合的电力、燃气或标准煤，计入建筑能耗。

3.0.3 严寒和寒冷地区建筑供暖能耗应以一个完整的法定供暖期内供暖系统所消耗的累积能耗计。居住建筑与公共建筑非供暖能耗应以一个完整的日历年或连续12个日历月的累积能耗计。

3.0.4 建筑能耗实测值应包括建筑中使用的由建筑外部提供的全部电力、燃气和其他化石能源，以及由集中供热、集中供冷系统向建筑提供的热量和冷量。并应符合下列规定：

1 通过建筑的配电系统向各类电动交通工具提供的电力，应从建筑实测能耗中扣除；

2 应市政部门要求，用于建筑外景照明的用电，应从建筑实测能耗中扣除；

3　安装在建筑上的太阳能光电、光热装置和风电装置向建筑提供的能源不计入建筑实测能耗中。

3.0.5　建筑能耗指标实测值或其根据实际使用强度的修正值应小于建筑能耗指标约束值，宜小于建筑能耗指标引导值。

3.0.6　地区和国家的建筑能耗总量可根据建筑总量和建筑能耗指标约束值的数值，按照实际使用的能源种类分别按照电力、燃气和标准煤统计估算。并宜按照供电煤耗法把电力转换为标准煤，按照热量法把天然气转换为标准煤，三者相加，得到以标准煤为计量单位的建筑能耗总量的数值。

4　居住建筑非供暖能耗

4.1　一　般　规　定

4.1.1　居住建筑非供暖能耗指标应以每户每年能耗量为能耗指标的表现形式。

4.1.2　居住建筑非供暖能耗应包括每户自身的能耗量和公共部分分摊的能耗量两部分，公共部分能耗量宜按建筑面积分摊。

4.1.3　非严寒寒冷地区，居住建筑非供暖能耗指标约束值和实测值包含居住建筑所有能耗在内。

4.1.4　居住建筑能耗指标实测值或修正值应小于其所属气候区所对应的居住建筑能耗指标约束值。

4.2　居住建筑非供暖能耗指标

4.2.1　居住建筑非供暖能耗指标包括综合电耗指标和燃气消耗指标，其约束值应符合表 4.2.1 的规定。

居住建筑非供暖能耗指标约束值　　　　表 4.2.1

气候分区	综合电耗指标约束值 [kWh/(a·h)]	燃气消耗指标约束值 [m³/(a·h)]
严寒地区	2200	150
寒冷地区	2700	140

续表

气候分区	综合电耗指标约束值 [kWh/(a·h)]	燃气消耗指标约束值 [m³/(a·h)]
夏热冬冷地区	3100	240
夏热冬暖地区	2800	160
温和地区	2200	150

注：表中非严寒寒冷地区居住建筑非供暖能耗指标则包括冬季供暖的能耗在内。

4.2.2 居住建筑由外部集中供热供冷系统提供热量和冷量，应根据集中供热供冷系统实际能耗状况和向该建筑物的实际供热供冷量计算得到所获得冷热量折合的电或燃气消耗量，计入该居住建筑的能耗指标实测值。具体计算方法参照 5.2.6 条和 5.2.7 条

4.3 能耗指标修正

4.3.1 当住户实际居住人数多于 3 口时，综合电耗指标和燃气消耗指标实测值可按式（4.3.1）进行修正，得到居住建筑能耗指标修正值 E_{rc}，并用 E_{rc} 与表 4.2.1 中的约束值进行比较。

$$E_{rc} = \frac{E_r \times 3}{N} \quad (4.3.1)$$

式中 E_{rc}——住户的能耗指标实测值的修正值，kWh/(a·h)或 m³/(a·h)；

E_r——住户的能耗指标实测值，kWh/(a·h)或 m³/(a·h)；

N——住户的实际居住人数。

5 公共建筑非供暖能耗

5.1 一 般 规 定

5.1.1 公共建筑非供暖能耗指标应以单位建筑面积年能耗量作为能耗指标的表达形式。

5.1.2 公共建筑应按下列规定分为 A 类和 B 类。

1 可通过开启外窗方式利用自然通风达到室内温度舒适要求,从而减少空调系统运行时间,减少能源消耗的公共建筑为 A 类公共建筑;

2 因建筑功能、规模等限制或受建筑物所在周边环境的制约,不能通过开启外窗方式利用自然通风,而需常年依靠机械通风和空调系统维持室内温度舒适要求的公共建筑为 B 类公共建筑。

5.1.3 不同地区公共建筑非供暖能耗指标取值应符合下列规定:

1 严寒和寒冷地区,公共建筑非供暖能耗指标应包含建筑空调、通风、照明、生活热水、电梯、办公设备以及建筑内供暖系统的热水循环泵电耗、供暖用的风机电耗等建筑所使用的所有能耗。其供暖能耗应符合本标准第六章相关规定。

2 非严寒寒冷地区,公共建筑非供暖能耗指标应包含建筑供暖、空调、通风、照明、生活热水、电梯、办公设备等建筑所使用的所有能耗。

3 公共建筑内集中设置的高能耗密度的信息机房、厨房炊事等特定功能的用能不应计入公共建筑非供暖能耗中。

5.1.4 根据所属气候区、建筑功能以及 A 或 B 类型,公共建筑非供暖能耗指标实测值应小于其对应的公共建筑非供暖能耗指标约束值,宜小于其对应的公共建筑非供暖能耗指标引导值。

5.2 公共建筑非供暖能耗指标

5.2.1 办公建筑非供暖能耗指标的约束值和引导值应符合表 5.2.1 的规定。

办公建筑非供暖能耗指标的约束值和引导值[单位:kWh/(m^2·a)]　　表 5.2.1

建筑分类		严寒和寒冷地区		夏热冬冷地区		夏热冬暖地区		温和地区	
		约束值	引导值	约束值	引导值	约束值	引导值	约束值	引导值
A类	党政机关办公建筑	55	45	70	55	65	50	50	40
	商业办公建筑	65	55	85	70	80	65	65	50
B类	党政机关办公建筑	70	50	90	65	80	60	60	45
	商业办公建筑	80	60	110	80	100	75	70	55

注:表中非严寒寒冷地区办公建筑非供暖能耗指标则包括冬季供暖的能耗在内。

5.2.2 宾馆酒店建筑非供暖能耗指标的约束值和引导值应符合表 5.2.2 的规定。

宾馆酒店建筑非供暖能耗指标的约束值和引导值[单位：kWh/(m²·a)]　　表5.2.2

建筑分类		严寒和寒冷地区		夏热冬冷地区		夏热冬暖地区		温和地区	
		约束值	引导值	约束值	引导值	约束值	引导值	约束值	引导值
A类	三星级及以下	70	50	110	90	100	80	55	45
	四星级	85	65	135	115	120	100	65	55
	五星级	100	80	160	135	130	110	80	60
B类	三星级及以下	100	70	160	120	150	110	60	50
	四星级	120	85	200	150	190	140	75	60
	五星级	150	110	240	180	220	160	95	75

注：表中非严寒寒冷地区宾馆酒店建筑非供暖能耗指标则包括冬季供暖的能耗在内。

5.2.3 商场建筑非供暖能耗指标的约束值和引导值应符合表5.2.3的规定。

宾馆酒店建筑非供暖能耗指标的约束值和引导值[单位：kWh/(m²·a)]　　表5.2.3

建筑分类		严寒和寒冷地区		夏热冬冷地区		夏热冬暖地区		温和地区	
		约束值	引导值	约束值	引导值	约束值	引导值	约束值	引导值
A类	一般百货店	80	60	130	110	120	100	80	65
	一般购物中心	80	60	130	110	120	100	80	65
	一般超市	110	90	150	120	135	105	85	70
	餐饮店	60	45	90	70	85	65	55	40
	一般商铺	55	40	90	70	85	65	55	40
B类	大型百货店	140	100	200	170	245	190	90	70
	大型购物中心	175	135	260	210	300	245	90	70
	大型超市	170	120	225	180	290	240	100	80

注：表中非严寒寒冷地区商场建筑非供暖能耗指标则包括冬季供暖的能耗在内。

5.2.4 公共建筑中机动车停车库非供暖能耗指标的约束值和引导值应符合表5.2.4的规定。

机动车停车库非供暖能耗指标的约束值和引导值[单位：kWh/(m²·a)]　　表5.2.4

功能分类	约束值	引导值
办公建筑	9	6
宾馆酒店建筑	15	11
商场建筑	12	8

5.2.5 同一建筑中包括办公、宾馆酒店、商场、停车库等的综合性公共建筑，其能耗指标约束值和引导值，应按本标准表 5.2.1 至表 5.2.4 所规定的各功能类型建筑能耗指标的约束值和引导值与对应功能建筑面积比例进行加权平均计算确定。

5.2.6 公共建筑由外部集中供冷系统提供冷量，应根据集中供冷系统实际能耗状况和向该建筑物的实际供冷量计算得到所获得冷量折合的电或燃气消耗量，计入公共建筑非供暖能耗指标实测值。应按以下公式计算：

$$E_c = Q_c \cdot \frac{E_g C_{ge} + E_e}{Q_{ct}} \tag{5.2.6}$$

式中 E_c——建筑获得的冷量折合的电量，kWh；

Q_c——计量得到的从外部冷源输入到建筑中的冷量，GJ；

Q_{ct}——冷源产生的总冷量，GJ；

E_g——冷源消耗的天然气量，Nm³；

C_{ge}——天然气转换为电力的转换系数，取 2kWh/Nm³；

E_e——冷源消耗的电力，包括压缩机，循环水泵和风机。如果是电冷联产，则是消耗的电力减去输出的电力，此时，E_e 一般为负值。

5.2.7 非严寒寒冷地区公共建筑由外部集中供暖系统提供热量时，应根据本标准第 6.2.2 条的规定，计算得到所获得热量折合的电、燃气或标煤消耗量，并将燃气或燃煤按供电煤耗法折算为电量计入公共建筑的非供暖能耗指标。应按以下公式计算：

$$E_h = Q_h \cdot \frac{E_g C_{ge} + E_e}{Q_{ht}} \tag{5.2.7}$$

式中 E_h——建筑获得的热量折合的电量，kWh；

Q_h——计量得到的从外部热源输入到建筑中的热量，GJ；

Q_{ht}——冷源产生的总热量，GJ；

E_g——热源消耗的天然气，Nm³；

C_{ge}——天然气转换为电力的转换系数，取 2kWh/Nm³；

E_e——热源消耗的电力，包括压缩机，循环水泵和风机。如果是热电联产，则是消耗的电力减去输出的电力，此时，E_e 一般为负值。

5.3 能耗指标修正

5.3.1 当公共建筑实际使用强度高于标准使用强度时，宜按本节第 5.3.2～5.3.6 条的规定确定能耗指标实测值的修正值，并与第 5.2 节规定的公共建筑非供暖能耗指标约束值或引导值进行比较。

5.3.2 公共建筑标准使用强度应符合下列规定：

    1 办公建筑：年使用时间 $T_0=2500 \mathrm{h/a}$，人均建筑面积 $S_0=10 \mathrm{m}^2/$人；

    2 宾馆酒店建筑：年平均客房入住率 $H_0=50\%$，客房区建筑面积占总建筑面积比例 $R_0=70\%$；

    3 超市建筑：年使用时间 $T_0=5500 \mathrm{h/a}$；

    4 百货/购物中心建筑：年使用时间 $T_0=4570 \mathrm{h/a}$；

    5 一般商铺：年使用时间 $T_0=5000 \mathrm{h/a}$。

5.3.3 办公建筑非供暖能耗指标实测值的修正值应按式(5.3.3-1)至式(5.3.3-3)确定。

$$E_{oc} = E_o \cdot \gamma_1 \cdot \gamma_2 \qquad (5.3.3\text{-}1)$$

$$\gamma_1 = 0.3 + 0.7 \frac{T_0}{T} \qquad (5.3.3\text{-}2)$$

$$\gamma_2 = 0.7 + 0.3 \frac{S}{S_0} \qquad (5.3.3\text{-}3)$$

式中 E_{oc}——办公建筑非供暖能耗指标实测值的修正值；

    E_o——办公建筑非供暖能耗指标实测值；

    γ_1——办公建筑使用时间修正系数；

    γ_2——办公建筑人员密度修正系数；

    T——办公建筑年实际使用时间，h/a；

    S——实际人均建筑面积，为建筑面积与实际使用人员数的比值，$\mathrm{m}^2/$人。

5.3.4 宾馆酒店建筑非供暖能耗指标实测值的修正值应按式(5.3.4-1)至式(5.3.4-3)确定。

$$E_{hc} = E_h \cdot \theta_1 \cdot \theta_2 \qquad (5.3.4\text{-}1)$$

$$\theta_1 = 0.4 + 0.6 \frac{H_0}{H} \qquad (5.3.4\text{-}2)$$

$$\theta_2 = 0.5 + 0.5 \frac{R}{R_0} \qquad (5.3.4\text{-}3)$$

式中　E_{hc}——宾馆酒店建筑非供暖能耗指标实测值的修正值；

　　　E_h——宾馆酒店建筑非供暖能耗指标实测值；

　　　θ_1——入住率修正系数；

　　　θ_2——客房区面积比例修正系数；

　　　H——宾馆酒店建筑年实际入住率；

　　　R——实际客房区面积占总建筑面积比例。

5.3.5 商场建筑非供暖能耗指标实测值的修正值应按式(5.3.5-1)和式(5.3.5-2)确定。

$$E_{cc} = E_c \cdot \delta \qquad (5.3.5\text{-}1)$$

$$\delta = 0.3 + 0.7 \frac{T_0}{T} \qquad (5.3.5\text{-}2)$$

式中　E_{cc}——商场建筑非供暖能耗指标实测值的修正值；

　　　E_c——商场建筑非供暖能耗指标实测值；

　　　δ——商场建筑使用时间修正系数；

　　　T——商场建筑年实际使用时间，h/a。

5.3.6 对于采用蓄冷系统的公共建筑非供暖能耗指标实测值的修正值应按式(5.3.6)确定。

$$e' = e_0 \times (1 - \sigma) \qquad (5.3.6)$$

式中　e'——采用蓄冷系统的公共建筑非供暖能耗指标实测值的修正值，kWh/(m²·a)；

　　　e_0——采用蓄冷系统的公共建筑非供暖能耗指标实测值，kWh/(m²·a)；

　　　σ——蓄冷系统能耗指标实测值的修正系数，按表5.3.6取值。

蓄冷系统能耗指标实测值的修正系数　　　表 5.3.6

蓄冷系统全年实际蓄冷量占建筑物全年总供冷量比例	σ
小于或等于30%	0.02
大于30%且小于或等于60%	0.04
大于60%	0.06

附录 《民用建筑能耗标准》（报批稿）摘录 241

6 严寒和寒冷地区建筑供暖能耗

6.1 一 般 规 定

6.1.1 严寒和寒冷地区建筑供暖能耗应以一个完整的供暖季单位建筑面积供暖系统能耗量作为能耗指标的表现形式，包括供暖系统的热源所消耗的能源和供暖系统的水泵输配电耗。

6.1.2 严寒和寒冷地区建筑采用集中供热方式供暖时，其供暖能耗与建筑本体的热工性能、建筑内供暖系统运行调节状况、热力管网系统运行调节状况、输配管网效率以及热源设备效率等相关。应按下列规定对影响建筑供暖系统综合能效的各因素进行考核和管理：

1 应采用建筑耗热量指标考核建筑围护结构的传热性能及建筑内供暖系统的运行调节状况；

2 应采用建筑供暖输配系统能耗指标考核供热管网运行能耗水平和管网散热状况；

3 应采用建筑供暖系统热源能耗指标考核各类供暖热源将化石能源和/或电力转换为热量的转换效率。

6.1.3 严寒和寒冷地区建筑供暖能耗指标实测值应小于其对应的建筑供暖能耗指标约束值；有条件时，宜小于其对应的建筑供暖能耗指标引导值。决定影响供暖能耗的各相关指标实测值应符合下列规定：

1 建筑耗热量指标实测值应小于其对应的建筑耗热量指标约束值；有条件时，宜小于其对应的建筑耗热量指标引导值。

2 建筑供暖输配系统能耗指标实测值应小于其对应的建筑供暖输配系统能耗指标约束值；有条件时，宜小于其对应的建筑供暖输配系统能耗指标引导值。

3 建筑供暖系统热源能耗指标实测值应小于其对应的建筑供暖系统热源能耗指标约束值；有条件时，宜小于其对应的建筑供暖系统热源能耗指标引导值。

6.2 建筑供暖能耗指标

6.2.1 以煤和燃气为主要能源形式的建筑供暖能耗指标的约束值和引导值分别应

符合表 6.2.1-1 和表 6.2.1-2 的规定。

建筑供暖能耗指标的约束值和引导值（燃煤为主）　　　表 6.2.1-1

省份	城市	建筑供暖能耗指标 [kgce/(m²·a)]			
		约束值		引导值	
		区域集中供暖	小区集中供暖	区域集中供暖	小区集中供暖
北京市	北京市	7.6	13.7	4.5	8.7
天津市	天津	7.3	13.2	4.7	9.1
河北省	石家庄	6.8	12.1	3.6	6.9
山西省	太原	8.6	15.3	5.0	9.7
内蒙古自治区	呼和浩特	10.6	19.0	6.4	12.4
辽宁省	沈阳	9.7	17.3	6.4	12.3
吉林省	长春	10.7	19.3	7.9	15.4
黑龙江省	哈尔滨	11.4	20.5	8.0	15.5
山东省	济南	6.3	11.1	3.4	6.5
河南省	郑州	6.0	10.6	3.0	5.6
西藏自治区	拉萨	8.4	15.2	3.6	6.9
陕西省	西安	6.3	11.1	3.0	5.6
甘肃省	兰州	8.3	14.8	4.8	9.2
青海省	西宁	10.2	18.3	5.7	11.0
宁夏回族自治区	银川	9.1	16.3	5.7	11.0
新疆维吾尔自治区	乌鲁木齐	10.6	19.0	6.9	13.3

建筑供暖能耗指标的约束值和引导值（燃气为主）　　　表 6.2.1-2

省份	城市	建筑供暖能耗指标 [Nm³/(m²·a)]					
		约束值			引导值		
		区域集中供暖	小区集中供暖	分栋分户供暖	区域集中供暖	小区集中供暖	分栋分户供暖
北京市	北京市	9.0	10.1	8.7	4.9	6.6	6.1
天津市	天津	8.7	9.7	8.4	5.1	6.9	6.4
河北省	石家庄	8.0	9.0	7.7	3.9	5.3	4.8
山西省	太原	10.0	11.2	9.7	5.3	7.3	6.7
内蒙古自治区	呼和浩特	12.4	13.9	12.1	6.8	9.3	8.6
辽宁省	沈阳	11.4	12.7	11.1	6.8	9.3	8.6
吉林省	长春	12.7	14.2	12.4	8.5	11.7	10.9

续表

省份	城市	建筑供暖能耗指标 [Nm³/(m²·a)]					
		约束值			引导值		
		区域集中供暖	小区集中供暖	分栋分户供暖	区域集中供暖	小区集中供暖	分栋分户供暖
黑龙江省	哈尔滨	13.4	15.0	13.1	8.5	11.7	10.9
山东省	济南	7.4	8.2	7.1	3.6	4.9	4.5
河南省	郑州	7.0	7.9	6.7	3.1	4.2	3.8
西藏自治区	拉萨	10.0	11.2	9.7	3.9	5.3	4.8
陕西省	西安	7.4	8.2	7.1	3.1	4.2	3.8
甘肃省	兰州	9.7	10.9	9.4	5.1	6.9	6.4
青海省	西宁	12.0	13.5	11.8	6.1	8.3	7.7
宁夏回族自治区	银川	10.7	12.0	10.4	6.1	8.3	7.7
新疆维吾尔自治区	乌鲁木齐	12.4	13.9	12.1	7.3	10.0	9.3

6.2.2 集中供热方式的建筑供暖能耗指标实测值应按下式计算：

$$E_{bh} = (q_s + e_{dis} \times c_e)\beta \quad (6.2.2\text{-}1)$$

$$q_s = \frac{\sum_{i=1}^{m} Q_{s_i} c_{Q_i}}{A_s} \quad (6.2.2\text{-}2)$$

式中 E_{bh}——建筑供暖能耗指标实测值，kgce/(m²·a) 或 Nm³/(m²·a)；

q_s——热源能耗实测值，kgce/(m²·a)；

c_{Q_i}——热源效率指标实测值，kgce/GJ 或 Nm³/GJ；

e_{dis}——供热管网水泵电耗指标实测值，kWh/(m²·a)，其获取方法见第 6.4.5 条；

A_s——系统承担的总的供暖面积，m²；

Q_{s_i}——第 i 个热源输出的热量，GJ/a；

m——总的热源数目；

c_e——全国平均火力供电标准煤耗或者火力供电燃气耗值，取 0.320kgce/kWh 或 0.2Nm³/kWh；

β——气象修正系数，按式 (6.2.2-3) 计算；

$$\beta = \frac{HDD_0}{HDD} \quad (6.2.2\text{-}3)$$

HDD_0——以18℃为标准计算的标准供暖期供暖度日数；

HDD——以18℃为标准计算的当年供暖期供暖度日数。

6.2.3 分户或分栋供暖方式的供暖能耗指标实测值应按下式计算：

$$E_{bh} = \frac{E_s}{A}\beta \qquad (6.2.3-1)$$

式中 E_s——供暖系统供暖季所消耗的燃煤、燃气或电力，根据燃料种类其量纲单位分别为 kgce、Nm³、kWh；

A——供暖建筑面积，m²。

6.3 建筑耗热量指标

6.3.1 建筑耗热量指标约束值和引导值应符合表6.3.1的规定。

建筑耗热量指标的约束值和引导值　　　　　　　表6.3.1

省份	城市	建筑折算耗热量指标 [GJ/(m²·a)]	
		约束值	引导值
北京市	北京	0.26	0.19
天津市	天津	0.25	0.20
河北省	石家庄	0.23	0.15
山西省	太原	0.29	0.21
内蒙古自治区	呼和浩特	0.36	0.27
辽宁省	沈阳	0.33	0.27
吉林省	长春	0.37	0.34
黑龙江省	哈尔滨	0.39	0.34
山东省	济南	0.21	0.14
河南省	郑州	0.20	0.12
西藏自治区	拉萨	0.29	0.15
陕西省	西安	0.21	0.12
甘肃省	兰州	0.28	0.2
青海省	西宁	0.35	0.24
宁夏回族自治区	银川	0.31	0.24
新疆维吾尔自治区	乌鲁木齐	0.36	0.29

注：本标准中指标数值仅按照北方地区省会城市给出，其他城市指标数值应根据其气候参数自行计算得到，其中《民用建筑节能设计标准（居住供暖部分）》JGJ 26—95（二步节能）的建筑耗热量水平是约束值的确定依据，《严寒和寒冷地区居住建筑节能设计标准》JGJ 26—2010（三步节能）的建筑耗热量水平是引导值的确定依据。

6.3.2 建筑耗热量指标实测值应根据安装在建筑的热入口的热量表计量数据,按式(6.3.2-1)计算;当建筑热入口没有安装热量表时,应按式(6.3.2-2)计算:

$$q_b = \frac{Q_b}{A_b} \times \left(\frac{1}{1+\alpha}\right) \times \beta \qquad (6.3.2-1)$$

$$q_b = 0.98 \frac{Q_{ss}}{A_{ss}} \times \left(\frac{1}{1+\alpha}\right) \times \beta \qquad (6.3.2-2)$$

式中 q_b——建筑耗热量指标实测值,GJ/(m²·a);

Q_b——供暖期楼栋热量表的实际计量的热量,GJ/a;当分栋或分户采用燃气供暖时,Q_b为计量得到的总的燃气消耗量与燃气热值的乘积;当分栋、分户采用各类电供暖(热泵或电热膜)时,Q_b为计量得到的总耗电量乘以 0.0094GJ/kWh·a(注:这是用每度电发电煤耗 320g 标准煤乘以标准煤的热值得到);

A_b——建筑面积,m²;

α——由于末端缺少调控导致供暖不均匀等造成的过量供热率,应根据供暖规模由表 6.3.2 确定;

β——气象修正系数,应按式(6.2.2-3)计算;

Q_{ss}——为建筑供热的热力站或小区锅炉房的热量表供暖期实际计量的热量,GJ/a;

A_{ss}——热力站供热面积,m²。

过量供热率 α 表 6.3.2

建筑供暖系统类型	过量供热率(%)
区域集中供暖	20
小区集中供暖	15
分栋供暖	5
分户供暖	0

6.4 建筑供暖输配系统能耗指标

6.4.1 建筑供暖输配系统能耗指标包括管网热损失率指标和管网水泵电耗指标。

6.4.2 建筑供暖系统中管网热损失率指标的约束值和引导值应符合表 6.4.2 的规定。

管网热损失率指标的约束值和引导值　　　　表 6.4.2

建筑供暖系统类型	管网热损失率指标（%）	
	约束值	引导值
区域集中供暖	5	3
小区集中供暖	2	1
分栋分户供暖	0	0

6.4.3 供暖系统管网水泵电耗指标的约束值和引导值应符合表 6.4.3 的规定。

供暖系统管网水泵电耗指标的约束值和引导值　　　表 6.4.3

供暖期（月）	管网水泵电耗指标 [kWh/(m²·a)]	
	约束值	引导值
4	1.7	1
5	2.1	1.3
6	2.5	1.5
7	2.9	1.8
8	3.3	2

6.4.4 管网热损失率指标实测值应按下式计算：

$$\alpha_{pl} = \frac{Q_{pl}}{\overline{Q_b}} \tag{6.4.4-1}$$

$$Q_{pl} = Q_s - \overline{Q_b} \tag{6.4.4-2}$$

$$Q_s = \sum_{i=1}^{m} Q_{s_i} \tag{6.4.4-3}$$

$$\overline{Q_b} = \sum_{i=1}^{n} Q_i \tag{6.4.4-4}$$

式中　α_{pl}——管网热损失率指标实测值；

　　　Q_{pl}——管网热损失实测值，GJ/a；

　　　Q_s——热源供热量实测值，GJ/a；

　　　$\overline{Q_b}$——热网所服务的建筑总的实际耗热量，GJ/a；

　　　Q_{s_i}——供暖期热源出口实测的供热量，GJ/a；

　　　m——热网包含的热源个数；

　　　Q_i——供暖期楼栋热量表的实际计量的热量，GJ/a；楼栋入口没有安装热量表时，可用热力站的热量表供暖期实际计量的热量根据该楼栋面积和热力站所带建筑总面积拆分后乘以 0.98 获得；

n——接入热网的建筑个数。

6.4.5 供暖系统管网水泵电耗指标实测值应按下式计算：

$$e_{\text{dis}} = \frac{E_{\text{dis}}}{A_{\text{s}}} \quad (6.4.5)$$

式中 e_{dis}——供暖系统管网水泵电耗指标实测值，kWh/(m²·a)；

E_{dis}——供暖季供暖系统管网水泵耗电量，kWh/a；对热电联产和区域锅炉房系统，包括热源处的主循环泵，中间加压泵站的水泵，以及热力站循环水泵、混水泵等。对于小区锅炉房，输配电耗指循环水泵电耗；对于水源、地源热泵系统，输配电耗指热用户侧循环水泵电耗；

A_{s}——供暖系统热网供热面积，m²。

6.5 建筑供暖系统热源能耗指标

6.5.1 建筑供暖系统热源能耗指标的约束值和引导值应符合表 6.5.1 的规定。

建筑供暖系统热源能耗指标的约束值和引导值　　表 6.5.1

建筑供暖系统类型	燃煤热源效率指标 (kgce/GJ)		燃气热源效率指标 (Nm³/GJ)	
	约束值	引导值	约束值	引导值
区域集中供暖	22	18	27	20
小区锅炉房或分布式热电联产等集中供暖	43	38	32	29
分栋/分户供暖	—	—	32	30

6.5.2 建筑供暖系统热源能耗指标实测值应按下式计算。其中当热源为热电联产时，应按照㶲分摊法对供热煤耗进行分摊计算。

$$C_Q = \sum_{j=1}^{m}\left[C_{\text{h}j} \times \left(\frac{\lambda_{\text{hw}} \cdot Q_{\text{s}i}}{E_{\text{out},j} \cdot 0.0036 + \lambda_{\text{hw}} \cdot Q_{\text{s}i}} \right) + E_{\text{in},j} \times C_{\text{e}} \right] \quad (6.5.2\text{-}1)$$

$$\lambda_{\text{hw}} = 1 - \frac{T_0}{T_{\text{ws}} - T_{\text{bw}}} \ln \frac{T_{\text{ws}}}{T_{\text{bw}}} \quad (6.5.2\text{-}2)$$

式中 C_Q——热源能耗指标实测值，当燃料为燃煤或全部为电力时，单位为：kgce/GJ；当燃料为燃气时，单位为：m³燃气/GJ；

$C_{\text{h}j}$——热源全年燃料消耗量，当燃料为燃煤时，单位为：kgce/a；当燃料

为燃气时,单位为:Nm^3 燃气/a;

m——热网包含的热源个数;

$E_{in,j}$——耗电量,kWh/a,当热源为锅炉时,为全年锅炉房耗电;当热源为水源热泵、地源热泵等电驱动热泵时,为全年热源耗电;当采用热电联产时,该值为0;

$E_{out,j}$——当热源为热电年产时,为热电厂全年净输出电量(发电量减去厂用电);

C_e——发电能源消耗率,对燃煤热电联产电厂、燃煤锅炉房和水源热泵、地源热泵热源,取全国平均供电煤耗 0.320kgce/kWh;对天然气热电联产和天然气锅炉房,取全国平均燃气供电效率 0.2Nm^3 天然气/kWh;

Q_{s_i}——供暖期热源出口实测的供热量(GJ/a)。

λ_{hw}——一次网热水㶲折算系数,是热水理论情况下能够转化为最大有用功占能源总量的比例,㶲折算系数在 0~1 之间;

T_0——为该热源所在地区的"平均温度≤+5℃期间内的平均温度"(GB 50736—2012),K;

T_{ws}——热源一次网热水供水温度,K;

T_{bw}——热源一次网热水回水温度,K。